看实例快速学预算

建筑工程预算

吴　锐　王俊松　主编

中国电力出版社
CHINA ELECTRIC POWER PRESS

内 容 提 要

本书共分 3 章：第一章为建筑工程预算基础，主要内容包括房屋建筑施工图的识读，建筑工程基本构造及施工图表示方法与预算，建筑工程定额及使用方法，建筑工程材料简介，建筑工程施工技术、施工规范、施工组织与管理、建筑工程招标投标与合同管理等知识与预算的关系；第二章为编制施工图预算，包括施工图预算的编制方法和程序等知识，施工图预算编制实例；第三章为工程量清单计价，内容包括工程量清单计价简介，用实例演示工程量清单的编制，工程量清单报价文件的编制方法。本书以完整案例介绍快速学建筑工程预算的方法，并适时融入建筑工程预算所需知识，以供读者学习参考。书后配有光盘，光盘中含有定额和清单报价的学习方法以及教材中案例完整的报价文件。

本书可作为建筑工程预算的入门教材。

图书在版编目（CIP）数据

建筑工程预算/吴锐，王俊松主编. —北京：中国电力出版社，2011.6
（看实例快速学预算）
ISBN 978 - 7 - 5123 - 1894 - 6

Ⅰ.①建…　Ⅱ.①吴…②王…　Ⅲ.①建筑预算定额－教材
Ⅳ.①TU723.3

中国版本图书馆 CIP 数据核字（2011）第 131109 号

中国电力出版社出版发行
北京市东城区北京站西街 19 号　100005　http：//www.cepp.sgcc.com.cn
责任编辑：王晓蕾　　电话：010-63412610
责任印制：蔺义舟　　责任校对：焦秀玲
汇鑫印务有限公司印刷·各地新华书店经售
2012 年 9 月第 1 版·2013 年 5 月第 2 次印刷
787mm×1092mm　16 印张·359 千字
定价：46.00 元（1CD）

前　　言

建筑业目前仍是我国的支柱产业之一，从业人员众多，而编制建筑工程预算是建筑业发展过程中所必需的一门实用性技术，本书的出版为想从事工程造价工作的朋友提供了一种快速、有效、实用的学习思路和方法。

本书有以下几个特点：第一，内容通俗、易懂、实用、概括性强。本书选用了大量的图例，尤其是构造和识图部分，根据编者多年的任教经验，这些图例与预算中工程量的计算密切相关，解决了很多人因为识图、构造与工程算量不能联系在一起产生的困惑，为初学者和需要系统学习的读者提供了实实在在的帮助，也给教师提供了教学的素材。第二，本书以难易恰当的、完整的案例贯穿全书，能使读者有针对性地、有条理地学习工程预算，同时也对整个造价文件的编制有一个总体的把握。第三，本书内容完整、新颖，清晰地介绍了两种模式下工程计量与计价的方法，同时采用了 2008 年版的《建设工程工程量清单计价规范》（GB 50500—2008）。第四，本书的配套光盘内容涵盖广泛，提供了全面的工程计量计价知识，案例小动画清晰、易懂，与此同时还提供了与书中案例配套完整的软件报价文件，以供读者参考。光盘中的内容包含了书稿中大部分重点内容，同时也增加了书稿中没有的一些计算案例，是书稿内容的补充。该电子学习版方便读者使用电脑反复阅读和理解，光盘中没有包含的内容需配合书稿进行学习。第五，由于各省定额的计算规则不尽相同，因此本书未对定额的计算规则给予案例一一进行示范，希望读者能够参考光盘中的案例并结合本省定额更加深入地学习。

本书适用面广，可作为工程造价管理人员、企业管理人员等学习建筑工程预算的教科书，也可作为建筑工程预算的培训教材，还可作为工程造价、建筑工程等专业的预算实训教材。尤其是配套光盘，可用于读者自学，使用方便，也可作为教辅资料供教师上课使用。

全书共分为三章，由湖北城市建设职业技术学院的吴锐和武汉职业技术学院王俊松担任主编，并编写了第一章；由湖北城市建设职业技术学院赵惠珍、金幼君担任副主编，并编写了第二章、第三章；图纸由工程技术员朱少进提供，由工程技术人员柳庆军修改，二人并担任参编；配套光盘由吴锐、金幼君和张林虎负责整理。

本书在编写的过程中得到了很多建筑施工企业的造价工程师、技术人员的大力支持和帮助，也参考了识图、构造、材料等方面的资料，在此向有关的作者和朋友表示深深的感谢。

由于时间仓促，如有不足之处，真心希望广大读者提出宝贵意见，以便及时修改和完善。

编者

目　　录

前言

第一章　建筑工程预算基础 ··· 1

　第一节　建筑工程施工图识读基本知识 ································· 1

　　一、施工图的产生和分类 ·· 1

　　二、建筑施工图的内容 ··· 1

　　三、结构施工图的内容 ·· 12

　第二节　建筑工程材料与预算 ··· 21

　　一、建筑材料对工程造价的影响 ·································· 21

　　二、建筑工程材料的分类及选用 ·································· 21

　第三节　建筑工程基本构造及施工图表示方法与预算 ········· 23

　　一、基础与地下室构造 ·· 24

　　二、墙体构造 ··· 28

　　三、柱构造 ·· 35

　　四、梁构造 ·· 37

　　五、楼板与地面构造 ·· 43

　　六、屋顶构造 ··· 54

　　七、楼梯构造 ··· 61

　　八、门窗构造 ··· 68

　第四节　建筑工程定额 ·· 83

　　一、建筑工程定额概述 ·· 83

　　二、地区单位估价表的使用 ·· 85

　第五节　其他相关知识与预算 ··· 89

　　一、施工工艺、施工技术方案 ······································ 89

　　二、建筑施工组织与管理 ··· 89

　　三、建筑工程招标投标与合同管理 ································· 90

第二章　编制施工图预算 ··· 92

　第一节　施工图预算编制概述 ··· 92

　　一、施工图预算的概念 ·· 92

二、施工图预算的编制依据 ·· 92

三、施工图预算的编制方法和程序 ······································ 93

四、单价法编制施工图预算的程序和方法 ··························· 93

第二节 编制某会所施工图预算 ·· 95

一、识读施工图 ·· 95

二、根据定额计算规则计算工程量 ······································ 128

三、快速编制施工图预算的技巧总结 ···································· 197

第三章 工程量清单计价 ·· 199

第一节 工程量清单计价规范简介 ··· 199

一、工程量清单计价的一般概念 ·· 199

二、《计价规范》各章、节、附录的内容 ······························ 199

第二节 工程量清单的编制 ·· 200

一、一般规定 ·· 200

二、分部分项工程量清单 ·· 200

三、措施项目清单 ·· 220

四、其他项目清单 ·· 221

五、规费项目清单 ·· 221

六、税金项目清单 ·· 221

七、编制清单文件 ·· 221

第三节 工程量清单计价 ·· 232

一、工程量清单计价的方法和编制步骤 ······························· 232

二、工程量清单计价的编制依据 ·· 233

三、工程量清单计价的实例 ··· 233

参考文献 ··· 248

第一章　建筑工程预算基础

第一节　建筑工程施工图识读基本知识

一、施工图的产生和分类

1. 施工图的产生

一般建设项目按两个阶段进行设计，即初步设计阶段和施工图设计阶段。对于技术要求复杂的项目，可在两设计阶段之间增加技术设计阶段，用来解决各工种之间的协调等技术问题。

初步设计是设计人员根据业主建造要求和有关政策性文件、地质条件等画出比较简单的初步设计图，简称方案图纸。包括简略的平面、立面、剖面等图样，文字说明及工程概算。有时也提供建筑效果图、建筑模型及电脑动画效果图，便于直观地反映建筑的真实情况。方案图报业主征求意见，并报规划、消防、卫生、交通、人防等部门审批。

施工图设计是在已经批准的方案图纸的基础上，综合建筑、结构、设备等工种之间的相互配合、协调和调整，为施工企业提供完整的、正确的施工图和必要的有关计算的技术资料，是设计方案的具体化。

2. 施工图的分类

房屋施工图由于专业分工的不同，一般分为：建筑施工图，简称建施；结构施工图，简称结施；给水排水施工图，简称水施；采暖施工图，简称暖施；电气施工图，简称电施。也有的把水施、暖施、电施统称为设备施工图，简称设施。

工程图纸应按专业顺序编排，一般应为：图纸目录、建筑设计总说明、总平面图、建筑图、结构图、给水排水图、暖通空调图、电气图等。各专业图纸应按图纸内容的主次关系、逻辑关系有序排列。

二、建筑施工图的内容

建筑施工图主要表示建筑物的总体布局、外部造型、内部布置、细部构造，是施工、放线、砌筑、安装门窗、室内外装修和编制施工图预算及施工组织计划的主要依据。建筑施工图主要包括建筑施工图首页图、总平面图、建筑平面图、立面图和剖面图以及建筑详图等。

1. 建筑施工图首页图

建筑施工图首页图是建筑施工的第一张图样，主要内容包括图样目录、设计总说明、工程做法表和门窗表。建筑施工图首页一般应表示如下内容：

（1）图样目录。图样目录说明工程由哪几类专业图样组成，各专业图样的名称、张数和图纸顺序，以便查阅图样。

（2）设计总说明。设计总说明是对图样中无法表达清楚的内容用文字加以详细地说明，其主要内容有：建设工程概况，建筑设计依据，所选用的标准图集的代号，建筑装修、构造的要求，以及设计人员对施工单位的要求。

（3）工程做法表。工程做法表主要是对建筑各部位构造做法用表格的形式加以详细说明。在表中对各施工部位的名称、做法等需详细表达清楚，如采用标准图集中的做法，应注明所采用标准图集的代号及做法编号，如有改变，在备注中说明。

（4）门窗表。门窗表是对建筑物上所有不同类型的门窗统计后列成的表格，以备施工、预算需要。在门窗表中应反映门窗的类型、大小、所选用的标准图集及其类型编号，如有特殊要求，应在备注中加以说明。

2. 总平面图

将拟建工程四周一定范围内的新建、拟建、原有和拆除的建筑物、构筑物连同其周围的地形地物状况，用水平投影方法和相应的图例所画出的图样，即称为总平面图。

总平面图的内容及识图方法：

（1）图名、比例及有关文字说明。总平面图通常选用的比例为 1：500、1：1000、1：2000 等，尺寸（如标高、距离、坐标等）以米（m）为单位，并至少应取至小数点后两位，不足时以"0"补齐。

（2）新建工程的性质和总体布局。主要了解建筑出入口的位置、各种建筑物及构筑物的位置、道路和绿化的布置等。

由于总平面图的比例较小，各种有关物体均不能按照投影关系如实反映出来，只能用图例的形式进行绘制。要读懂总平面图，必须熟悉总平面图中常用的各种图例，参见表 1-1。

表 1-1　　　　　　　　　　　　　建筑总平面图常用图例

图　例	名　称	图　例	名　称
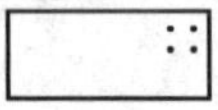	新设计的建筑物右上角以点数表示层数	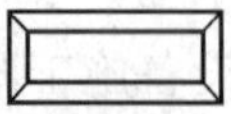	散状材料露天堆场
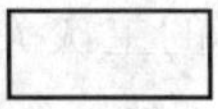	原有的建筑物		其他材料露天堆场或露天作业场
	计划扩建的建筑物或预留地	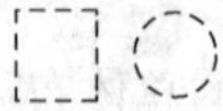	地下建筑物或构筑场
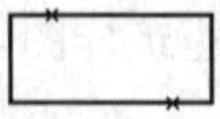	拆除的建筑物	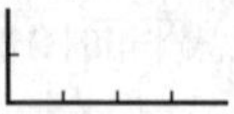	围墙 表示砖石、混凝土及金属材料围墙
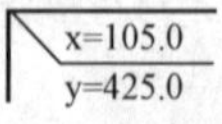 x=105.0 y=425.0	测量坐标	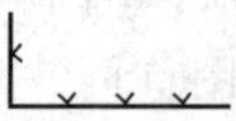	围墙 表示镀锌铁丝网，篱笆等围墙
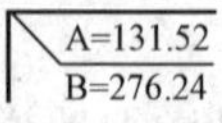 A=131.52 B=276.24	建筑坐标	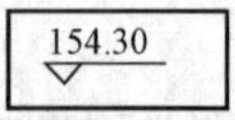 154.30	室内地坪标高

图　　例	名　　称	图　　例	名　　称
▼142.00	室外整平标高		公路桥
	原有的道路		铁路桥
- - - - - - - -	计算的道路		护坡

（3）新建房屋的定位尺寸。新建房屋的定位方式基本上有两种：一种是以周围其他建筑物或构筑物为参照物，实际绘图时，标明新建房屋与其相邻的原有建筑物或道路中心线的相对位置尺寸；另一种是以坐标表示新建筑物或构筑物的位置。当新建筑区域所在地形较为复杂时，为了保证施工放线的准确，常用坐标定位。坐标定位分为测量坐标（坐标代号宜用"X、Y"表示）和建筑坐标（坐标代号宜用"A、B"表示）两种。

（4）新建房屋底层室内地面和室外地面的标高。总平面图中的标高均为绝对标高，如标注相对标高，则应注明相对标高与绝对标高的换算关系。

（5）工程的朝向及其他相关图示说明。看总平面图中的指北针，明确建筑物及构筑物的朝向，有时还要画上风向频率玫瑰图来表示该地区的常年风向频率。

总平面图的阅读示例如下。图1－1所示的是某单位培训楼的总平面图，绘图比例1：500，图中用粗实线表示的轮廓是新设计建造的培训楼，右上角七个黑点表示该建筑为七层。该建筑的总长度和宽度为31.90m和15.45m。右下角指北针显示该建筑物坐北朝南的方位。室外地坪▼10.40，室内地坪 ▽10.70 均为绝对标高，室内外高差300mm。该建筑物南面是新建道路园林巷，西面为绿化用地，北面是篮球场，西北有两栋单层实验室，东北有四层办公

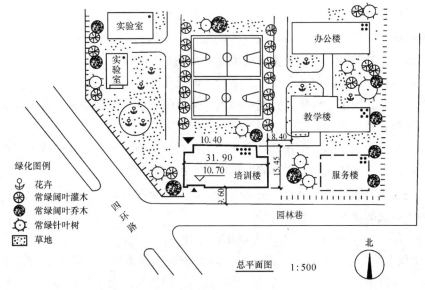

图1-1　某单位培训楼总平面图

楼和五层教学楼各一栋，东面是将来要建的一栋四层服务楼。培训楼南面距离道路边线9.60m，东面距离原教学楼 8.40m。

3. 建筑平面图

建筑平面图是把房屋用一个假想的水平剖切平面，沿门、窗洞口部位（指窗台以上，过梁以下的空间）水平切开，移出剖切平面以上的部分，把剖切平面以下的物体投影到水平面上所得的水平剖面图，即为建筑平面图，简称平面图。

建筑平面图表示房屋的平面形状、内部布置及朝向，是施工放线、砌墙、安装门窗、室内装修及编制预算的重要依据。

原则上讲，房屋有几层，就应画出几个平面图，如底层平面图、二层平面图、……、顶层平面图。多层建筑存在许多平面布局相同的楼层，可用一个平面图来表达，称为"标准层平面图"或"×～×层平面图"。

底层平面图（一层平面图或首层平面图）：是指±0.000 地坪所在的楼层的平面图。它除表示该层的内部形状外，还画有室外的台阶（坡道）、花池、散水和雨水管的形状及位置，以及剖面的剖切符号，以便与剖面图对照查阅。底层平面图上应标注指北针，其他层平面图上可以不再标出。

中间标准层平面图：中间标准层平面图除表示本层室内形状外，还需要画出本层室外的雨篷、阳台等。

顶层平面图：顶层平面图也可用相应的楼层数命名，其图示内容与中间层平面图的内容基本相同。

屋顶平面图：屋顶平面图是指将房屋的顶部单独向下所做的俯视图，主要是用来表达屋顶形式、排水方式及其他设施的图样。

建筑平面图的总平面图中一般应表示如下内容：

（1）表示所有轴线及其编号以及墙、柱、墩的位置、尺寸。

（2）表示出所有房间的名称及其门窗的位置、编号与大小。

（3）注出室内外的有关尺寸及室内楼地面的标高。

（4）表示电梯、楼梯的位置及楼梯上下行方向及主要尺寸。

（5）表示阳台、雨篷、台阶、斜坡、烟道、通风道、管井，消防梯、雨水管、散水、排水沟、花池等位置及尺寸。

（6）画出室内设备，如卫生器具、水池、工作台、隔断及重要设备的位置、形状。

（7）表示地下室、地坑、地沟，墙上预留洞、高窗等位置尺寸。

（8）在底层平面图上还应该画出剖面图的剖切符号及编号。

（9）标注有关部位的详图索引符号。

（10）在底层平面图左下方或右下方画出指北针。

（11）屋顶平面图上一般应表示出：女儿墙、檐沟、屋面坡度、分水线与雨水口、变形缝、楼梯间、水箱间、天窗、上人孔、消防梯及其他构筑物、索引符号等。

常用构造及配件图例参见表 1-2。

表 1 - 2　　　　　　　　　　　　　常用构造及配件图例

序号	名　称	图　例	备　注
1	墙体	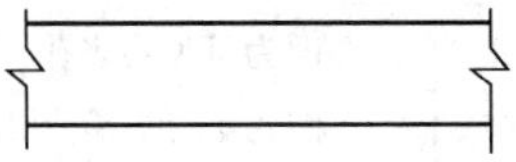	应加注文字或填充图例表示墙体材料，在项目设计图纸说明中列材料图例表给予说明
2	隔断	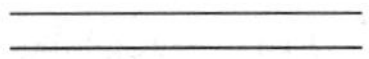	①包括板条抹灰、木制、石膏板、金属材料等隔断 ②适用于到顶与不到顶隔断
3	楼梯	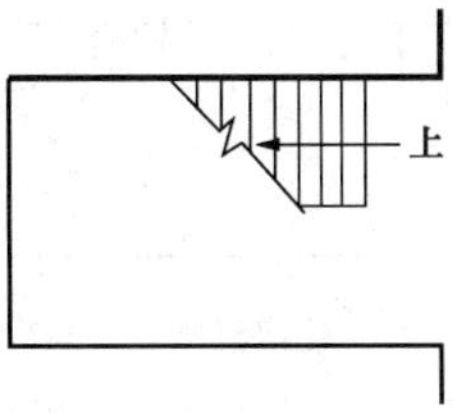 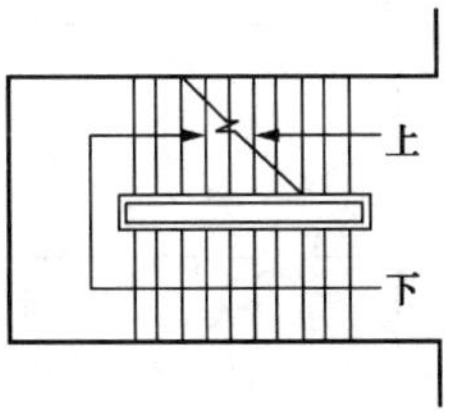 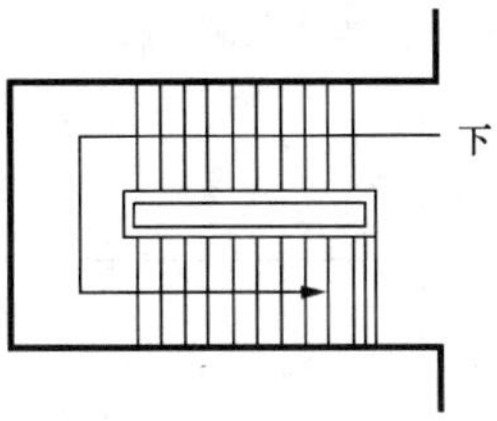	①上图为底层楼梯平面，中图为中间层楼梯平面，下图为顶层楼梯平面 ②楼梯及栏杆扶手的形式和梯段踏步数应按实际情况绘制
4	坡道	 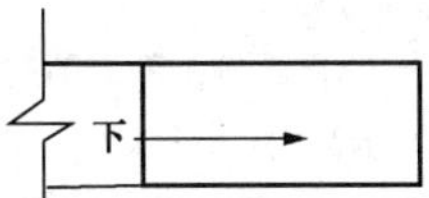 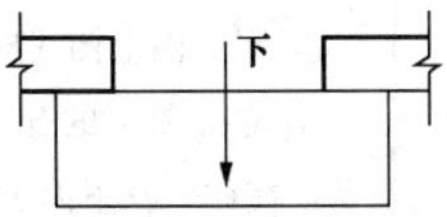	上图为长坡道，下图为门口坡道
5	平面高差	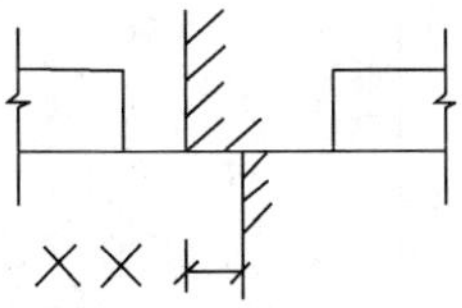	适用于高差小于 100mm 的两个地面或与路面相接处

序号	名 称	图 例	备 注
6	检查孔	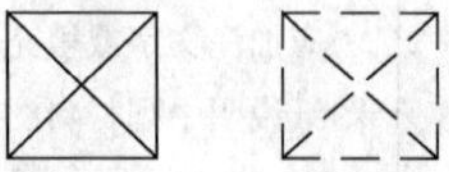	左图为可见检查孔 右图为不可见检查孔
7	孔洞	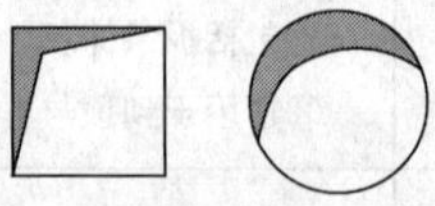	阴影部分可以涂色代替
8	坑槽	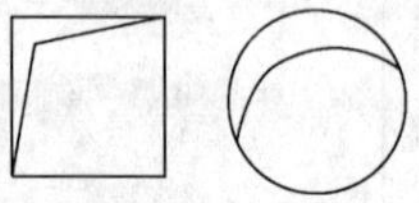	
9	墙预留洞	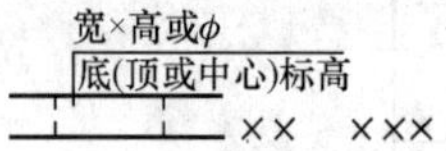 宽×高或φ 底(顶或中心)标高 ×× ×××	①以洞中心或洞边定位 ②宜以涂色区别墙体和留洞位置
10	墙预留槽	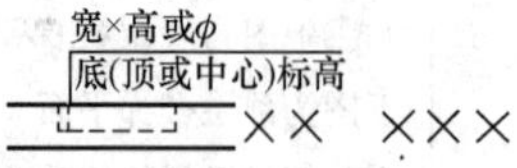 宽×高或φ 底(顶或中心)标高 ×× ×××	
11	空抹门洞	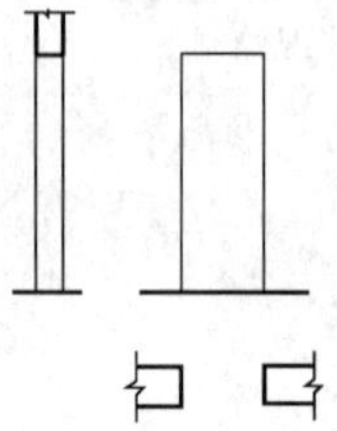	h 为门洞高度
12	单扇门（包括平开或单面弹簧）	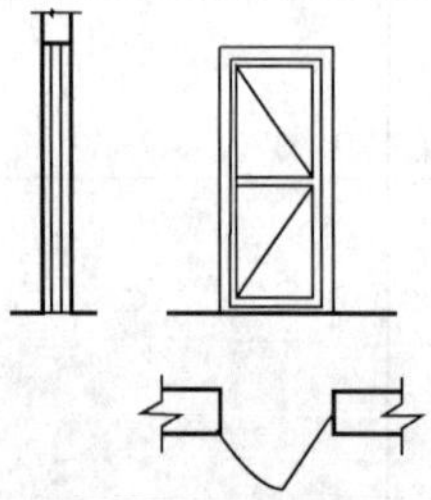	① 图例中剖面图左为外、右为内，平面图下为外、上为内 ② 立面图上开启方向线交角的一侧为安装铰链的一侧，实线为外开，虚线为内开 ③ 平面图上门线应90°或45°开启，开启弧线宜绘出 ④ 立面图上的开启方向线在一般设计图中可以表示，在详图及室内设计图上应表示 ⑤ 立面形式应按实际情况绘制
13	双扇门（包括平开或单面弹簧）	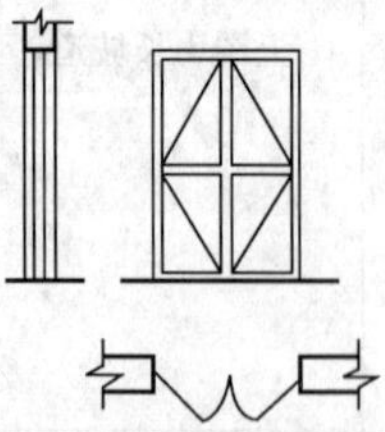	
14	对开折叠门	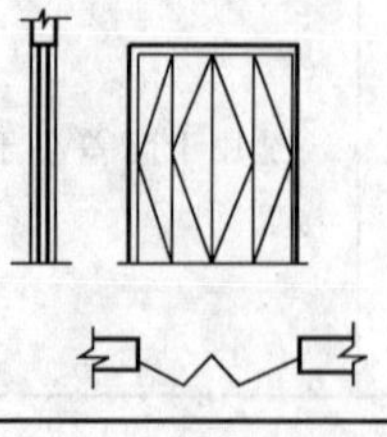	

序号	名　称	图　例	备　注
15	推拉门	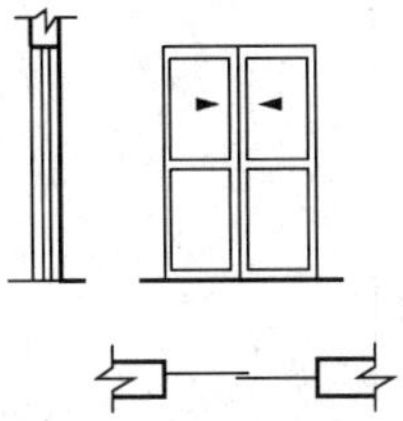	① 图例中剖面图左为外、右为内，平面图下为外、上为内 ② 立面形式应按实际情况绘制
16	墙外双扇推拉门	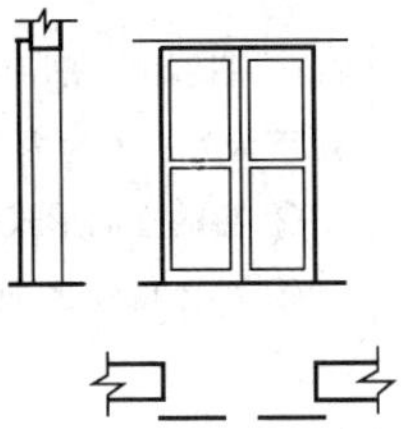	
17	单扇双面弹簧门	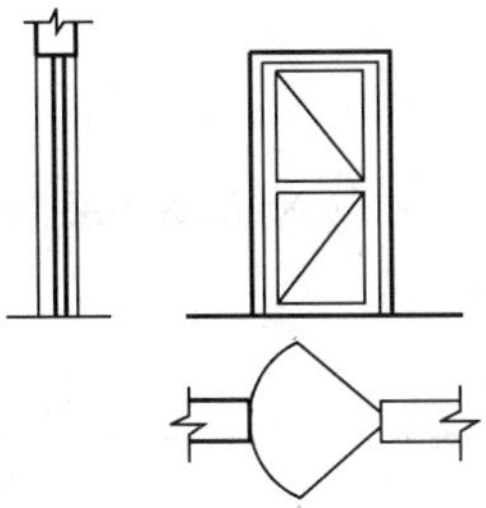	① 图例中剖面图左为外、右为内，平面图下为外、上为内 ② 立面图上开启方向线交角的一侧为安装铰链的一侧，实线为外开，虚线为内开 ③ 平面图上门线应 90°或 45°开启，开启弧线宜绘出 ④ 立面图上的开启方向线在一般设计图中可不表示，在详图及室内设计图上应表示 ⑤ 立面形式应按实际情况绘制
18	双扇双面弹簧门	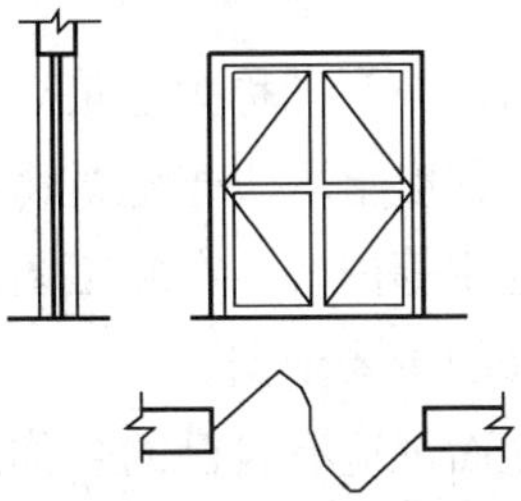	
19	单层外开平开窗	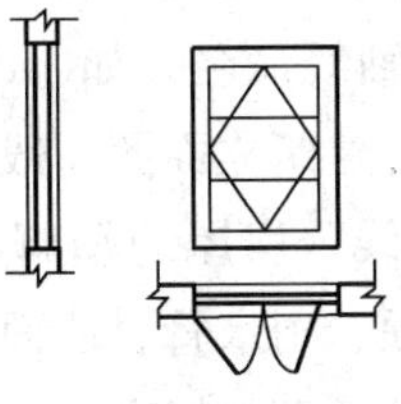	① 立面图中的斜线表示窗的开启方向，实线为外开，虚线为内开；开启方向线交角的一侧为安装铰链的一侧，一般设计图中可不表示 ② 图例中，剖面图所示左为外、右为内，平面图所示下为外、上为内 ③ 平面图和剖面图上的虚线仅说明开关方式，在设计图中不需表示 ④ 窗的立面形式应按实际绘制 ⑤ 小比例绘图时，平、剖面的窗线可用单粗实线表示
20	双层内外开平开窗	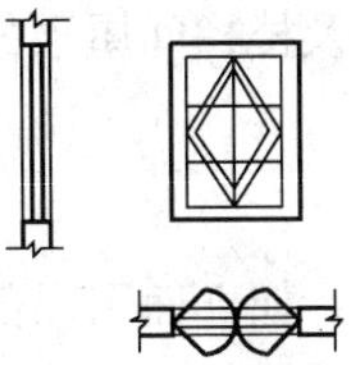	

序号	名 称	图 例	备 注
21	推拉窗	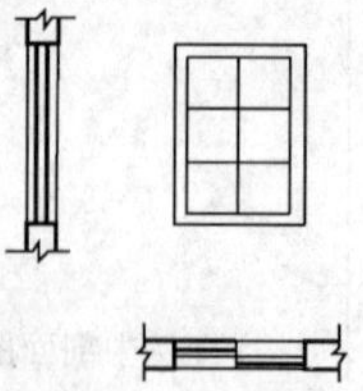	
22	上推拉窗	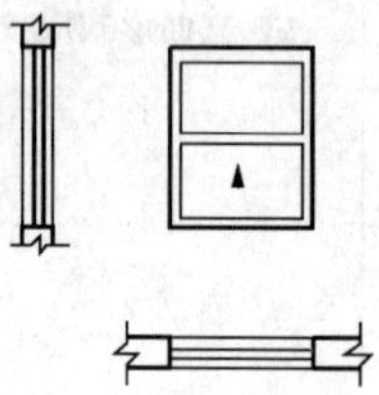	① 图例中，剖面图所示左为外、右为内，平面图所示下为外、上为内 ② 窗的立面形式应按实际绘制 ③ 小比例绘图时，平、剖面的窗线可用单粗实线表示
23	高窗	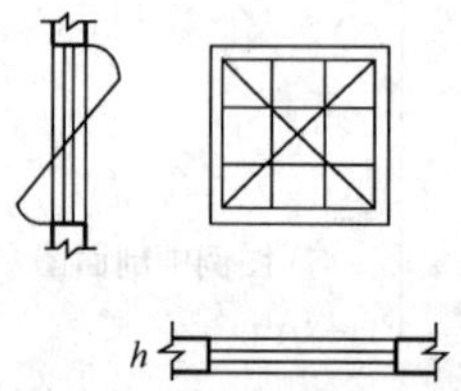	h 为窗底距本层楼地面的高度

4. 建筑立面图

在与建筑立面平行的垂直投影面上所做的正投影图称为建筑立面图，简称立面图。一幢建筑物是否美观，是否与周围环境协调，很大程度上取决于建筑物立面上的艺术处理，包括建筑造型与尺度、装饰材料的选用、色彩的选用等内容，在施工图中立面图主要反映房屋各部位的高度、外貌和装修要求，是建筑外装修的主要依据。

由于每幢建筑的立面至少有三个，每个立面都应有自己的名称。立面图的命名方式有三种：一是用朝向命名，如南立面图、北立面图等；二是按外貌特征命名，如背立面图、左立面图和右立面图；三是用建筑平面图中的首尾轴线命名，如①～⑦立面图、⑦～①立面图等。每套施工图只能采用其中的一种方式命名。建筑立面图一般应表示如下内容：

（1）画出从建筑物外可以看见的室外地面线，房屋的勒脚、台阶、花池、门、窗、雨篷、阳台、室外楼梯、墙体外边线、檐口、屋顶、雨水管、墙面分格线等内容。

（2）注出建筑物立面上的主要标高。如室外地面的标高、台阶表面的标高、各层门窗洞口的标高、阳台、雨篷、女儿墙顶、屋顶水箱间及楼梯间屋顶的标高。

（3）注出建筑物两端的定位轴线及其编号。

（4）注出需要详图表示的索引符号。

（5）用文字说明外墙面装修的材料及其做法。如立面图局部需画详图时应标注详图的索引符号。

5. 建筑剖面图

假想用一个平行于投影面的剖切平面，将房屋剖开，移去观察者与剖切平面之间的房屋部分，作出剩余部分的房屋的正投影，所得图样称为建筑剖面图，简称剖面图。将沿着建筑物短边方向剖切后形成的剖面图称为横剖面图，将沿着建筑物长边方向剖切形成的剖面图称为纵剖面图。一般多采用横向剖面图。

建筑剖面图是表示房屋的内部垂直方向的结构形式、分层情况、各层高度、楼面和地面的构造以及各配件在垂直方向上的相互关系等内容的图样。

剖面图的剖切部位，应根据图样的用途或设计深度，在平面图上选择能反映全貌、构造特征以及有代表性的部位剖切。一般在楼梯间、门窗洞口、大厅以及阳台等处。建筑剖面图一般应表示如下内容：

（1）表示被剖切到的或能见到的房屋各部位，如各楼层地面、内外墙、屋顶、楼梯、阳台、散水、雨罩等。

（2）高度尺寸内容。包括：

外部尺寸：门窗洞口（包括洞口上部和窗台）高度，层间高度及总高度（室外地面至檐口或女儿墙顶）。有时，后两部分尺寸可不标注。

内部尺寸：地坑深度，隔断、搁板、平台、墙裙及室内门窗的高度。

标高尺寸：主要是注出室内外地面、各层楼面、阳台、楼梯平台、檐口、圈梁、屋脊、女儿墙、雨篷、门窗、台阶等处的标高。

（3）表示建筑物主要承重构件的位置及相互关系，如各层的梁、板、柱及墙体的连接关系等。

（4）表示屋顶的形式及泛水坡度等。

（5）索引符号。

6. 建筑详图

建筑详图就是把房屋的细部或构配件的形状、大小、材料和做法等，按正投影的原理，用较大的比例绘制出来的图样（也称为大样图或节点图）。它是建筑平面图、立面图和剖面图的补充，详图比例常用1：1～1：50。

某些建筑构造或构件的通用做法，可采用国家或地方制定的标准图集（册）或通用图集（册）中的图纸，一般在图中通过索引符号注明，不必另画详图。

建筑详图包括墙身剖面图和楼梯、阳台、雨篷、台阶、门窗、卫生间、厨房、内外装修等详图。

（1）外墙详图。外墙详图主要用来表示外墙各部位的详细构造、材料做法及详细尺寸，如檐口、圈梁、过梁、墙厚、雨罩、阳台、防潮层、室内外地面、散水等。

在多层建筑中，中间各层墙体的构造相同，则只画底层、中间层和顶层的三个部位组合图，有时也可单独绘制各个节点的详图。

① 墙的轴线编号、墙的厚度及其与轴线的关系。有时一个外墙身详图可适用于几个轴线。按"国标"规定：如一个详图适用于几个轴线时，应同时注明各有关轴线的编号。通用

详图的定位轴线应只画圆，不注写轴线编号，轴线端部圆圈直径在详图中宜为10mm。

② 各层楼板等构件的位置及其与墙身的关系。

③ 门窗洞口、底层窗下墙、窗间墙、檐口、女儿墙等的高度，室内外地坪、防潮层、门窗洞的上下口、檐口、墙顶及各层楼面、屋面的标高。

④ 屋面、楼面、地面等为多层次构造。多层次构造用分层说明的方法标注其构造做法。多层次构造的共用引出线，应通过被引出的各层。文字说明宜用5号或7号字注写在横线的上方或横线的端部，说明的顺序由上至下，并应与被说明的层次相互一致。如层次为横向排列，则由上至下的说明顺序应与由左至右的层次相互一致。

⑤ 立面装修和墙身防水、防潮要求，及墙体各部位的线脚、窗台、窗楣、檐口、勒脚、散水等的尺寸、材料和做法，或用引出线说明，或用索引符号引出另画详图表示。

外墙详图的识读首先根据外墙详图剖切平面的编号，在平面图、剖面图或立面图上查找出相应的剖切平面的位置，以了解外墙在建筑物的具体部位。其次看图时应按照从下到上的顺序，一个节点、一个节点的阅读，了解各部位的详细构造、尺寸、做法，并与材料做法表相对照，检查是否一致。先看位于外墙最底部部分，依次进行。

图1-2为某别墅屋檐构造详图，从图中可知各细部构造尺寸及屋面做法。

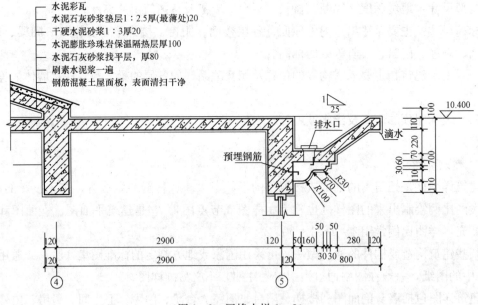

图1-2　屋檐大样 1：20

（2）楼梯间详图。楼梯详图一般分建筑详图和结构详图，分开绘制并分别编入建筑施工图和结构施工图中。楼梯建筑详图包括楼梯平面图、楼梯剖面图以及栏杆（或栏板）、扶手、踏步等详图。

① 楼梯平面图。楼梯平面图是距楼地面1.0m以上的位置，用一个假想的剖切平面，沿着水平方向剖开（尽量剖到楼梯间的门窗），然后向下作投影得到的投影图（图1-3）。

楼梯平面图一般应分层绘制。如果中间几层的楼梯构造、结构、尺寸均相同的话，可以

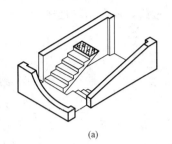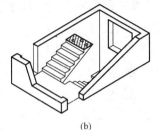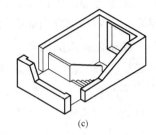

(a)   (b)   (c)

图 1-3 楼梯平面直观图
(a) 底层；(b) 中间层；(c) 顶层

只画底层、中间层和顶层的楼梯平面图。

楼梯平面图中，各层被剖切到的梯段，按国标规定，均在平面图中以一根 45°的折断线表示。在每一梯段处画有一长箭头，并注写"上"或"下"字和踏步级数，表明从该层楼（地）面往上或往下走多少步可到达上（或下）一层的楼（地）面。在底层平面图中还应注明楼梯剖面图的剖切位置和投影方向。

楼梯平面图主要表示楼梯平面的布置详细情况，如楼梯间的尺寸大小、墙厚、楼梯段的长度和宽度、楼梯上行或下行的方向、踏面数和踏面宽度、楼梯平台和楼梯位置等。

② 楼梯剖面图。楼梯剖面图主要表示楼梯段的长度、踏步级数、楼梯结构形式及所用材料、房屋地面、楼面、休息平台、栏杆和墙体的构造做法，以及楼梯各部分的标高和详图索引符号。

阅读楼梯剖面图时，应与楼梯平面图对照起来，要注意剖切平面的位置和投影方向。另外在多层建筑中，如果中间各层的楼梯构造相同时，则剖面图可以只画出底层、中间层和顶层的剖面，中间用折断线断开。

③ 楼梯踏步、扶手、栏板（栏杆）详图。

踏步详图表明踏步截面形状及大小、材料与面层及防滑条做法。

栏杆（栏板）和扶手详图表明其形式、大小、材料和连接方式等。

（3）门窗详图。各省市和地区一般都制定统一的各种不同规格的门窗详图标准图册，以供设计者选用。因此在施工图中只要注明该详图所在标准图册中的编号，可不必另画详图。如果没有标准图册，就一定要画出详图。门窗详图一般用立面图、节点详图、截面图以及五金表和文字说明等来表示。

① 立面图。立面图主要表明门、窗的形式，开启方向及主要尺寸，还标注出索引符号，以便查阅节点详图。在立面图上一般标注三道尺寸：最外一道为门、窗洞口尺寸；中间一道为门窗框的外沿尺寸；最里面一道为门、窗扇尺寸。

② 节点详图。节点详图为门、窗的局部剖面图，表示门、窗扇和门、窗框的断面形状、尺寸、材料以及互相的构造关系，也表明门、窗与四周（如过梁、窗台、墙体等）的构造关系。

③ 截面图。截面图用比较大的比例（如 1∶5，1∶2 等）将不同门窗用料和截口形状、尺寸单独绘制，便于下料加工。在门窗标准图集中，通常将截面图与节点详图画在一起。

（4）阳台详图。阳台详图主要反映阳台的构造、尺寸和做法，详图由剖面图、阳台栏杆构件平面布置图和阳台局部平面图组成。

三、结构施工图的内容

建筑施工图是在满足建筑物的使用功能、美观、防火等要求的基础上，表明房屋的外形、内部平面布置、细部构造和内部装修等内容。为了建筑物的安全，还应按建筑各方面的要求进行力学与结构计算，决定建筑承重构件（如基础、梁、板、柱等）的布置、形状、尺寸和详细设计的构造要求，并将其结果绘制成图样，用以指导施工，这样的图样称为结构施工图。

1. 结构施工图的组成

结构施工图一般包括：结构设计图纸目录、结构设计总说明、结构平面布置图和结构构件详图。

（1）结构设计图纸目录和设计总说明。结构设计图纸目录可以使我们了解图纸的总张数和每张图纸的内容，核对图纸的完整性，查找所需要的图纸。结构设计总说明的主要内容包括以下方面：

① 设计的主要依据（如设计规范、勘察报告等）。

② 结构安全等级和设计使用年限、混凝土结构所处的环境类别。

③ 建筑抗震设防类别、建设场地抗震设防烈度、场地类别、设计基本地震加速度值、所属的设计地震分组以及混凝土结构的抗震等级。

④ 基本风压值和地面粗糙度类别。

⑤ 人防工程抗力等级。

⑥ 活荷载取值，尤其是《荷载规范》中没有明确规定或与规范取值不同的活荷载标准值及其作用范围。

⑦ 设计±0.000 标高所对应的绝对标高值。

⑧ 所选用结构材料的品种、规格、型号、性能、强度等级，对水箱、地下室、屋面等有抗渗要求的混凝土的抗渗等级。

⑨ 结构构造做法（如混凝土保护层厚度、受力钢筋锚固搭接长度等）。

⑩ 地基基础的设计类型与设计等级，对地基基础施工、验收要求以及对不良地基的处理措施与技术要求。

（2）结构平面布置图。结构平面布置图是房屋承重结构的整体布置图，主要表示结构构件的位置、数量、型号及相互关系，与建筑平面图一样，属于全局性的图纸，通常包含基础布置平面图、楼层结构平面图、屋顶结构平面图、柱网平面图。

1）基础平面布置图。基础平面布置图是表示房屋地面以下基础部分的平面布置和详细构造的图样。它是进行施工放线、基槽开挖和砌筑的主要依据，也是施工组织和预算的主要依据。基础平面布置图通常包括基础平面图和基础详图。

① 基础平面图。基础平面图中，只反映基础墙、柱以及它们基础底面的轮廓线，基础的细部轮廓线可省略不画。这些细部的形状，将具体反映在基础详图中。基础墙和柱是剖到

的轮廓线，应画成粗实线，未被剖到的基础底部用细实线表示。基础内留有孔、洞的位置用虚线表示。由于基础平面图常采用 1：100 的比例绘制，故材料图例的表示方法与建筑平面图相同，即剖到的基础墙可不画砖墙图例（也可在透明描图纸的背面涂成红色）、钢筋混凝土柱涂成黑色。

当房屋底层平面中开有较大门洞时，为了防止在地基反力作用下导致门洞处室内地面的开裂，通常在门洞处的条形基础中设置基础梁，并用粗点画线表示基础梁的中心位置。

② 基础详图。基础断面图表示基础的截面形状、细部尺寸、材料、构造及基底标高等内容。一般情况下，对于构造尺寸不同的基础应分别画出其详图，但是当基本构造形式相同、只是部分尺寸不同时，可以用一个详图来表示，但应注出不同的尺寸或列出表格说明。对于条形基础只需画出基础断面图，而独立基础除了画出基础断面图外，有时还要画出基础的平面图或立面图。

基础详图的内容：

a. 表明基础的详细尺寸，如基础墙的厚度、基础底面宽度和它们与轴线的位置关系。

b. 表明室内外、基底、管沟底的标高，基础的埋置深度。

c. 表明防潮层的位置和勒脚、管沟的做法。

d. 表明基础墙、基础、垫层的材料标号，配筋的规格及其布置。

e. 用文字说明图样不能表达的内容，如地基承载力、材料标号及施工要求等。

2) 楼层结构平面图。楼层结构平面图是假想将房屋沿楼板面水平剖开后所得的水平剖面图，用来表示房屋中每一层楼面板及板下的梁、墙、柱等承重构件的布置情况，或现浇楼板的构造和配筋。楼层结构布置平面图的识读内容：

① 看图名、轴线、比例。

② 看预制楼板的平面布置及其标注。

③ 看现浇楼板的布置。现浇楼板在结构平面图中的表示方法有两种：一种是直接在现浇板的位置处绘出配筋图，并进行钢筋标注；另一种是在现浇板范围内画一对角线，并注写板的编号，该板配筋另有详图。

④ 看楼板与墙体（或梁）的构造关系。在结构平面图中，配置在板下的圈梁、过梁、梁等钢筋混凝土构件轮廓线可用中虚线表示，也可用单线（粗虚线）表示，并应在构件旁侧标注其编号和代号。

（3）结构构件详图。构件详图是表示单个构件形状、尺寸、材料、构造及工艺的图样，属于局部性的图纸。其主要内容有：基础详图；梁、板、柱等构件详图；楼梯结构详图；其他构件详图。

2. 结构施工图的有关规定

房屋结构中的构件繁多，布置复杂，绘制的图纸除应遵守《房屋建筑制图统一标准》中的基本规定外，还必须遵守 GB/T 50105—2010《建筑结构制图标准》。现将有关规定介绍如下：

（1）构件代号。在结构施工图中，为了方便阅读，简化标注，规范规定：构件的名称应用代号来表示,代号后应用阿拉伯数字标注该构件的型号或编号,也可为构件的顺序号。构件的顺序号采用不带角标的阿拉伯数字连续编排。当采用标准、通用图集中的构件时,应用该图集中的规定代号或型号注写。表示方法用构件名称的汉语拼音字母中的第一个字母表示。常用的结构构件代号参见表1-3。

表1-3　　　　　　　　　　　　　常用结构构件代号

序号	名称	代号	序号	名称	代号	序号	名称	代号
1	板	B	15	吊车梁	DL	29	基础	J
2	屋面板	WB	16	圈梁	QL	30	设备基础	SJ
3	空心板	KB	17	过梁	GL	31	桩	ZH
4	槽形板	CB	18	连系梁	LL	32	柱间支撑	ZC
5	折板	ZB	19	基础梁	JL	33	水平支撑	SC
6	密肋板	MB	20	楼梯梁	TL	34	垂直支撑	CC
7	楼梯板	TB	21	檩条	LT	35	梯	T
8	盖板或沟盖板	GB	22	屋架	WJ	36	雨篷	YP
9	挡雨板或檐口板	YB	23	托架	TJ	37	阳台	YT
10	吊车安全走道板	DB	24	天窗架	CJ	38	梁垫	LD
11	墙板	QB	25	框架	KJ	39	预埋件	M⁻
12	天沟板	TGB	26	刚架	GJ	40	天窗端壁	TD
13	梁	L	27	支架	ZJ	41	钢筋网	W
14	屋面梁	WL	28	柱	Z	42	钢筋骨架	G

注:预应力钢筋混凝土构件代号,应在构件代号前加注"Y—",例如Y—KB表示预应力混凝土空心板。

(2)常用钢筋符号。钢筋按其强度和品种分成不同等级。普通钢筋一般采用热轧钢筋,符号参见表1-4。

表1-4　　　　　　　　　　　　　常用钢筋符号

种　　类	强度等级	符号	强度标准值 f_{yk}/(N/mm²)
热轧钢筋	HPB300	Ⅰ	Φ	300
	HRB335	Ⅱ	Φ	335
	HRB400	Ⅲ	Φ	400
	RRB400	Ⅲ	Φ^R	400

(3)钢筋的名称、作用和标注方法。配置在钢筋混凝土结构构件中的钢筋,一般按其作用分为以下几类:

1)受力钢筋:它是承受构件内拉、压应力的受力钢筋,其配置根据通过受力计算确定,且应满足构造要求。梁、柱的受力筋也称纵向受力筋,应标注数量、品种和直径,如 4 Φ 18，表示配置 4 根 HRB335 钢筋，直径为 18mm。板的受力筋，应标注品种、直径和间距，如 ϕ 10@150，表示配置 HPB235 钢筋，直径 10mm，间距 150mm（@是相等中心距符号）。

2）架立筋：架立筋一般设置在梁的受压区，与纵向受力钢筋平行，用于固定梁内钢筋的位置，并与受力筋形成钢筋骨架。架立筋是按构造配置的，其标注方法同梁内受力筋。

3）箍筋：箍筋的作用是承受梁、柱中的剪力、扭矩和固定纵向受力钢筋的位置等。标注时应说明箍筋的级别、直径、间距，如 ϕ 8@100。构件配筋图中箍筋的长度尺寸，应指箍筋的里皮尺寸。弯起钢筋的高度尺寸应指钢筋的外皮尺寸（图 1-4）。

4）分布筋：它用于单向板、剪力墙中。单向板中的分布筋与受力筋垂直。其作用是将承受的荷载均匀地传递给受力筋，并固定受力筋的位置以及抵抗热胀冷缩所引起的温度变形。标注方法同板中受力筋。

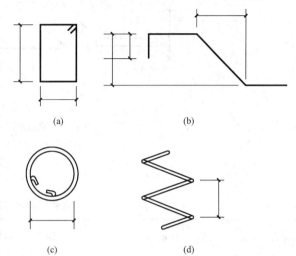

图 1-4　钢筋尺寸标注法形式

（a）箍筋尺寸标注；（b）弯起钢筋尺寸标注；
（c）环形钢筋尺寸标注；（d）螺旋钢筋尺寸标注

剪力墙中布置的水平和竖向分布筋，除上述作用外，还可参与承受外荷载，其标注方法同板中受力筋。

5）构造筋：因构造要求及施工安装需要而配置的钢筋，如腰筋、吊筋、拉结筋等。各种钢筋的形式及在梁、板、柱中的位置及其形状，如图 1-5 所示。

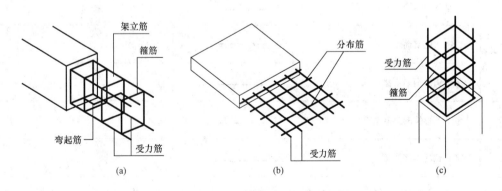

图 1-5　钢筋混凝土梁板柱配筋示意图

（a）梁；（b）板；（c）柱

（4）钢筋的弯钩。为了增强钢筋与混凝土的粘结力，表面光圆的钢筋两端需要做弯钩。弯钩的形式如图 1-6 所示。

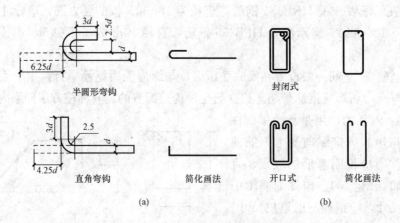

图 1-6　钢筋的弯钩形式

（a）受力筋的弯钩；（b）箍筋的弯钩

（5）钢筋的常用表示方法，参见表 1-5 和表 1-6。

表 1-5　　　　一般钢筋的表示方法

序号	名　　称	图　　例	说　　明
1	钢筋横断面		
2	无弯钩的钢筋端部		下图表示长、短钢筋投影重叠时，短钢筋的端部用 45°斜画线表示
3	带半圆形弯钩的钢筋端部		
4	带直钩的钢筋端部		
5	带螺纹的钢筋端部		
6	无弯钩的钢筋搭接		
7	带半圆形钩的钢筋搭接		
8	带直钩的钢筋搭接		
9	花篮螺栓钢筋接头		
10	机械连接的钢筋接头		用文字说明机械连接的方式（或冷挤压，或锥螺纹等）

序号	说　明	图　例
1	在结构平面图中配置双层钢筋时，底层钢筋的弯钩应向上或向左，顶层钢筋的弯钩则向下或向右	（底层）　　（顶层）
2	钢筋混凝土墙体配双层钢筋时，在配筋立面图中，远面钢筋的弯钩应向上或向左，而近面钢筋的弯钩向下或向右（JM近面，YM远面）	
3	若在断面图中不能表达清楚的钢筋布置，应在断面图外增加钢筋大样图（钢筋混凝土墙、楼梯等）	
4	图中表示的箍筋、环筋等若布置复杂时，可加画钢筋大样图（如钢筋混凝土墙、楼梯等）	或
5	每组相同的钢筋、箍筋或环筋，可用一根粗实线表示，同时用一两端带斜短划线的横穿细线，表示其余钢筋及起止范围	

表 1-6　　　　　　　　　钢筋在结构构件中的画法

（6）钢筋的保护层。为了防止构件中的钢筋被锈蚀，加强钢筋与混凝土的粘结力，构件中的钢筋不允许外露，构件表面到钢筋外缘必须有一定厚度的混凝土，这层混凝土被称为钢筋的保护层。保护层的厚度因构件不同而异，根据《钢筋混凝土结构设计规范》规定，一般情况下，梁和柱的保护层厚为 25～30mm，板的保护层厚为 10～15mm。

（7）预埋件、预留孔洞的表示方法。在混凝土构件上设置预埋件时，可在平面图或立面图上表示。引出线指向预埋件，并标注预埋件的代号（图 1-7）。

在混凝土构件的正、反面同一位置均设置相同的预埋件时，引出线为一条实线和一条虚线并指向预埋件，同时在引出横线上标注预埋件的数量及代号（图 1-8）。

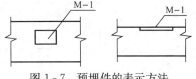

图 1-7　预埋件的表示方法

在混凝土构件的正、反面同一位置设置编号不同的预埋件时，引出线为一条实线和一条虚线并指向预埋件。引出横线上标注正面预埋件代号，引出横线下标注反面预埋件代号（图1-9）。

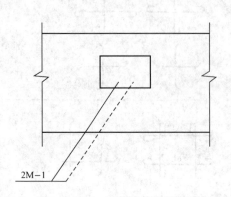

图1-8 同一位置正、反预埋件均相同的表示方法   图1-9 同一位置正、反预埋件不相同的表示方法

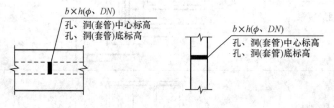

图1-10 预留孔、洞及预埋套管的表示方法

在构件上设置预留孔、洞或预埋套管时，可在平面或断面图中表示。引出线指向预留（埋）位置，引出横线上方标注预留孔、洞的尺寸，预埋套管的外径。横线下方标注孔、洞（套管）的中心标高或底标高（图1-10）。

3. 钢筋混凝土构件详图的图示方法

钢筋混凝土构件图是加工制作钢筋、浇筑混凝土的依据，其内容包括模板图、配筋图、钢筋表和文字说明四部分。

（1）模板图。模板图是为浇筑构件的混凝土而绘制的，主要表达构件的外形尺寸、预埋件的位置、预留孔洞的大小和位置。对于外形简单的构件，一般不必单独绘制模板图，只需在配筋图中把构件的尺寸标注清楚即可。对于外形较复杂或预埋件较多的构件，一般要单独画出模板图。图示方法就是按构件的外形绘制的视图，如图1-11所示。

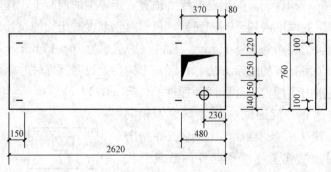

图1-11 模板图

（2）配筋图。配筋图就是钢筋混凝土构件（结构）中的钢筋配置图，主要表示构件内部所配置钢筋的形状、大小、数量、级别和排放位置。

1）板。钢筋在平面图中的配置应按图 1-12 所示的方法表示，板下看不见的墙线画成虚线。当钢筋标注的位置不够时，可采用引出线标注。

当构件布置较简单时，结构平面布置图可与板配筋平面图合并绘制。

2）梁。如图 1-13 所示，是用传统表达方法画出的一根两跨钢筋混凝土连续梁的配筋图（为简化起见，图中只画出立面图和断面图，省略了钢筋详图）。从该图可以了解该梁的支承情况、跨度、断面尺寸，以及钢筋的配置情况。

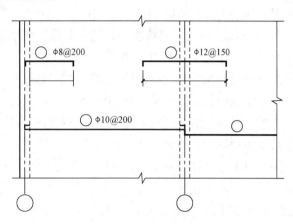

图 1-12 楼板配筋结构平面图

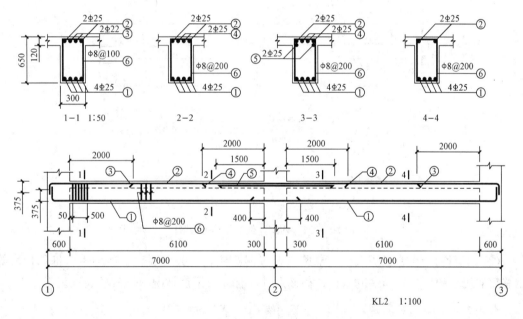

图 1-13 两跨连续梁配筋详图

传统的钢筋混凝土结构施工图表示法，即单件正投影表示法表达钢筋混凝土结构，含有大量的重复内容，为提高设计效率，使施工看图方便，便于施工质量检查，现在结构施工图中较多采用平面整体表示法。

平面注写方式是在梁平面布置图上，分别在不同编号的梁中各选择一根，在其上注写截面尺寸和配筋的具体数值。按照 11G101—1《混凝土结构施工图平面整体表示方法制图规则和构造详图》进行绘制和识读。下面以该梁为例，简单介绍"平法"中平面注写方式的表达方法。

梁的平面注写包括集中标注和原位标注两部分，如图 1-14 所示。集中标注表达梁的通用数值，如图中引出线上所注写的三排数字。从第一排数字可知该梁为框架梁（KL），编号为2，共有2跨，梁的断面尺寸是300×650；第二排数字表示箍筋、上部贯通筋和架力筋的情况，箍筋为直径8的HPB235钢筋，加密区（靠近支座处）间距为100mm，非加密区间距为200mm，均为2肢箍筋，梁的上部配有两根贯通筋，直径为25的HRB335钢筋，如有架力筋，需注写在括号内，如2Φ25＋(2Φ20)；第三排数字为选注内容，表示梁顶面标高相对于楼层结构标高的高差值，需写在括号内。

当梁集中标注中的某项数值不适用于该梁的某部位时，则将正确数值在该部位原位标注，施工时原位数值优先。图1-14中左边和右边支座上，注有2Φ25＋2Φ22，表示该处除放置集中标注中注明的2Φ25上部贯通筋外，还在上部放置了2Φ22的端支座钢筋。而中间支座上部6Φ25 4/2，表示除了2根Φ25贯通筋外，还放置了4根Φ25的中间支座钢筋，并且分两排配置，上排为4根，下排2根。通常梁上、下皮钢筋多于一排时，各排钢筋根数从上往下用"/"分开，如图中4/2，同排钢筋为两种时，用"＋"相连，如2Φ25＋2Φ22。从图中还可看出，两跨梁的底部都各配有纵筋4Φ25，注意这4Φ25并非贯通筋。

图1-14 两跨连续梁平法示例图

（3）钢筋表。在施工图纸中，常见的表有钢筋柱表、剪力墙表、连梁表、桩承台表等，能够简洁明了的反映各构件的名称、截面尺寸、标高及配筋情况。框架柱表见表1-7。

表1-7　　　　　　　　　　　框架柱表

柱号	标高	$b×h$（圆柱直径 D）	b_1	b_2	h_1	h_2	全部纵筋	角筋	b边一侧中部筋	h边一侧中部筋	箍筋类型号	箍筋	备注
KZ1	−0.030～19.470	750×700	375	375	150	550	24 Φ 25				1(5×4)	Φ 10@100/200	—
	19.470～37.470	650×600	325	325	150	450		4 Φ 22	5 Φ 22	4 Φ 20	1(4×4)	Φ 10@100/200	
	37.470～59.070	550×500	275	275	150	350		4 Φ 22	5 Φ 22	4 Φ 20	1(4×4)	Φ 8@100/200	
XZ1	−0.030～8.670						8 Φ 25					Φ 10@100	③～⑧转XZ1中设置

（4）文字说明。对施工图纸中无法准确反映的构件的相关信息或者是反映本图中共性的问题，以文字说明进行描述。如在结施图中，通常都是以文字集中说明板厚、受力筋的配筋情况。

第二节 建筑工程材料与预算

一、建筑材料对工程造价的影响

建筑材料是完成一项建筑工程必备的三大生产要素之一，一般来说，材料费用往往占工程总造价的 $50\%\sim60\%$。在工程实施过程中，发包人需要考虑投资的可控性，承包人需要考虑工程的施工成本，由于各种建筑材料根据其种类、品种、规格、品牌、颜色、使用时间的不同而具有不同的价格，因此正确、节约、合理地使用建筑材料直接影响着建筑工程的工程造价和投资，无论是发包人还是承包人都不会忽视这一点，在整个建设工程中都会对所使用的材料进行反复地比较和选择。对于工程造价人员来说，深入了解材料的各方面知识点，尤其是材料的价格和施工工艺，是做好预算工作的关键。

二、建筑工程材料的分类及选用

只有研究各种材料的原料、组成、构造和特性，了解建筑材料的分类，才能合理选择和正确使用建筑材料，才能理解施工图中材料的选用结果，正确计算工程造价。材料的分类、特点和种类介绍如下：

1. 按建筑材料的化学组成分类

按建筑材料的化学组成不同可分为无机材料、有机材料和复合材料。

（1）无机材料。无机材料分为金属材料和非金属材料。

1）金属材料有：钢、铁及其合金，铝、铜等。

2）非金属材料有：石材、烧结制品、胶凝材料及制品、熔融制品等。

① 石材：天然石材、人造石材。

② 烧结制品：烧结砖、陶瓷面砖。

③ 熔融制品：玻璃、岩棉、矿棉。

④ 胶凝材料：可分为无机胶凝材料和有机胶凝材料。

胶凝材料
- 无机胶凝材料
  - 气硬性胶凝材料：石灰、石膏、水玻璃、菱苦土
  - 水硬性胶凝材料：各种水泥
- 有机胶凝材料：沥青、树脂、橡胶

胶凝材料制品
- 混凝土、砂浆
- 硅酸盐制品（砌块、蒸养砖、碳化板）

（2）有机材料。有机材料包括植物材料、沥青材料及合成高分子塑料。

① 植物材料有木材、竹材、植物纤维等。

② 沥青材料有煤沥青、石油沥青及其制品等。

③ 合成高分子材料有塑料、涂料、合成橡胶等。

（3）复合材料。复合材料包括有机与无机非金属材料，金属与无机非金属复合材料，金

属与有机复合材料。

① 有机与无机非金属复合材料有聚合物混凝土、玻璃纤维增强塑料。

② 金属与无机非金属复合材料有钢筋混凝土，钢纤维混凝土等。

③ 金属与有机材料复合有 PVC 钢板、有机涂层铝合金板等。

2. 按建筑材料的使用功能分类

按建筑材料的使用功能可分为建筑结构材料、墙体材料和建筑功能材料。

(1) 建筑结构材料。建筑结构材料主要是指构成建筑物受力构件和结构所用的材料，如梁、板、柱、基础、框架及其他受力构件和结构等所用的材料。对这类材料主要技术性能的要求是强度和耐久性。

目前所用的主要结构材料有砖、石、水泥、混凝土及两者的复合物如钢筋混凝土和预应力钢筋混凝土。随着工业的发展，轻钢结构和铝合金结构所占的比例将会逐渐加大。

(2) 墙体材料。墙体材料，主要指建筑物内、外及分隔墙体所用的材料，有承重和非承重两类。目前我国大量采用的墙体材料为粉煤灰砌块、混凝土及加气混凝土砌砖等。此外，还有混凝土墙板、石板、金属板材和复合墙板等，如砖、石、混凝土、砂浆、石膏、钢铁和木材。

(3) 建筑功能材料。建筑功能材料，主要指负担某些建筑功能的非承重用材料，如防水材料、绝热材料，吸声和隔声材料、采光材料、装饰材料等，常见的有吸声板、耐火砖、防锈漆、泡沫玻璃、彩色水泥等。

3. 按建筑物的构造部位分类及选用

(1) 基础部分：标准砖、毛石、水泥砂浆（水泥、中粗砂、水）、混合砂浆（水泥、石灰膏、中粗砂、水）、碎石混凝土（水泥、中粗砂、碎石、水）、卵石混凝土（水泥、中粗砂、卵石、水）、碎石防水混凝土（水泥、中粗砂、碎石、抗渗剂 GQt、水）、卵石防水混凝土（水泥、中粗砂、卵石、水、抗渗剂 GQt）钢筋、钢板、角钢、槽钢、木板、木枋（工程用和施工用）等。

(2) 墙身部分：标准砖、毛石、水泥砂浆、混合砂浆、混凝土、钢筋、钢板、角钢、槽钢、木板、木枋等。

如：砖墙按材料不同分为黏土砖、炉渣砖、灰砂砖、粉煤灰砖等；按形状分为实心砖、空心砖和多孔砖等。普通实心砖的规格为 240mm×115mm×53mm，如图 1-15 所示。多孔砖规格尺寸如图 1-16 所示。砖的强度由其抗压及抗折等因素确定，可分为 MU30、MU25、MU20、MU15、MU10 五个等级，预算中必须考虑这些问题。砂浆是由胶凝材料（水泥、石灰）和填充料（砂、矿渣、石屑等）混合加水搅拌而成。砂浆强度等级由砂浆的抗压强度确定，可分为 M15、M10、M7.5、M5.0、M2.5 五个等级，常用的砌筑砂浆有水泥砂浆、混合砂浆、石灰砂浆三种。

(3) 屋面部分：水泥砂浆、混合砂浆、混凝土、钢筋、钢板、角钢、槽钢、木板、木枋、瓦、油毡卷材（如改性沥青卷材、石油沥青玛碲脂卷材）等、高分子卷材（如再生橡胶卷材、氯化聚乙烯橡胶共混防水卷材等）、涂膜材料（如塑料油膏、玻璃纤维布、沥青冷底子油、氯丁冷胶等）、铝板泛水、铸铁水斗、沥青珍珠岩板、聚苯乙烯塑料板、超细玻璃棉板等。

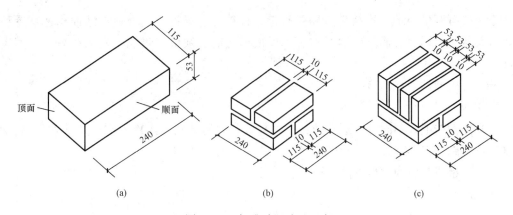

图 1-15　标准砖尺寸及组合

(a) 标准砖；(b) 砖的组合；(c) 砖的组合

（4）装饰部分

1）地面：水泥砂浆、现浇水磨石、细石混凝土、菱苦土、大理石（花岗石）等石材、防滑地面砖等块材、橡胶板、橡胶卷材、塑料板、塑胶卷材、地毯、竹木地板、防静电活动地板、金属复合地板；嵌条材料用于水磨石分格、图案的嵌条制作，如玻璃条、铝合金嵌条等；压线条用于地毯、橡胶板、橡胶卷材等的压条制作，如铝合金、不锈钢、铜压线条等；防滑条是楼梯、台阶踏步的防滑设施，如水泥防滑条、水泥玻璃防滑条、铁防滑条、油漆等。

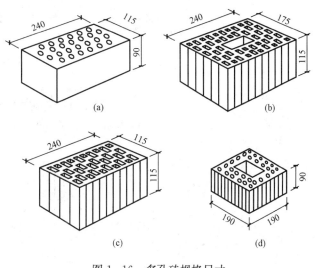

图 1-16　多孔砖规格尺寸

2）墙面：石材饰面板如大理石、花岗石、预制水磨石饰面板等；陶瓷面砖如内墙彩釉面瓷砖、外墙面砖、陶瓷锦砖、大型陶瓷面板等；玻璃面砖如玻璃锦砖、玻璃面砖等；金属饰面板如彩色不锈钢板、镜面不锈钢饰面板、铝合金、复合铝板、铝塑板等；木质饰面板如胶合板、硬质纤维板、细木工板、刨花板、水泥木屑板、油漆、涂料等。

3）顶面：彩色不锈钢板、镜面不锈钢饰面板、铝合金板、复合铝板、铝塑板等；木质饰面板：胶合板、硬质纤维板、细木工板、银镜、玻璃等。

4）门窗：金属（铝合金、断桥铝等）、玻璃、木材等。

第三节　建筑工程基本构造及施工图表示方法与预算

对于工程造价人员来说，熟练掌握必要的建筑工程构造知识是做好造价工作的基础。建筑构造主要有基础与地下室构造、墙体构造、柱构造、梁构造、楼板与地面构造、屋顶构造、楼梯构造、门窗构造。在学习建筑工程预算之前必须认知建筑工程构造与施工图表示方法。

一、基础与地下室构造

1. 基础

(1) 按构造形式不同有条形基础、独立基础、井格基础（或称十字交叉基础）、满堂基础（筏形基础、箱形基础）、桩基础，如图1-17~图1-22所示。

(2) 按组成基础的材料不同分类。

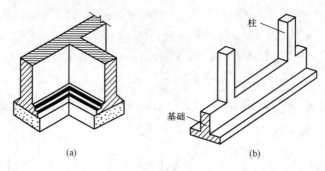

图1-17 条形基础

(a) 墙下钢筋混凝土条形基础；(b) 柱下条形基础

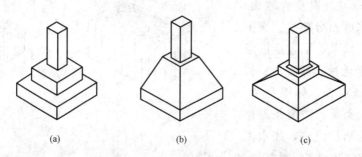

图1-18 柱下独立基础

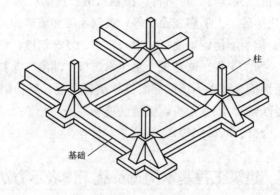

图1-19 井格基础

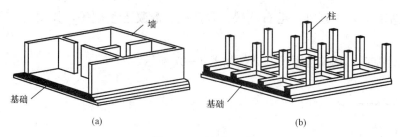

(a)   (b)

图 1-20　筏形基础

（a）板式；（b）梁板式

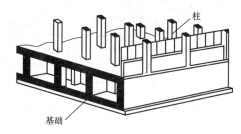

图 1-21　箱形基础

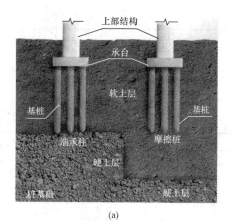

(a)

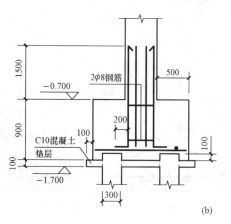

(b)

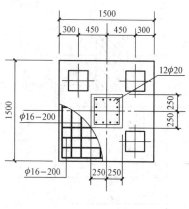

图 1-22　桩基础（含桩和承台）

（a）构造示意图；（b）大样图

1）刚性基础：灰土基础、毛石基础、砖基础、混凝土基础等，如图1-23～图1-26所示。

2）非刚性基础：钢筋混凝土基础，如图1-27所示。

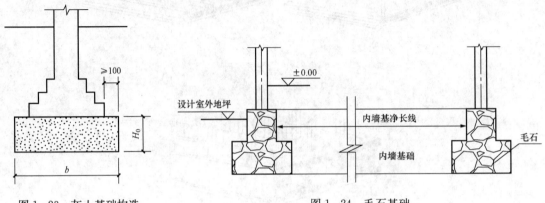

图1-23　灰土基础构造　　　　　　　　　图1-24　毛石基础

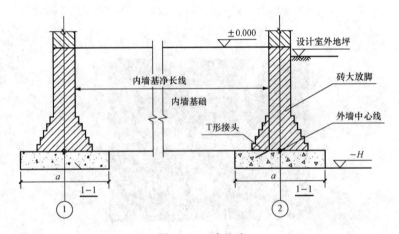

图1-25　砖基础

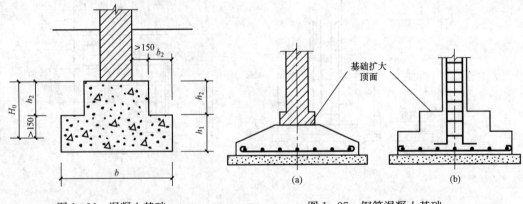

图1-26　混凝土基础　　　　　　　　　图1-27　钢筋混凝土基础

（a）墙下钢筋混凝土条形基础；（b）柱下钢筋混凝土独立基础

（3）特殊情况下的基础构造。同一建筑物的基础有时埋深不同，须用台阶式相连，如图1-28所示。

2. 地下室

（1）地下室组成与划分。地下室是指位于地面以下的建筑使用空间，一般由墙身、底板、顶板、门窗、楼梯和采光井六部分组成。地下室的类型划分如下：

1）按使用功能划分为普通地下室和防空地下室。

2）按结构材料划分为砖墙结构地下室和混凝土结构地下室。

3）按地下室埋入地下深度可分为全地下室和半地下室，如图1-29和图1-30所示。

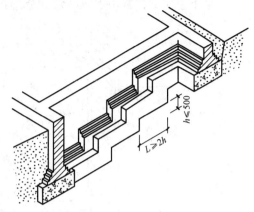

图1-28 不同深度基础构造

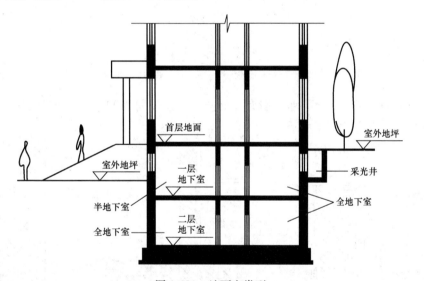

图1-29 地下室类型

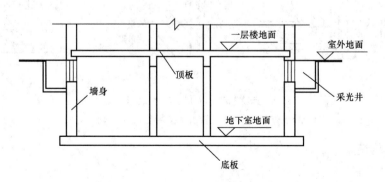

图1-30 地下室组成

（2）地下室防潮、防水构造

1）地下室防潮：常用水泥砂浆、冷底子油、热沥青处理，如图1-31所示。

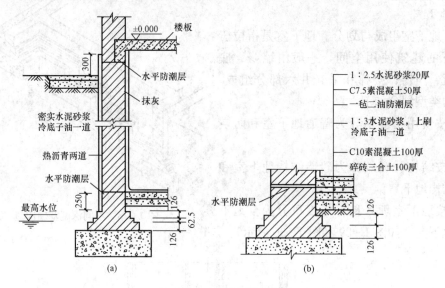

图1-31　地下室防潮处理
（a）墙身防潮；（b）地坪防潮

2）地下室防水。地下室防水一般有卷材防水、砂浆防水和涂料防水以及混凝土构件自防水，如图1-32～图1-34所示。

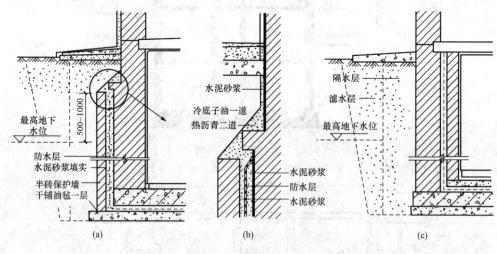

图1-32　地下室防水处理
（a）外包防水；（b）墙身防水层收头处理；（c）内包防水

二、墙体构造

1. 墙体的类型

（1）按位置和方向分类。一般分为外墙、内墙、纵墙和横墙，墙的名称如图1-35所示。外墙是指位于建筑物四周的墙；内墙是指位于建筑物内部的墙；纵墙是指建筑物长轴方

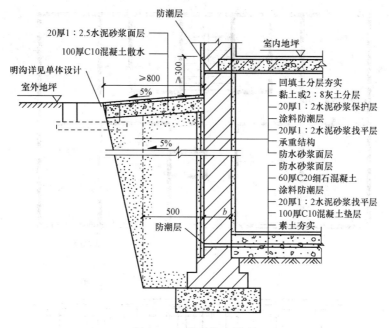

图 1-33 涂料防水处理

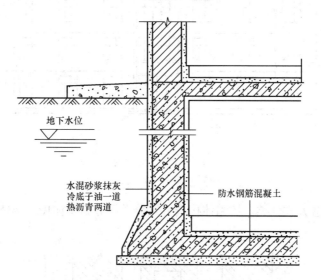

图 1-34 混凝土构件自防水

向布置的墙；横墙是指沿建筑物短轴方向布置的墙，外横墙通常叫山墙；窗户之间的墙叫窗间墙；窗户之下的墙叫窗下墙；檐口以下的墙叫檐墙；屋面的起围护墙叫女儿墙。

（2）按墙体所用材料分类。按墙体所用材料可分为砖墙、石墙、土墙、混凝土墙、砌块墙、板材墙等。

（3）按墙体受力情况分类。按墙体受力情况可分为承重墙和非承重墙两种，非承重墙又可分为自承重墙、隔墙、框架填充墙和幕墙。

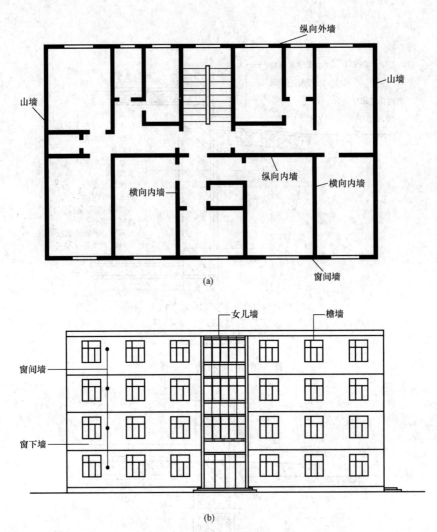

图 1-35　墙的名称

(a) 平面图；(b) 立面图

（4）按墙体构造方式分类。按墙体构造方式分类可分为实体墙、空体墙和组合墙，如图 1-36 所示。

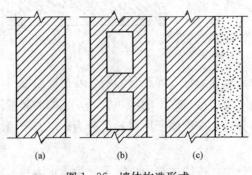

图 1-36　墙体构造形式

（a) 实体墙；(b) 空体墙；(c) 组合墙

（5）按施工方法分类。按施工方法可分为叠砌墙、板筑墙和装配式板材墙。

1）叠砌墙是指将各种加工好的块材用砂浆按一定的技术要求砌筑而成的墙体。

2）板筑墙是指直接在墙体部位竖立模板，在模板内夯筑黏土或浇筑混凝土，经振捣密实而成的墙体。

3）装配式板材墙是指将工厂生产的大型板材运至现场进行机械化安装而成的墙。

2. 墙体的细部构造

墙体细部构造包括墙脚防潮层、勒脚、散水、明沟、窗台、门窗过梁、圈梁和构造柱、变形缝等，如图1-37所示。

（1）防潮层：为了防止土壤中的水分沿基础墙上升和位于勒脚处地面水渗入墙内，使墙身受潮，因此必须在内外墙的勒脚部位连续设置防潮层（图1-38）。防潮层在构造形式上有水平防潮和垂直防潮两种（图1-39和图1-40）。其中墙身水平防潮层的构造做法常用的有以下三种：防水砂浆防潮层（图1-41）、细石混凝土防潮层（图1-42）和油毡防潮层（图1-43）。

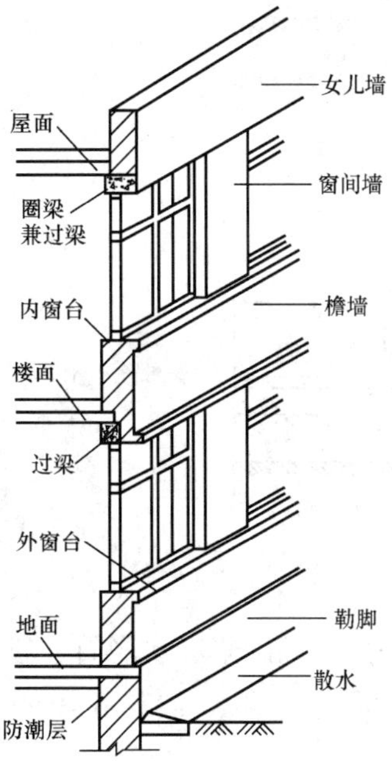

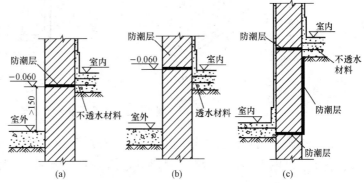

图1-37　墙体构造详图

图1-38　墙身防潮层的位置示意图

（a）地面垫层为密实材料；（b）地面垫层为透水材料；（c）室内地面有高差

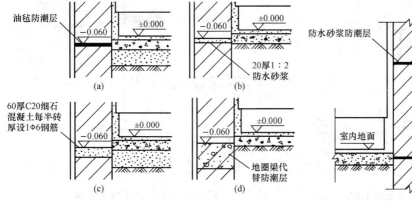

图1-39　墙体水平防潮层

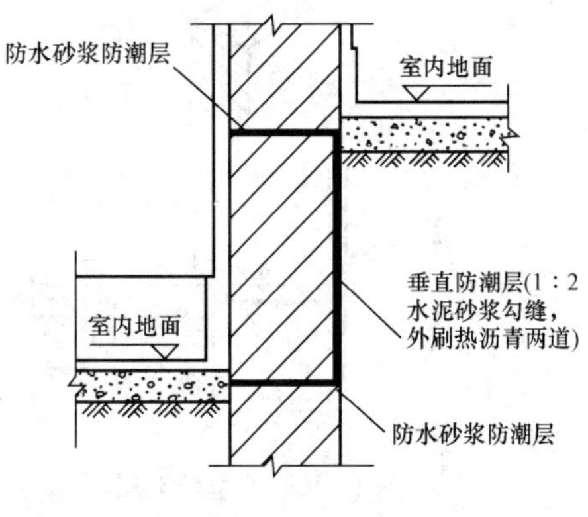

图1-40　墙基垂直防潮层

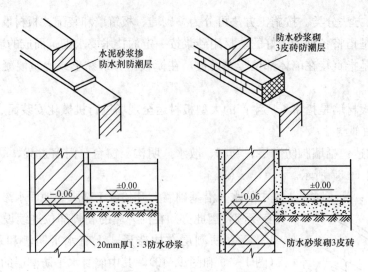

图 1-41　防水砂浆防潮层

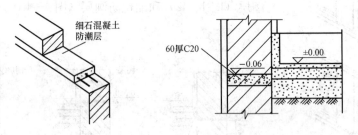

图 1-42　细石混凝土防潮层

（2）勒脚。勒脚设置于外墙墙角处，一般按材料分类，有抹水泥砂浆、水刷石、斩假石、石砌、外贴面砖、天然石板勒脚等，如图 1-44～图 1-46 所示。

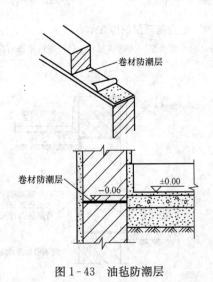

图 1-43　油毡防潮层　　　　　　图 1-44　水泥砂浆抹面勒脚

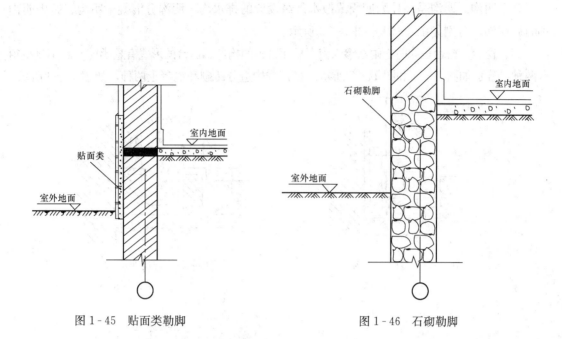

图 1-45　贴面类勒脚

图 1-46　石砌勒脚

（3）散水。散水是指设在外墙四周靠近勒脚下部的水平排水坡面。其作用是防止雨水对墙基的侵蚀，将勒脚和基础处的雨水排开。散水根据所用材料不同而有不同的构造，一般有砖铺散水（图 1-47）、块石散水（图 1-48）、三合土散水（图 1-49）和混凝土散水（图 1-50）等。

图 1-47　砖铺散水

图 1-48　块石散水

图 1-49　三合土散水

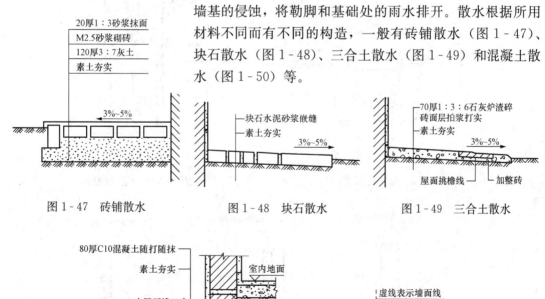

图 1-50　混凝土散水

（4）明沟。明沟是在外墙四周或散水外缘设置的排水沟。明沟分混凝土明沟、砖砌明沟和石砌明沟。分别如图 1-51~图 1-53 所示。

（5）窗台。窗台是为防止雨水渗入窗下框而设置的构件。窗台的形式有悬挑窗台和不悬挑窗台两种，分别如图 1-54 和图 1-55 所示。窗台按构造分砖砌和混凝土两种，如图 1-56 所示。

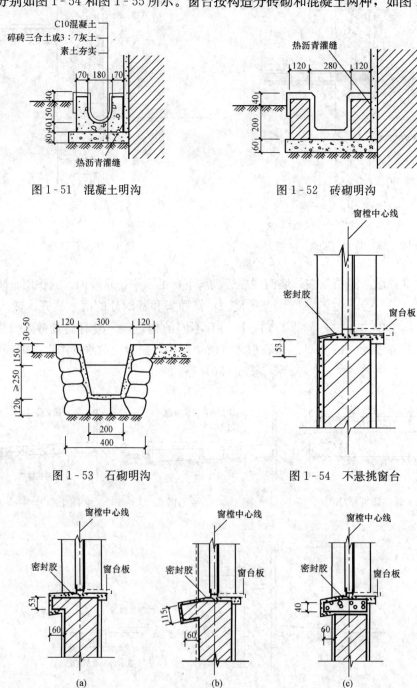

图 1-51　混凝土明沟　　　　　　图 1-52　砖砌明沟

图 1-53　石砌明沟　　　　　　　图 1-54　不悬挑窗台

图 1-55　悬挑窗台

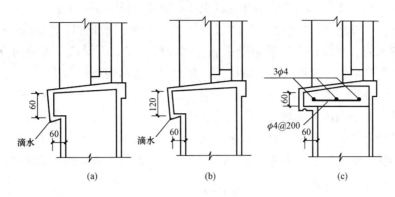

图 1-56　窗台构造示意图

(a) 60 厚砖窗台；(b) 120 厚砖窗台；(c) 混凝土窗台

（6）变形缝。变形缝有伸缩缝、沉降缝和防震缝三种。伸缩缝是在长度或宽度较大的建筑物中，为避免由于温度变化引起材料的热胀冷缩导致构件开裂，而沿建筑物的竖向将基础以上部分全部断开的垂直缝隙。沉降缝是为减少地基不均匀沉降对建筑物造成危害，在建筑物某些部位设置从基础到屋面全部断开的垂直缝。防震缝是为了防止建筑物的各部分在地震时相互撞击造成变形和破坏而设置的垂直缝。外墙伸缩缝、沉降缝构造如图 1-57 所示，内墙伸缩缝、沉降缝的构造如图 1-58 所示。

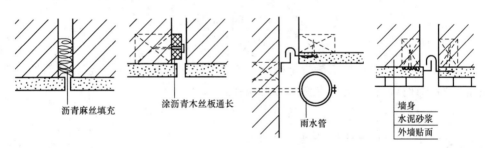

图 1-57　外墙伸缩缝、沉降缝

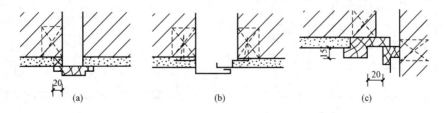

图 1-58　内墙伸缩缝、沉降缝

三、柱构造

1. 柱的分类

柱在结构中起支撑、抗震等作用，一般是主要的承重构件，常用作楼盖的支柱、桥墩、基础柱、塔架和桁架的压杆。

柱按材料不同主要分为砖柱、钢筋混凝土柱、钢柱；按照制造工艺和施工方法不同分为现浇柱和预制柱；按配筋方式分为普通钢箍柱、螺旋形钢箍柱和劲性钢筋柱；按受力情况分为中心受压柱和偏心受压柱，后者是受压兼受弯构件；按截面形式分可分为方形柱、矩形柱、圆形柱、多边形柱、异形柱等；按作用可分为结构柱和构造柱。

2. 柱构造示意图或施工图

（1）砖柱。在中国用普通黏土砖砌筑的砖柱的截面尺寸，以半砖长（120mm）为模数。砖柱的截面形状通常为方形或矩形。承重的独立砖柱的截面尺寸不应小于240mm×370mm。砖墙的截面形状，常见的有矩形和"T"形两种。"T"形截面墙又称带壁柱墙，壁柱也称砖墩、砖垛，如图1-59所示。

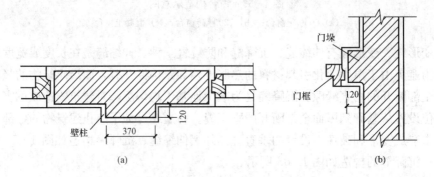

图 1-59　壁柱和门垛

（a）壁柱；（b）门垛

（2）钢筋混凝土柱。钢筋混凝土结构柱主要承受竖向荷载，因此其柱截面的尺寸以及形式是根据承载力计算后设计的，如图1-60所示。

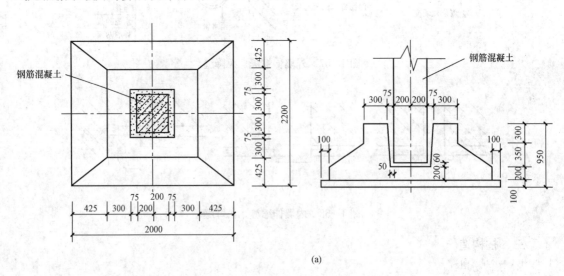

图 1-60　钢筋混凝土柱实例（一）

（a）矩形柱

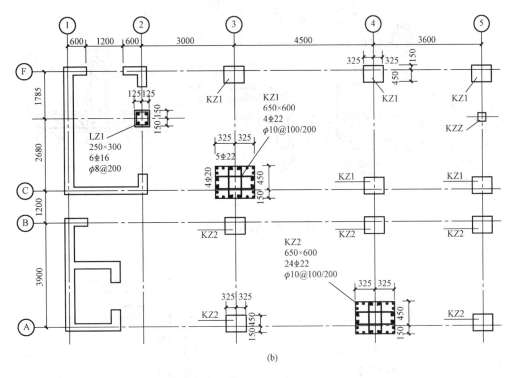

图 1-60 钢筋混凝土柱实例（二）

（b）矩形柱平法标注

（3）构造柱。构造柱也是钢筋混凝土柱，但施工方法和所起的作用与其他柱不同，它是为增加房屋的整体刚度、提高抗震能力而设置于墙内的钢筋混凝土现浇柱。施工时，必须先砌墙后浇柱，并留 60mm 马牙槎。构造柱如图 1-61 和图 1-62 所示。构造柱的四种形式如图 1-63 所示。

（4）钢柱。即在钢结构中起支撑作用的柱，如图 1-64 所示。

四、梁构造

梁根据其作用不同可分为基础梁、地圈梁、圈梁、过梁、悬挑梁、单梁、连续梁、矩形梁和异形梁。根据截面形式不同可分为矩形梁和异形梁，异形梁又分为花篮梁、"T"形梁、"L"形梁等。

1. 基础梁

是指独立基础间承受墙体荷载的梁，多用于工业厂房中，如图 1-65 所示。

2. 地圈梁

是指±0.00 地面下的圈梁，不能称为

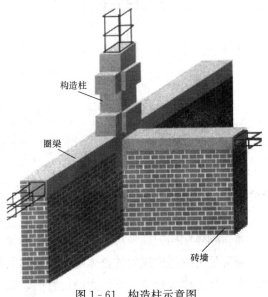

图 1-61 构造柱示意图

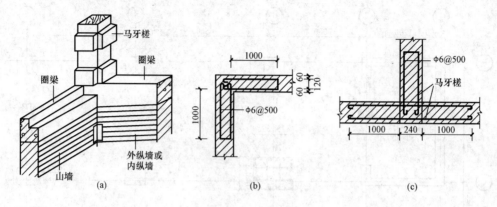

图 1-62 构造柱详图

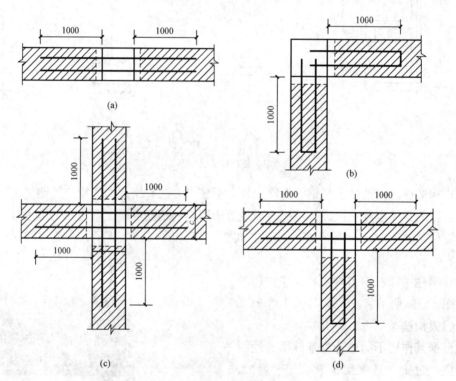

图 1-63 构造柱的四种形式

(a)"一"字形；(b)"L"形；(c)"十"字形；(d)"T"形

基础梁，如图 1-66 所示。

3. 圈梁

是指砌体结构中加强房屋刚度的封闭的梁。

圈梁是为提高建筑物的整体刚度及墙体的稳定性，减少由于地基不均匀沉降而引起的墙体开裂，提高建筑物的抗震能力而设置的，如图 1-67 所示。

钢筋混凝土圈梁与构造柱的关系如图 1-68 所示。

看实例快速学预算——建筑工程预算

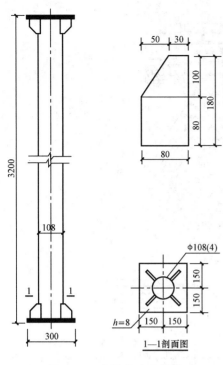

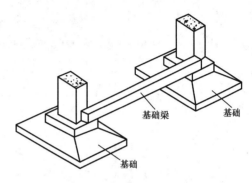

图 1-64 钢柱构造示意图

图 1-65 基础梁

4.过梁

是指门、窗、孔洞上设置的梁。

当砖墙中开设门窗洞口时,为了支撑门窗洞口上方局部范围的砖墙重力,在门窗洞上沿设置横梁,称为门窗过梁。门窗过梁按材料分有砖砌过梁和钢筋混凝土过梁。砖砌过梁又可分为砖砌平拱过梁、砖砌弧拱过梁和钢筋砖过梁(在门窗洞口上的砌体中配以钢筋的过梁),如图 1-69~图 1-71 所示。

钢筋混凝土过梁又可分为预制混凝土过梁和现浇混凝土过梁,分别如图 1-72 和图 1-73 所示。

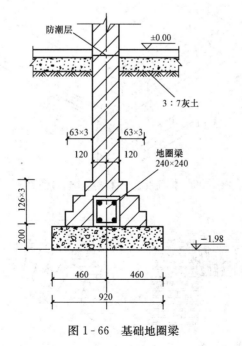

图 1-66 基础地圈梁

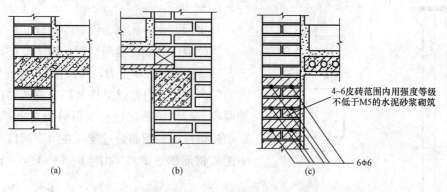

(a)   (b)   (c)

4~6皮砖范围内用强度等级
不低于M5的水泥砂浆砌筑

6Φ6

图1-67 圈梁构造

(a) 钢筋混凝土板平圈梁；(b) 钢筋混凝土板底圈梁；(c) 钢筋砖圈梁

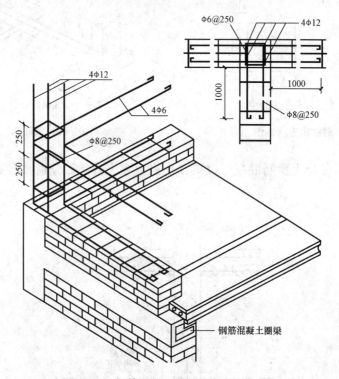

图1-68 钢筋混凝土圈梁与构造柱的关系

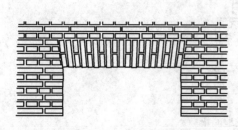

图1-69 砖砌平拱过梁

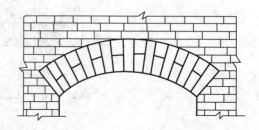

图1-70 砖砌弧拱过梁

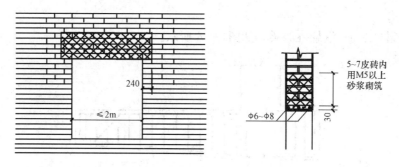

图 1-71　钢筋砖过梁

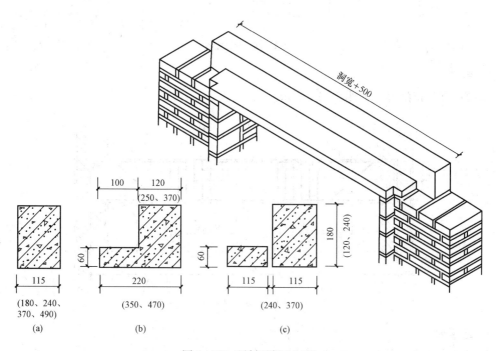

图 1-72　预制混凝土过梁

（a）矩形截面；（b）"L"形截面；（c）组合截面

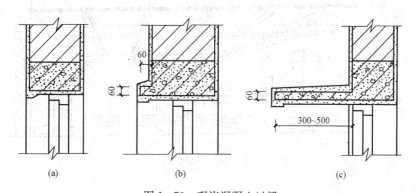

图 1-73　现浇混凝土过梁

（a）平墙过梁；（b）带窗套过梁；（c）带窗楣过梁

5. 悬挑梁

是指一端固定、一端悬挑的梁，如图1-74所示。

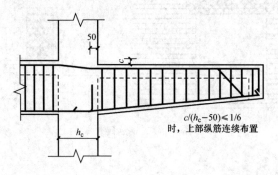

$c/(h_c-50) \leqslant 1/6$
时，上部纵筋连续布置

图 1-74 悬挑梁

6. 单梁

是指只有一跨的梁，如图 1-75 所示。

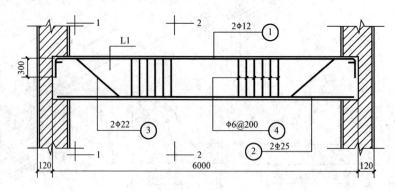

图 1-75 单梁

7. 连续梁

是指两跨及两跨以上的梁，如图 1-76 所示。

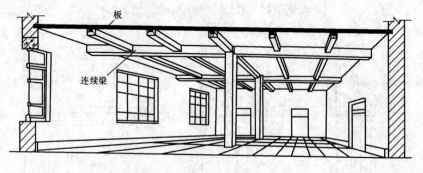

图 1-76 连续梁

8. 矩形梁

是指断面为矩形的梁，如图 1-77 所示。

9. 异形梁

是指断面为梯形或其他变截面的梁，如图 1-78 所示。

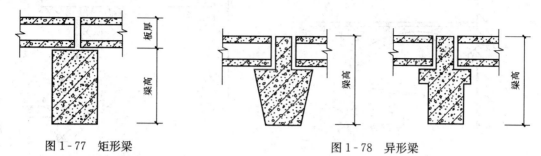

图 1-77　矩形梁　　　　　　　　　图 1-78　异形梁

五、楼板与地面构造

1. 楼板层的构造组成

楼板是由面层、结构层、顶棚和附加层组成的，如图 1-79 所示。

（1）面层：又称为楼面，起着保护楼板、承受并传递荷载的作用，同时对室内有很重要装饰作用。

（2）结构层：即楼板，是楼层的承重部分。

（3）顶棚：位于楼板层最下层，主要作用是保护楼板、安装灯具、装饰室内、敷设管线等。

（4）附加层：根据楼板层的具体要求而设置，主要作用是隔声、隔热、保温、防水、防潮等。

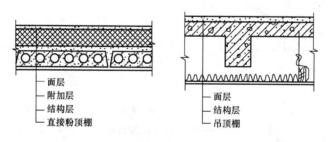

图 1-79　楼板构造示意图

2. 楼板的类型

楼板按照材料可分为木楼板、砖拱楼板、钢筋混凝土楼板和钢衬板组合楼板。

（1）木楼板，如图 1-80 所示。

（2）砖拱楼板，如图 1-81 所示。

（3）钢筋混凝土楼板，如图 1-82 所示。

1）现浇钢筋混凝土楼板

①平板（板式楼板）：楼板下不设置梁，将板直接搁置在墙上，厚度相同的平板。分单向板和双向板，如图 1-83 所示。

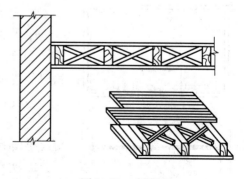

图 1-80　木楼板

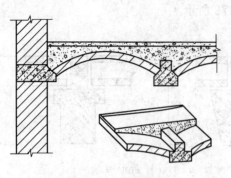

图1-81 砖拱楼板

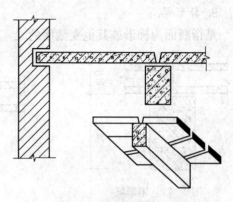

图1-82 钢筋混凝土楼板

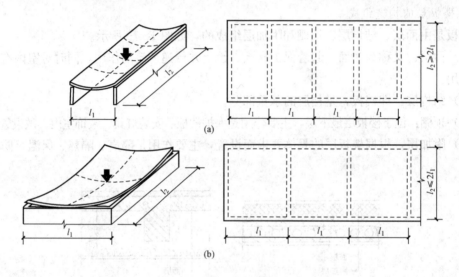

图1-83 板式楼板

(a) 单向板；(b) 双向板

② 有梁板（肋梁楼板）：楼板与梁现浇在一起，形成肋梁楼板。

a. 单梁式楼板（单向板），如图1-84所示。

b. 复梁式楼板（双向板），如图1-85所示。

c. 井式楼板，如图1-86所示。

③ 无梁楼板：无梁楼板是直接支承在柱上，不设主梁和次梁的楼板，如图1-87所示。

2）预制钢筋混凝土楼板

① 预制装配式钢筋混凝土楼板的种类。预制装配式钢筋混凝土楼板有实心平板、槽形板和空心板。

a. 实心平板，如图1-88所示。

b. 槽形板，如图1-89所示。

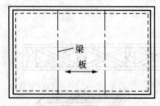

图1-84 单梁式楼板

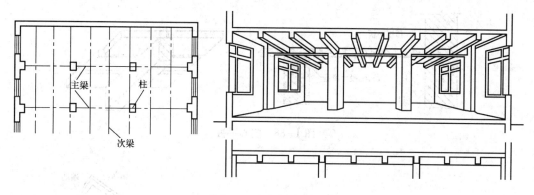

图 1-85　复梁式楼板

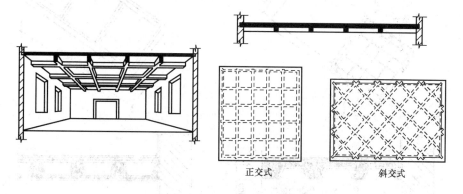

图 1-86　井式楼板

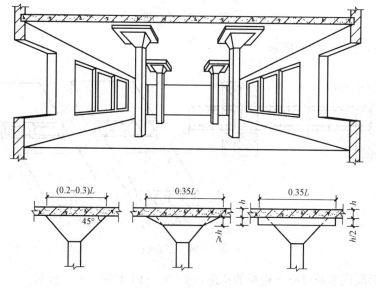

图 1-87　无梁楼板

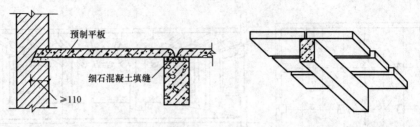

图 1-88 实心平板

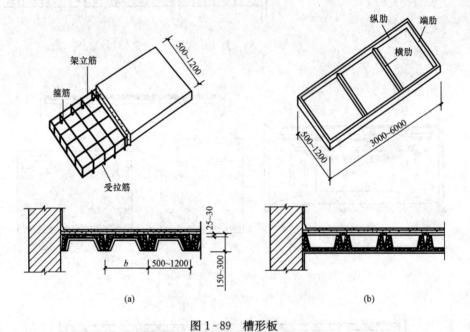

(a)

(b)

图 1-89 槽形板

c. 空心板，如图 1-90 所示。

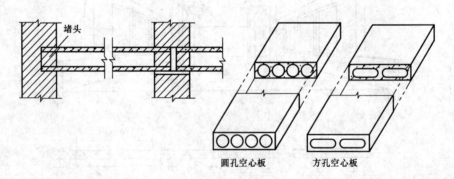

图 1-90 空心板

3）预制装配式钢筋混凝土楼板的构造，如图 1-91 和图 1-92 所示。

4）钢衬板组合楼板是由钢梁、组合板和楼面层三部分组成，如图 1-93 所示。

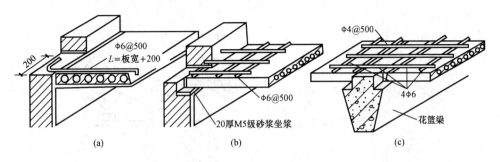

图 1-91　板搁置在梁上

（a）与矩形梁连接；（b）搁在"L"形梁上；（c）搁在花篮梁上

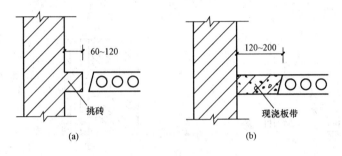

图 1-92　板缝的处理

（a）挑砖；（b）现浇钢筋混凝土板带

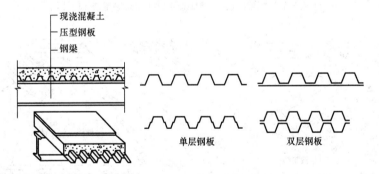

图 1-93　钢衬板组合楼板

3. 楼板层的防水结构

其结构如图 1-94 所示。

4. 楼层隔声构造

（1）采用弹性楼面。在楼面上铺设富有弹性的材料，如地毯、橡胶地毡、塑料地毡、软木等。

（2）采用弹性垫层。在楼板结层与面层之间增设一道弹性垫层，如木丝板、软木片、矿棉毡等以降低结构的振动，使楼面与楼板完全被隔开形成楼面浮筑层，如图 1-95 所示。

（3）采用吊顶。在楼板下作吊顶，主要解决楼板层所产生的空气传声问题。

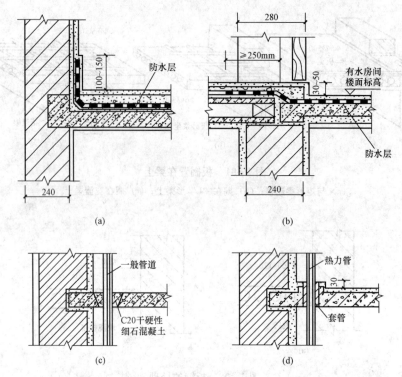

图1-94　楼板层防水处理及管道穿越楼板时的处理

(a) 防水层伸入踢脚；(b) 防水层铺至门外；

(c) 普通管道穿越楼板的处理；(d) 热力管道穿越楼板的处理

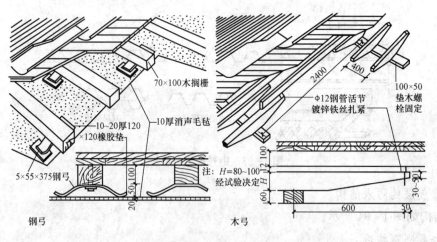

图1-95　弹性楼面

5. 地面构造

(1) 楼地面的类型。按面层的材料和施工工艺分为整体浇筑地面、板块地面、卷材类地面、木地面和涂料地面。

(2) 地面构造，如图1-96所示。

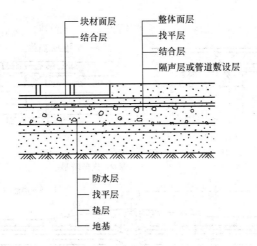

图 1-96 地面构造示意图

6. 楼地面变形缝

(1) 地面变形缝,如图 1-97 所示。

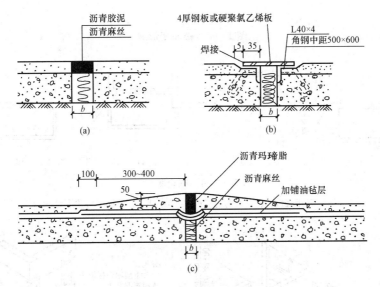

图 1-97 地面变形缝

(2) 楼面变形缝,如图 1-98 所示。

7. 阳台构造

(1) 阳台类型。阳台按其与外墙的相对位置分,有凸阳台、凹阳台和半凸半凹阳台及转角阳台,如图 1-99 所示。

(2) 阳台的构造。

1) 阳台构造示意图,如图 1-100 所示。

2) 阳台排水构造,如图 1-101 所示。

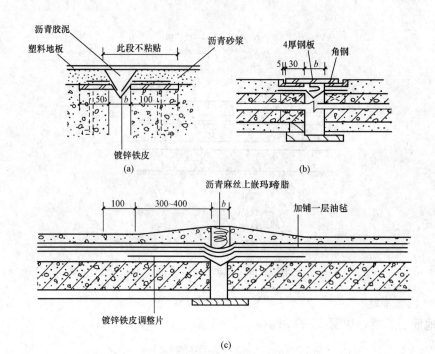

图 1-98 楼面变形缝

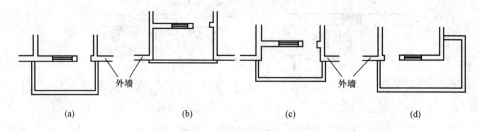

图 1-99 阳台类型

（a）凸阳台；（b）凹阳台；（c）半凸半凹阳台；（d）转角阳台

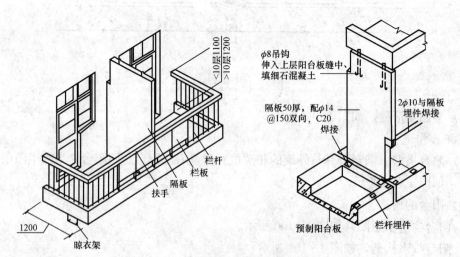

图 1-100 阳台构造示意图

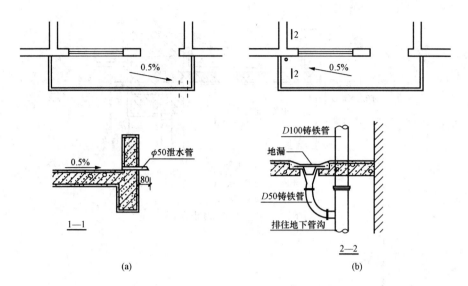

图 1-101 阳台排水构造

3）阳台扶手压顶构造，如图 1-102 所示。

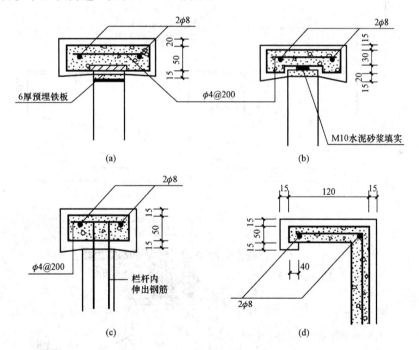

图 1-102 阳台扶手压顶构造

8. 雨篷

常见的有钢筋混凝土雨篷、钢结构悬挑雨篷和玻璃采光雨篷。

（1）钢筋混凝土雨篷，如图 1-103 所示。

（2）钢结构悬挑雨篷，如图 1-104 所示。

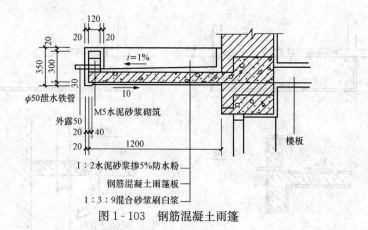

图1-103　钢筋混凝土雨篷

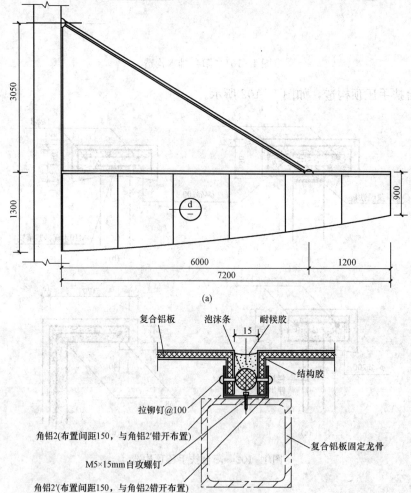

(a)

(b)

图1-104　钢结构悬挑雨篷

(a) 侧面图；(b) d节点大样图

（3）玻璃采光雨篷，如图 1-105 所示。

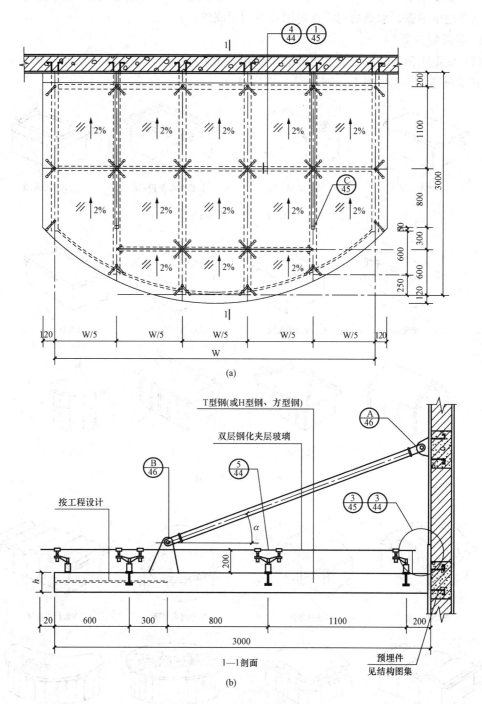

图 1-105 玻璃采光雨篷

(a) 平面图；(b) 剖面图

六、屋顶构造

屋顶是由顶棚、承重结构、保温层和屋面组成的。

1. 屋顶的分类

（1）根据屋顶的外形和坡度可分为平屋顶（坡度 2%～5%）、坡屋顶（坡度大于 10%）和曲面屋顶等，分别如图 1-106～图 1-108 所示。

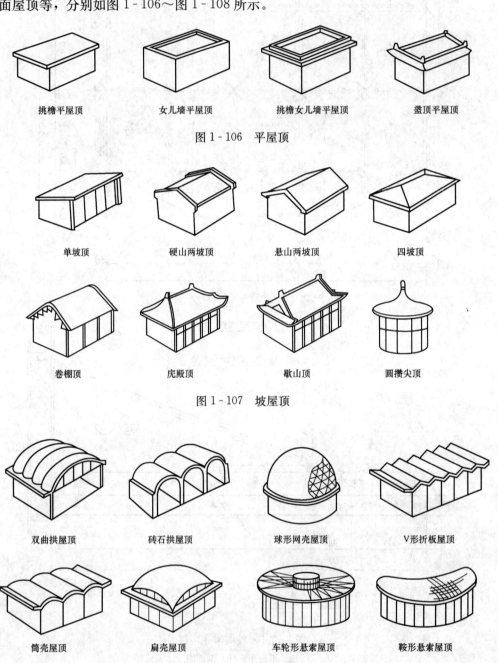

挑檐平屋顶　　女儿墙平屋顶　　挑檐女儿墙平屋顶　　盝顶平屋顶

图 1-106　平屋顶

单坡顶　　硬山两坡顶　　悬山两坡顶　　四坡顶

卷棚顶　　庑殿顶　　歇山顶　　圆攒尖顶

图 1-107　坡屋顶

双曲拱屋顶　　砖石拱屋顶　　球形网壳屋顶　　V形折板屋顶

筒壳屋顶　　扁壳屋顶　　车轮形悬索屋顶　　鞍形悬索屋顶

图 1-108　曲面屋顶

（2）根据屋面防水材料可分为柔性防水屋面、刚性防水屋面、涂膜防水屋面、瓦屋面等。

1）柔性防水屋面，如图 1-109 所示。

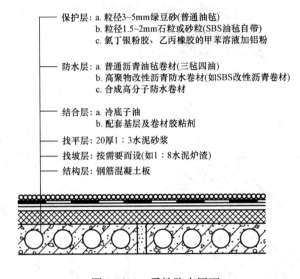

图 1-109　柔性防水屋面

2）刚性防水屋面，如图 1-110 所示。

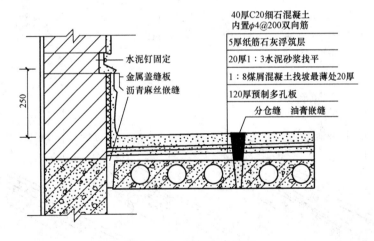

图 1-110　刚性防水屋面

3）涂膜防水屋面，如图 1-111 所示。

4）瓦屋面，如图 1-112 所示。

瓦屋面根据材料还可分为钢筋混凝土板式结构瓦屋面［如钢筋混凝土屋面板盖瓦屋面（图 1-113）］和钢筋混凝土挂瓦板屋面（图 1-114）等。

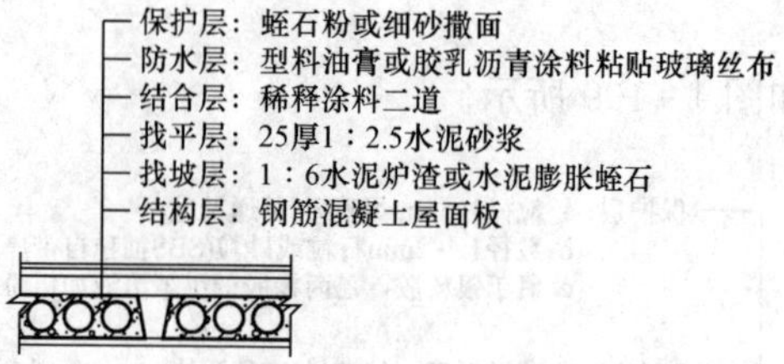

保护层：蛭石粉或细砂撒面
防水层：型料油膏或胶乳沥青涂料粘贴玻璃丝布
结合层：稀释涂料二道
找平层：25厚1：2.5水泥砂浆
找坡层：1：6水泥炉渣或水泥膨胀蛭石
结构层：钢筋混凝土屋面板

图 1-111　涂膜防水屋面

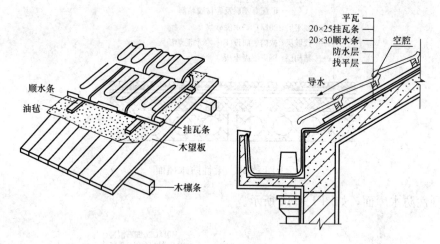

顺水条
油毡
挂瓦条
木望板
木檩条
平瓦
20×25挂瓦条
20×30顺水条
防水层
找平层
空腔
导水

图 1-112　瓦屋面

平瓦
25×20挂瓦条
25×30压毡条
油毡一层
1：3水泥砂浆找平层
空心板缝木楔
平瓦
草泥
齿形陶瓦面砖
1：3水泥砂浆铺贴
20厚防水砂浆找平层
(a)
(b)
(c)

图 1-113　钢筋混凝土盖瓦屋面

(a) 挂瓦条挂瓦；(b) 草泥窝瓦；(c) 砂浆贴瓦

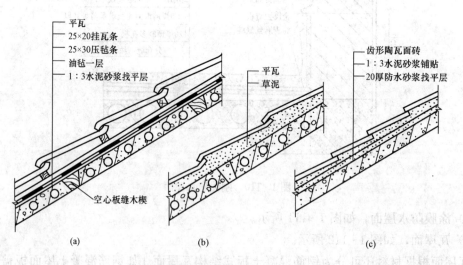

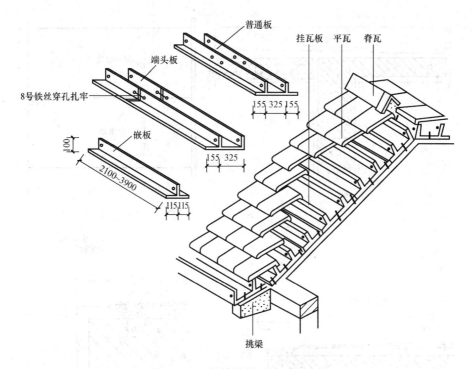

普通板
端头板
8号铁丝穿孔扎牢
嵌板
挂瓦板 平瓦 脊瓦
挑梁

图1-114 钢筋混凝土挂瓦板屋面

2. 屋面排水构造

屋面排水分为无组织排水和有组织排水。

(1) 平屋顶

1) 无组织排水。无组织排水构造如图1-115所示,四种排水形式如图1-116所示。

2) 有组织排水:分外排水和内排水。

① 外排水,如图1-117和图1-118所示。

② 内排水,如图1-119所示。

(2) 坡屋顶

1) 无组织排水,如图1-120所示。

2) 有组织排水,如图1-121所示。

3. 屋顶保温隔热结构

(1) 保温结构。屋顶保温按材料不同分有散料类保温材料、整浇类保温材料和板块类保温材料。按构造设置方法分有正铺保温层 (图1-122)、倒铺保温层 (图1-123) 及保温层和机构层相结合 (图1-124)。正铺保温层即保温层位于结构层与防水层之间。倒铺保温层指保温层位于防水层之上。保温层与结构层结合有三种做法:一种是保温层设在槽形板的下面,另一种是保温层放在槽形板朝上的槽口内,还有一种是将保温层与结构层融为一体。

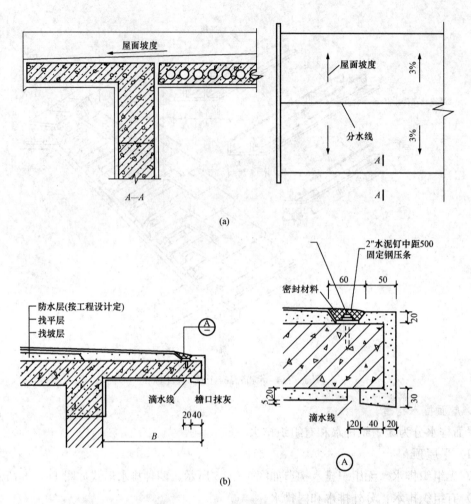

图 1-115　无组织排水构造

（a）无组织排水示意图；（b）自由落水檐口构造

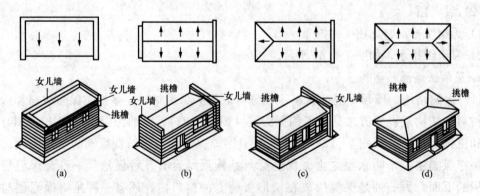

图 1-116　无组织排水四种形式

（a）单坡排水；（b）双坡排水；（c）三坡排水；（d）四坡排水

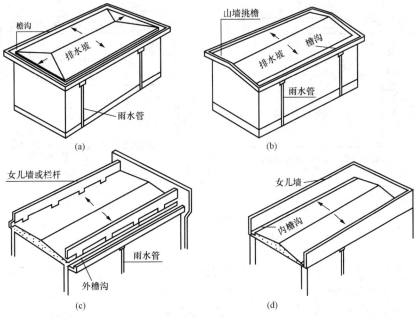

图 1-117 外排水构造

（a）沿屋面四周设檐沟；（b）沿纵墙设檐沟；（c）女儿墙外设檐沟；（d）女儿墙内设檐沟

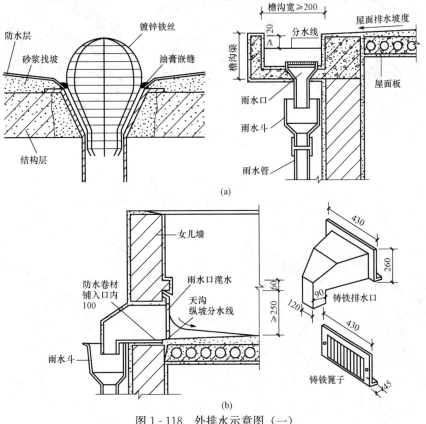

图 1-118 外排水示意图（一）

（a）水平雨水口；（b）垂直雨水口

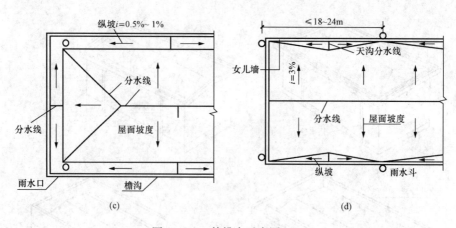

图 1-118 外排水示意图（二）

(c) 槽形天沟；(d) 三角形天沟

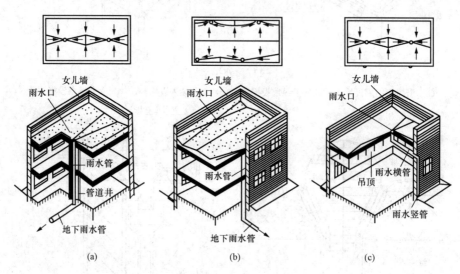

图 1-119 内排水示意图

（a）房间中部内排水；（b）外墙内侧内排水；（c）内落外排水

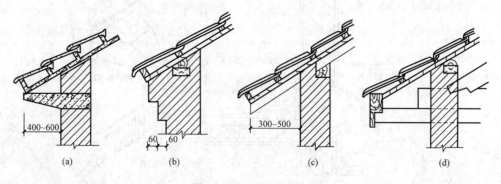

图 1-120 无组织排水

（a）砖挑檐；（b）椽条挑檐；（c）挑梁挑檐；（d）钢筋混凝土板挑檐

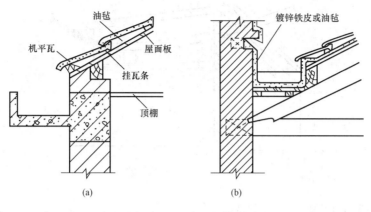

(a)　　　　　　　　(b)

图 1-121　有组织排水

（a）钢筋混凝土挑檐；（b）女儿墙封檐构造

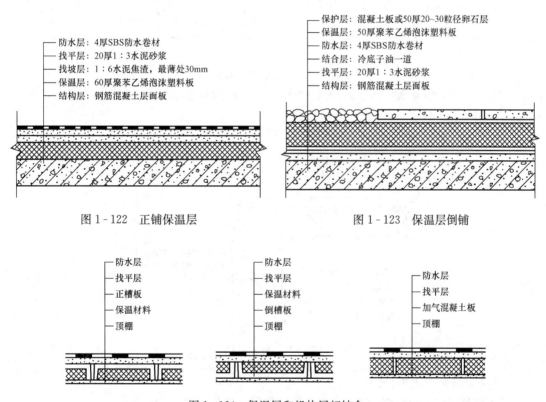

图 1-122　正铺保温层　　　　　　图 1-123　保温层倒铺

图 1-124　保温层和机构层相结合

（2）隔热结构。隔热结构有通风隔热（又分吊顶通风隔热和架空通风隔热，分别如图 1-125 和图 1-126 所示）、反射隔热、种植隔热（图 1-127）和蓄水隔热（图 1-128）。

七、楼梯构造

1. 楼梯组成

楼梯一般是由楼梯段、楼梯平台、扶手栏杆（栏板）三部分组成，如图 1-129 所示。

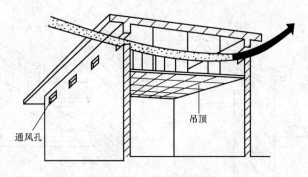

图 1-125　吊顶通风隔热

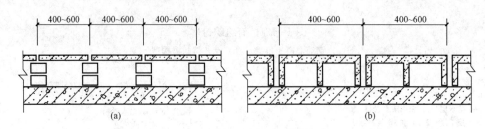

图 1-126　架空通风隔热

（a）预制混凝土板或大阶砖架空层；（b）预制混凝土山形板架空层

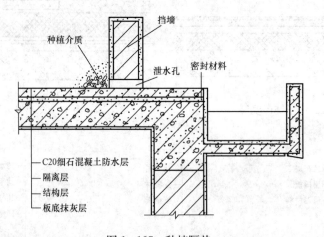

图 1-127　种植隔热

2. 现浇钢筋混凝土楼梯

钢筋混凝土楼梯分板式楼梯（图 1-130）和梁式楼梯（图 1-131）。

3. 预制装配式钢筋混凝土楼梯

预制装配式钢筋混凝土楼梯分为墙承式、梁承式和悬挑式。

（1）墙承式，如图 1-132 所示。

（2）梁承式，如图 1-133 所示。

（3）悬挑式，如图 1-134 所示。

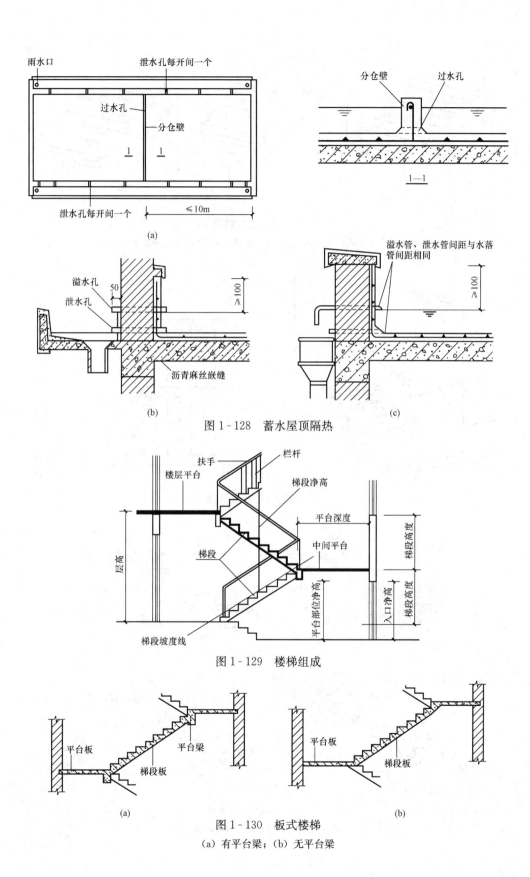

图 1-128 蓄水屋顶隔热

图 1-129 楼梯组成

图 1-130 板式楼梯

（a）有平台梁；（b）无平台梁

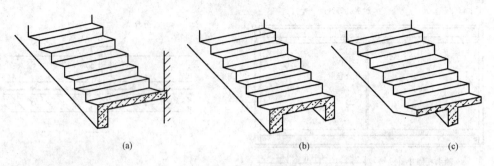

图 1-131 梁式楼梯

(a) 斜梁设在梯段一侧；(b) 斜梁设在梯段两侧；(c) 斜梁设在梯段中部

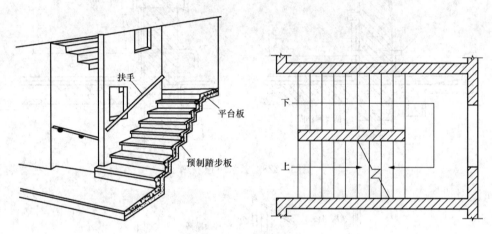

图 1-132 墙承式楼梯

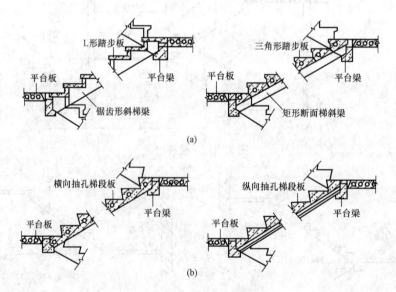

图 1-133 梁承式楼梯

(a) 梁板式梯段；(b) 板式梯段

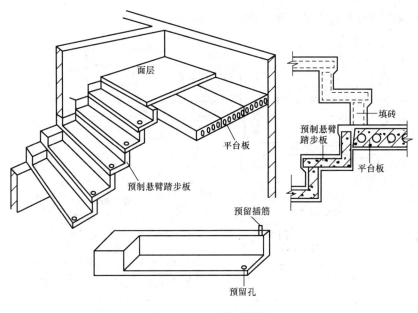

图1-134 悬挑式楼梯

4. 楼梯接地处理

（1）梯段或斜梁下条形基础构造，如图1-135所示。

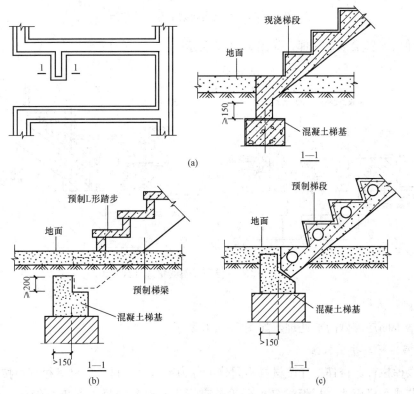

图1-135 梯段或斜梁下条形基础构造

（2）梯段或斜梁下基础梁构造，如图1-136所示。

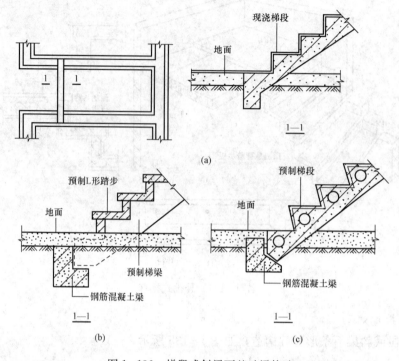

（a）

（b）　　　　　　　　　　（c）

图1-136　梯段或斜梁下基础梁构造

（3）梯段或斜梁接地处理，如图1-137所示。

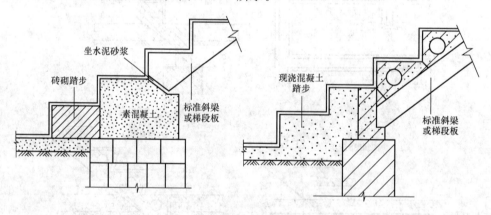

图1-137　梯段或斜梁接地处理

5. 楼梯防滑构造

楼梯踏步面层需做防滑处理，如图1-138所示。

6. 楼梯栏杆与扶手构造

（1）楼梯栏杆。楼梯栏杆按材料不同分可分为钢材、木材、铝材等栏杆，按构造不同分可分为空花式和栏板式。栏板式又可分为砖砌栏板、钢筋混凝土栏板和钢丝网水泥抹灰栏板，如图1-139所示。

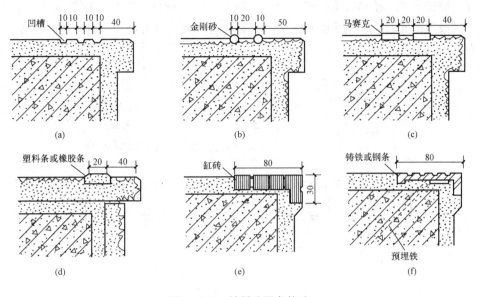

图 1-138 楼梯防滑条构造

（a）防滑凹槽；（b）金刚砂防滑条；（c）贴马赛克防滑条；

（d）嵌塑料或橡胶防滑条；（e）缸砖包口；（f）铸铁或钢条包口

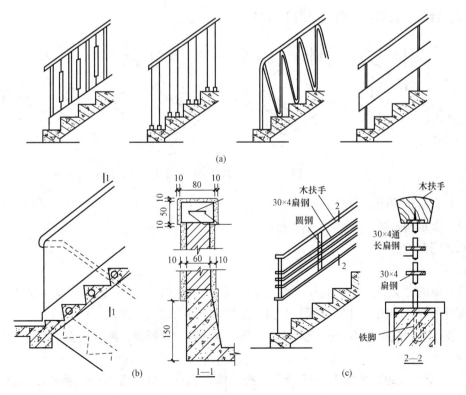

图 1-139 楼梯栏杆构造

（2）楼梯扶手。楼梯扶手一般用硬木、塑料、金属管材（钢管、铝合金管、不锈钢管）制作，栏板顶部的扶手多用水磨石或水泥砂浆抹面形成，也可用大理石、花岗石或人造石材贴面而成。扶手样式如图1-140所示。

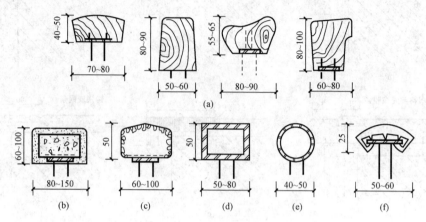

图1-140　楼梯扶手

(a) 木扶手；(b) 混凝土扶手；(c) 水磨石扶手；(d) 脚铁和扁钢扶手；

(e) 金属管扶手；(f) 聚氯乙烯扶手

7. 台阶与坡道

（1）台阶、坡道示意图，如图1-141所示。

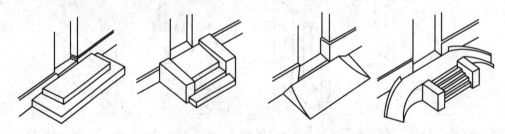

图1-141　台阶、坡道示意图

（2）台阶构造图，如图1-142所示。

（3）坡道构造图，如图1-143所示。

八、门窗构造

1. 窗的分类与构造

（1）窗的分类。按窗扇的开启方式不同可分为固定窗、平开窗、悬窗、立转窗、推拉窗、百叶窗等，如图1-144所示；按窗的层数可分为单层窗（图1-145）和双层窗（图1-146）；窗的框料按材质不同可分为铝合金窗、塑钢窗、彩板窗、断桥铝窗、木窗、钢窗等。

（2）窗的构造。

1）木窗。其组成如图1-147所示。按窗框在墙洞中的位置可分三种情况：窗框内平、窗框外平和窗框中平，如图1-148所示。

2）钢窗，如图1-149所示。

看实例快速学预算——建筑工程预算

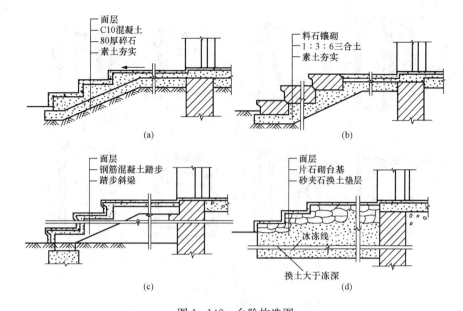

图 1-142　台阶构造图

（a）混凝土台阶；（b）石砌台阶；（c）钢筋混凝土架空台阶；（d）换土地基台阶

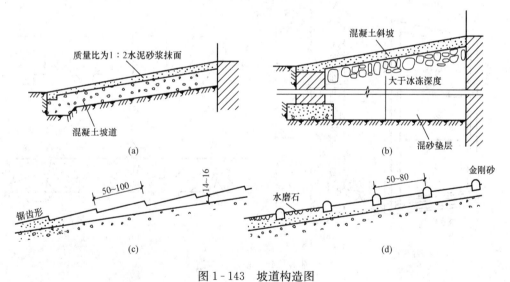

图 1-143　坡道构造图

3）铝合金窗，如图 1-150 所示。

4）塑钢窗：以 PVC 为主要原料制成空腹多腔异形材，中间设置薄壁加强型钢，经加热焊接而成窗框料，如图 1-151 所示。

5）彩板窗：彩板窗分类如图 1-152 所示。彩板窗构造如图 1-153 所示。

6）断桥铝窗，如图 1-154 所示。

2. 门的分类与构造

门一般由门框、门扇、五金零件及附件组成。

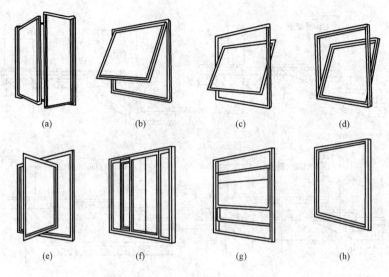

图 1-144 窗的开启方式

(a) 平开窗；(b) 上悬窗；(c) 中悬窗；(d) 下悬窗；

(e) 立转窗；(f) 水平推拉窗；(g) 垂直推拉窗；(h) 固定窗

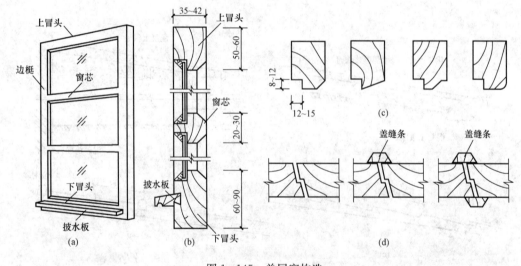

图 1-145 单层窗构造

（1）门的分类。门按开启方式可分为平开门、弹簧门、推拉门、折叠门和转门，如图
1-155 所示。门框、门板按材质可分为铝合金门、塑钢门、彩板门、断桥铝门、木门、钢
门等。

1）木门

① 木门组成如图 1-156 所示。

② 木门分类：木门分为夹板门（胶合板门）和镶板门。

a. 夹板门：中间为轻型骨架，双面贴薄板的门。一般广泛适用于房屋的内门；作为外
门则须注意防水的面板及胶合材料。面板可用胶合板、硬质纤维板或塑料板制作，局部可镶

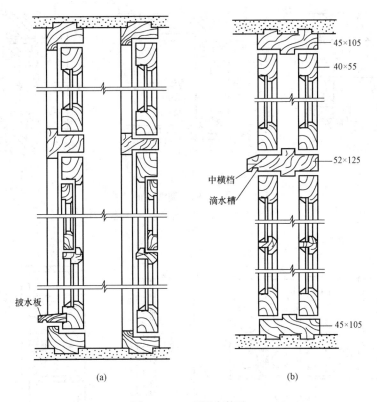

图 1-146　双层窗构造

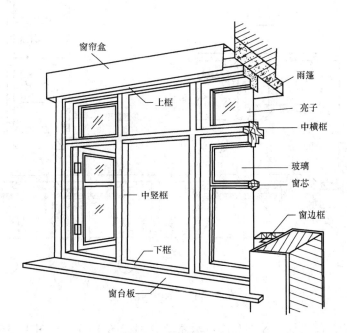

图 1-147　木窗的组成

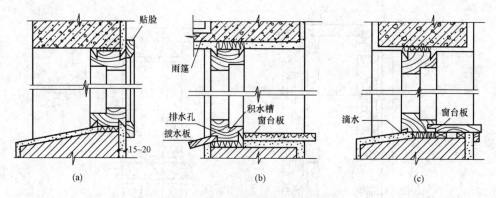

图 1-148　窗框在墙洞中的位置

(a) 窗框内平；(b) 窗框外平；(c) 窗框中平

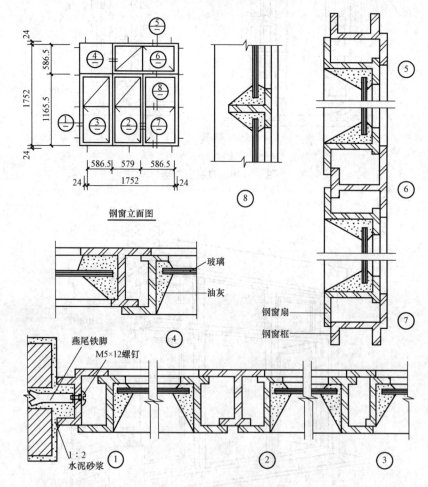

钢窗立面图

图 1-149　钢窗结构图

玻璃及百页。夹板门的立面、骨架和构造示意图分别如图 1-157~图 1-159 所示。夹板门的构造和应用实例分别如图 1-160 和图 1-161 所示。

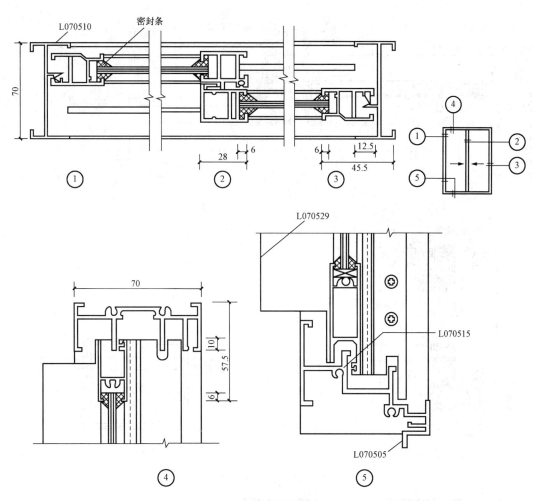

图 1-150　铝合金窗实例构造图

b. 镶板门：门扇边框内安装门心板者一般称镶板门。门心板换成玻璃，则为玻璃门，门心板改为纱或百页则为纱门或百页门。镶板门门扇立面形式和构造分别如图 1-162 和图 1-163 所示。

2）铝合金门。常用的铝合金门有推拉门、平开门、弹簧门、卷帘门等。地弹簧门通常采用 70 系列和 100 系列门用铝合金型材，其构造实例如图 1-164 所示。

3）塑料门。塑料门是指采用 U-PVC 塑料型材制作而成的门，如图 1-165 所示。

4）塑钢门。塑钢门是指用塑钢型材制作的门，塑钢型材是塑料与型钢混合型材制作而成的。其结构图实例如图 1-166 所示。

5）彩板门。彩板门是指用彩色涂层钢板和角钢组装而成的门。

①分类，如图 1-167 所示。

②彩板门构造，如图 1-168 所示。

6）断桥铝门，如图 1-169 所示。

7）钢门，如图 1-170 所示。

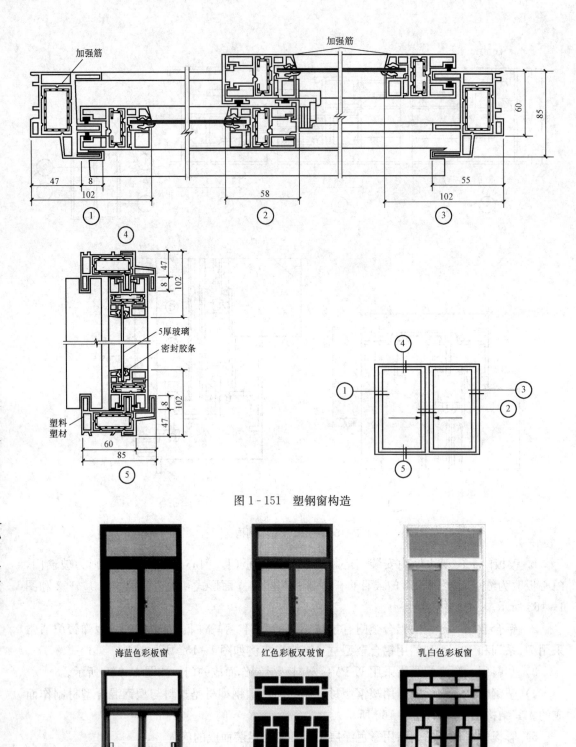

图 1 - 151 塑钢窗构造

海蓝色彩板窗

红色彩板双玻窗

乳白色彩板窗

彩板白色推拉窗

彩板装饰防盗窗

彩板装饰防盗窗

图 1 - 152 彩板窗分类

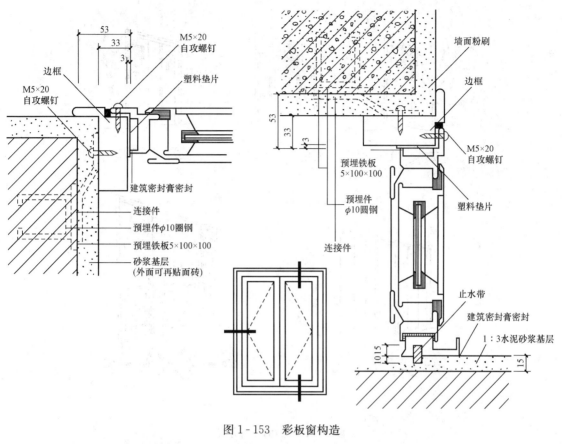

图 1-153 彩板窗构造

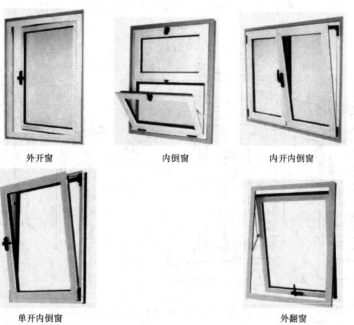

图 1-154 断桥铝窗

外开窗　　　内倒窗　　　内开内倒窗

单开内倒窗　　　外翻窗

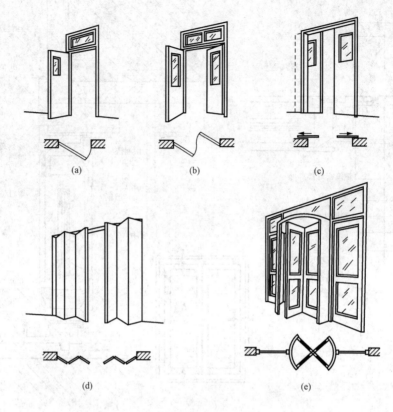

图 1-155　门的开启方式

（a）平开门；（b）弹簧门；（c）推拉门；（d）折叠门；（e）转门

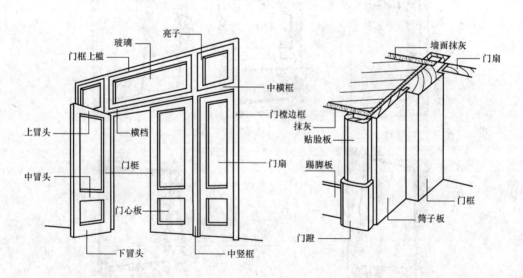

图 1-156　平开木门组成

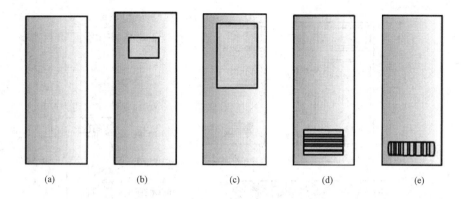

图 1-157 夹板门立面示意图

（a）全板夹板门；（b）带观察窗夹板门；（c）平坡夹板门；（d）、（e）带通风百叶夹板门

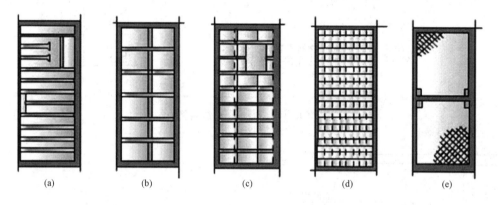

图 1-158 夹板门骨架示意图

（a）横向骨架；（b）双向骨架；（c）双向骨架；（d）密肋骨架；（e）蜂窝骨架

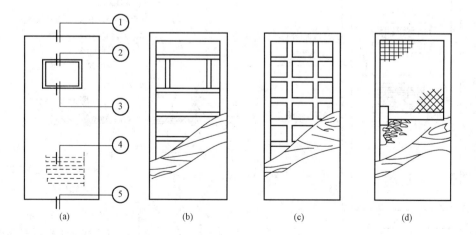

图 1-159 夹板门构造示意图

（a）门扇外观；（b）水平骨架；（c）双向骨架；（d）格状骨架

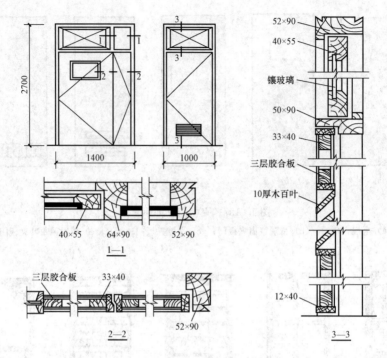

图 1-160 夹板门构造实例

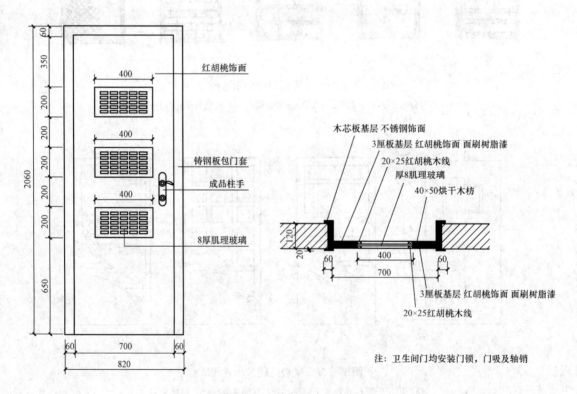

注：卫生间门均安装门锁，门吸及轴销

图 1-161 夹板门应用实例

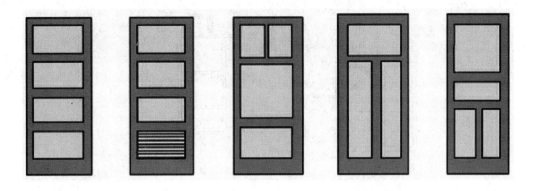

图 1-162　镶板门门扇立面形式

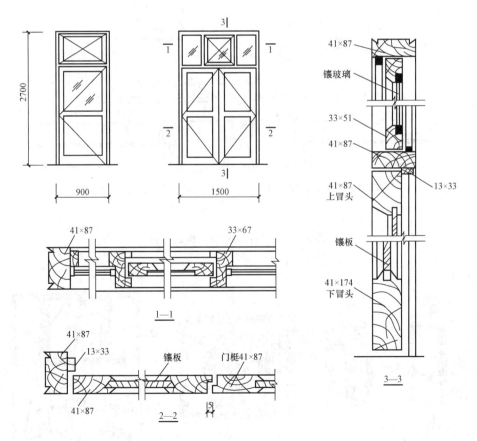

图 1-163　镶板门构造

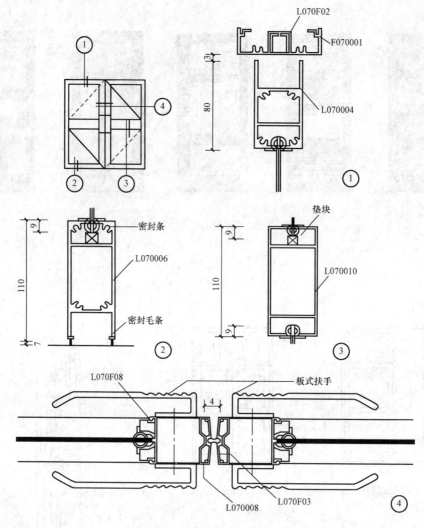

图 1-164　铝合金地簧门构造实例

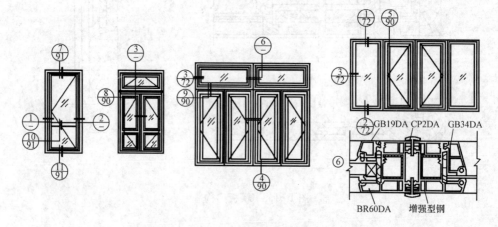

图 1-165　60 系列平开门构造（一）

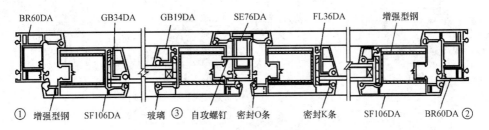

图 1-165 60 系列平开门构造（二）

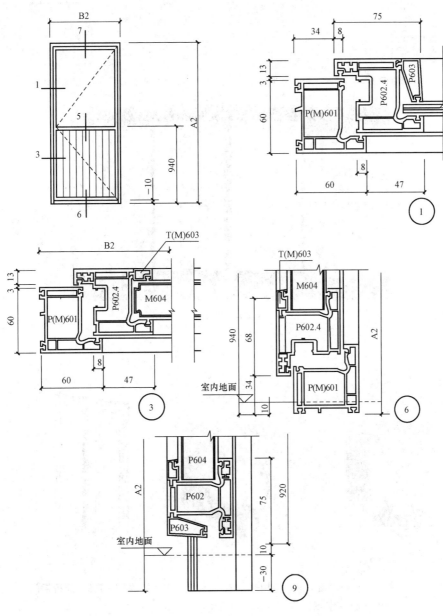

图 1-166 塑钢门结构图实例

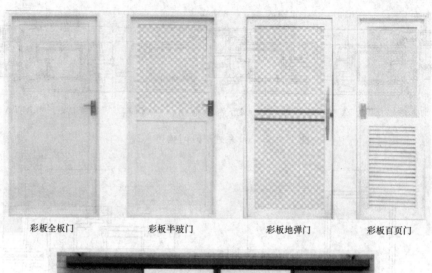

彩板全板门　　　　　彩板半玻门　　　　　彩板地弹门　　　　　彩板百页门

彩板夹心钢大门

图 1-167　彩板门分类

(a)

(b)

推拉门

图 1-168　彩板门构造　　　　　图 1-169　断桥铝门
(a) 彩钢单玻门构造图；(b) 彩钢双玻门构造图

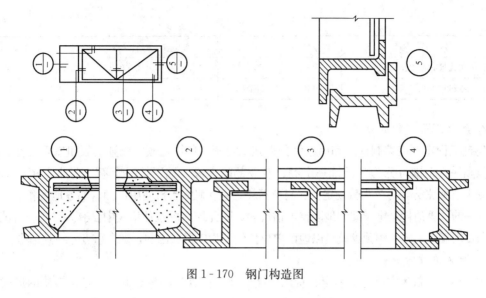

图1-170　钢门构造图

第四节　建筑工程定额

一、建筑工程定额概述

1. 建筑工程定额的含义

建筑工程定额是指在正常的施工条件下，完成一定计量单位的合格产品所必需的劳动力、材料、机械台班和资金消耗的标准数量。定额是以表格的形式表现的，见表1-8。

表1-8　　　　　　　　　　　　　天然石材定额项目表

工作内容：清理基层、试排修边、锯板修边
　　　　　铺贴饰面、清理净面
　　　　　　　　　　　　　　　　　　　　　　　　　　　　计量单位：m³

定　额　编　号			1-001	1-002	1-003	1-004
项　　目			大理石楼地面			
			周长3200mm以内		周长3200mm以外	
			单色	多色	单色	多色
名　　称	单位	代码	数　　量			
人工	综合人工	工日	000001	0.2490	0.2600	0.2590	0.2680
材料	白水泥	kg	AA0050	0.1030	0.1030	0.1030	0.1030
	大理石板500×500（综合）	m²	AG0202	1.0200	1.0200		
	大理石板1000×1000（综合）	m²	AG0205	—		1.0200	1.0200
	大理石板拼花（成品）	m²	AG3381	—			
	石料切割锯片	片	AN5900	0.0035	0.0035	0.0035	0.0035
	棉纱头	kg	AQ1180	0.0100	0.0100	0.0100	0.0100
	水	m³	AV0280	0.0260	0.0260	0.0260	0.0260
	锯木	m³	AV0470	0.0060	0.0060	0.0060	0.0060
	水泥砂浆1∶3	m³	AX0684	0.0303	0.0303	0.0303	0.0303
	素水泥浆	m³	AX0720	0.0010	0.0010	0.0010	0.0010

	名　　称	单位	代码		数　　量		
机械	灰浆搅拌机 200L	台班	TM0200	0.0052	0.0052	0.0052	0.0052
	石料切割机	台班	TM0640	0.0168	0.0168	0.0168	0.0168

2. 建筑工程定额的分类

建筑工程定额按编制程序和用途可分为施工定额、预算定额、概算定额和概算指标。按主编单位和执行范围可分为全国统一定额、专业部门定额、地区统一定额、企业定额和临时定额。按生产要素分，可分为劳动定额、材料消耗定额和机械台班使用定额。如各地区各部门根据全国统一的预算消耗量定额编制地区单位估价表，因此地区单位估价表中含有人、料、机消耗量指标和费用额度，施工图预算就是以地区单位估价表为依据编制的，本章重点介绍其用途。

3. 地区单位估价表的组成

地区单位估价表实质上就是含有费用额度的地区预算消耗量定额，也是以表格的形式表现的。表1-9为某省消耗量定额，可作为参考。地区单位估价表由表头、表身、附注组成。表头包括分部分项工程名称、工程内容和定额计量单位；表身包括定额编号，工程项目名称，基价，各生产要素（包括人工、材料、机械）的名称，计量单位，单价和定额消耗数量；附注在表格的下方，用文字表示，作用等同于定额表格中的内容，主要用于特殊情况下的定额基价调整。

表1-9　　　　　　　　　　油毡卷材防水

工作内容：1. 清理基层、滚铺、排气减压；搭接处加热压实，清理
　　　　　2. 清理基层、铺贴卷材、焊接周边收口
　　　　　　　　　　　　　　　　　　　　　　　　　　　　单位：100m²

定额编号				A6-171	A6-172
项　目				自粘性防水卷材	PSS 铅合金防水卷材
基　价（元）				2378.22	7695.64
其中	人工费（元）			95.76	228.00
	材料费（元）			2282.46	7467.64
	机械费（元）			—	—
名　称		单位	单价（元）	数　量	
人工	普工	工日	42.00	0.840	2.000
	技工	工日	48.00	1.260	3.000
材料	自粘性防水卷材	m²	18.02	126.300	—
	PSS 铅合金防水卷材	m²	67.41	—	103.000
	塑料薄膜	m²	1.72	—	12.500
	石油液化气	kg	6.67	0.530	—
	胶粘剂	kg	18.00	—	20.650
	防水密封胶 75g/支	kg	2.77	—	15.000
	电	度	0.72	—	20.000
	零星材料	元	1.00	3.000	75.260

注：PSS 铅合金防水卷材采用 SBS 胶带粘结时，扣除胶粘剂，增 SBS 胶带 103m²。

比较地区单位估价表和预算消耗量定额表，可以发现它们的区别和联系。区别是：预算消耗量定额是人、材、机消耗量的标准（简称三量）；地区单位估价表是人、材、机费用的标准（简称三价），并含有三量。它们的联系是：预算消耗量定额是编制地区单位估价表的基础。

单位估价表中的基价是指分部分项工程定额单位的预算价值，实际上就是分项工程的单价，它是由人工费、材料费和机械费组成的，是由消耗量定额的人工工日、材料、机械台班的消耗量分别乘以相应的工日单价、材料预算价格、机械台班预算价格后汇总而成的。可以由以下公式表示：

$$分项工程定额基价＝人工费＋材料费＋机械费$$

其中：人工费＝Σ分项工程定额人工工日数×人工单价

材料费＝Σ（分项工程定额材料用量×相应的材料预算价格）

机械费＝Σ（分项工程定额机械台班使用量×相应机械台班预算价格）

二、地区单位估价表的使用

1. 定额的套用

地区单位估价表使用的首要目的就是查找计算基价，一般称为"套定额"，常有三种方法：一是定额的直接套用，二是定额的换算，三是定额的补充。

（1）直接套用定额。当分项工程设计要求的工程内容、技术特征、施工方法、材料规格等与拟套的定额分项工程规定的工作内容、技术特征、施工方法、材料规格等完全相符时，则可直接套用定额。这种情况最常见。

【例 1-1】 以表 1-10××省单位估价表为例，查 M5 水泥砂浆砌砖基础基价。

解 查表 1-10 可知，M5 水泥砂浆砌砖基础基价为 2126.60 元/10m³，一般写成

$$A2\text{-}1＝2126.60 \text{ 元}/10m^3$$

表 1-10　　　　　　　　　直 形 砖 基 础

工作内容：调运砂浆、铺砂浆、运砖、清理基槽坑、砌砖等　　　　　　　　　单位：10m³

定　额　编　号			A2-1	A2-2
项　　　目			水泥砂浆砖基础	
			水泥砂浆	
			M5	M7.5
基　　价（元）			2126.60	2141.75
其中	人工费（元）		511.76	551.76
	材料费（元）		1541.08	1556.23
	机械费（元）		33.76	33.76
	名　　称	单位	单价（元）	数　量
人工	普工	工日	42.00	5.480	5.480
	技工	工日	48.00	6.700	6.700

	名　　称	单位	单价（元）	数　量	
材料	水泥砂浆 M5.0	m³	141.77	2.360	—
	水泥砂浆 M7.5	m³	148.19	—	2.360
	标准砖 240×115×53	千块	230.00	5.236	5.236
	水	m³	2.12	1.050	1.050
机械	灰浆搅拌机 200L	台班	86.57	0.390	0.390

（2）定额换算。当施工图纸设计要求与拟套的定额项目的工程内容、材料规格、施工工艺等不完全相符时，则不能直接套用定额，这时应根据定额规定进行计算。如果定额规定允许换算，则应按照定额规定的换算方法进行换算；如果定额规定不允许换算，则该定额项目不能进行调整换算。经过换算后的定额项目的定额编号应在原定额编号的右下角注明一个"换"字，如 A6-171 换。换算有很多种方法，如：混凝土强度等级换算法、砌筑砂浆配合比换算法、装饰用砂浆配合比换算法、砂浆厚度换算法、系数换算法、材料用量换算法等。换算的实质就是将原基价中不需要的费用减掉，增加需要的费用。

【例 1-2】 某工程用现浇混凝土单梁，设计强度为 C25，现浇混凝土坍落度 30～50mm，石子最大粒径 40mm，以表 1-11、表 1-12××省单位估价表为例，确定该单梁的基价。

解

1. 查表 1-11，单梁定额分项选择子目为 A3-28，A3-28＝2745.89 元/10m³，其中主材为 C20 现浇混凝土。

2. 根据要求，混凝土设计强度等级为 C25，则需换出材料中 C20 现浇混凝土的费用。

3. 查表 1-12 碎石混凝土配合比表定额子目 1-55、1-56，已知 C20 现浇混凝土单价为 177.44 元/m³，C20 现浇混凝土单价为 190.03 元/m³。

4. C25 单梁的基价为：A3-28 换＝2745.89＋10.150×（190.03－177.44）＝2873.68 元/m³。

表 1-11　　　　　　　　　　　　　　　　　梁

工作内容：混凝土搅拌、水平运输、捣固、养护　　　　　　　　　　　　　　　　单位：10m³

定　额　编　号		A3-27	A3-28	A3-29
项　　目		基础梁	单梁 连续梁 悬壁梁	T+I 异形梁
			C20	
基　价（元）		2627.15	2745.89	2817.39
其中	人工费（元）	655.32	784.02	843.96
	材料费（元）	1862.70	1852.74	1864.30
	机械费（元）	109.13	109.13	109.13

看实例快速学预算——建筑工程预算

名 称		单位	单价（元）	数 量		
人工	普工	工日	42.00	8.060	9.650	10.380
	技工	工日	48.00	8.600	7.890	8.500
材料	现浇混凝土 C20 碎石 40	m³	177.44	10.150	10.150	10.150
	水	m³	2.12	15.000	14.000	14.000
	零星材料	元	1.00	29.880	22.040	33.600
机械	滚铜式混凝土搅拌机 500L	台班	146.93	0.630	0.630	0.630
	混凝土振捣器插入式	台班	13.25	1.250	1.250	1.250

表 1-12 　　　　　　　　　　　碎石混凝土配合比表

坍落度 30～50mm 石子最大粒径 40mm 　　　　　　　　　　　　　　　　　　　　单位：m³

定 额 编 号			1-53	1-54	1-55	1-56	1-57	1-58
项 目			C10	C15	C20	C25	C30	C35
基 价（元）			164.03	169.41	177.44	190.03	205.55	212.11
名 称	单位	单价（元）	数 量					
材料	水泥 32.5	kg	0.32	255.000	274.000	303.000	350.000	406.000	—
	水泥 42.5	kg	0.37	—	—	—	—	—	364.000
	中（粗）砂	m³	60.00	0.570	0.540	0.510	0.460	0.420	0.450
	碎石 40	m³	55.00	0.870	0.890	0.900	0.910	0.910	0.910
	水	m³	2.12	0.180	0.180	0.180	0.180	0.180	0.180

（3）定额的补充。当分项工程的设计内容与定额项目规定的条件完全不相同时，或者由于设计采用新结构、新材料、新工艺在地区消耗量定额中没有同类项目，可编制补充定额。

编制补充定额的方法通常有两种：

1）按照本节介绍的编制方法计算项目的人工、材料和机械台班消耗量指标，然后分别乘以地区人工工资单价、材料预算价格、机械台班使用费，然后汇总得补充项目的预算基价。

2）补充项目的人工、机械台班消耗量，以同类型工序、同类型产品定额水平消耗量标准为依据，套用相近的定额项目，材料消耗量按施工图进行计算或实际测定。

补充项目的定额编号一般为"章号—节号—补×"，×为序号。

2. 工料分析

工料分析是地区单位估价表的又一种运用，它是指对施工中构成工程实体的分部分项工程的人工和材料的消耗量以及措施项目中耗用的人工和材料进行计算。在施工图预算中工料分析的任务是用于计算人工、材料的总的耗用量，最终计算人、材、机的价差，详见第二章。

根据各分部分项工程的实物工程量和相应估价表中的项目所列的用工工日及材料数量，计算各分部分项工程所需的人工及材料数量，相加汇总便得出单位工程所需要的各类人工和

第一章 建筑工程预算基础

材料的数量。其计算公式如下：

$$分项工程人工消耗量=\Sigma 分项工程量\times 定额人工消耗量$$
$$单位工程人工消耗量=\Sigma (分项工程人工消耗量)$$
$$分项工程材料消耗量=\Sigma 分项工程量\times 定额材料消耗量$$
$$单位工程材料消耗量=\Sigma (分项工程材料消耗量)$$

【例1-3】 以表1-11、表1-12××省单位估价表为例，对300m^3 C20现浇混凝土单梁进行工料分析。

解 以表1-11××省单位估价表为例，查出C20现浇混凝土单梁分项工程定额编号为A3-28，普工定额消耗量为9.650工日/10m^3，技工定额消耗量为7.890工日/10m^3，现浇混凝土C20碎石粒径40mm定额消耗量为10.150m^3/10m^3，水定额消耗量为14.000m^3/10m^3，零星材料费为22.040元。查表1-12可知，每立方米现浇C20碎石混凝土中含32.5号水泥303kg，含中粗砂0.51m^3，含碎石0.9m^3，含水0.18m^3，则

人工：普工消耗量=300m^3×9.650工日/100=28.95工日

技工消耗量=300m^3×7.890工日/100=23.67工日

材料：C20现浇混凝土消耗量=300×10.150/10=304.5m^3，则

32.5号水泥消耗量=304.5×303=92 263.5kg=92.264t

中粗砂消耗量=304.5×0.51=155.295m^3

碎石消耗量=304.5×0.9=274.05m^3

水的消耗量=304.5×0.18=54.81m^3 ⎫
水的消耗量=300×14.000/10=420m^3 ⎬ 合计：474.81m^3

3. 计算直接工程费

直接工程费是指在施工过程中直接构成工程实体所消耗的各种费用，包括人工费、材料费和机械费等。该项费用的计算是地区单位估价表的延伸应用。直接工程费计算公式如下：

$$分项工程直接工程费=基价\times 分项工程量$$

其中，基价是由地区单位估价表套用得来的。

【例1-4】 试计算300m^3 C20现浇混凝土单梁的基价。

解 查表1-11，单梁定额分项基价为：A3-28=2745.89元/10m^3，则该分项工程直接工程费计算如下：

C20现浇混凝土单梁直接工程费=2745.89元/10m^3×300m^3=82 376.7元

4. 地区单位估价表是计算工程量的依据

定额计价模式下工程量的计算是根据定额规定的计算规则进行计算的，详见第二章案例；在清单计价模式下，是计算计价工程量的依据，详见第三章案例。

5. 地区单位估价表是综合单价的组价参考

地区单位估价表在工程量清单计价体系中可用于发包人编制招标控制价，也可用于承包人报价。如果承包人没有系统的企业定额，那么地区单位估价表中分项工程的人、材、机耗用量是最好的参考资料，详见第三章清单计价案例。

第五节　其他相关知识与预算

除识图知识、定额知识以外，还有建筑工程施工技术、施工规范、施工组织与管理、建筑工程招投标与合同管理等知识都与预算有着密切的关系。

一、施工工艺、施工技术方案

施工工艺是指施工的方法和流程。同样的建筑构造，施工工艺不同，造价也会不同。比如墙面抹灰，根据工程需要可分为普通抹灰、中级抹灰和高级抹灰，那么抹灰的遍数、砂浆的种类、砂浆的厚度、砂浆的配合比等都有可能不同，因此造价也会随之改变。

施工技术是指为完成建筑构件的制作，采用合理的施工方法、按照施工工艺进行具体操作。每一个工程无论是实体项目还是施工技术措施，都有合适的施工技术方案，这个方案对工程预算产生的影响是很大的。比如现浇混凝土矩形柱施工是采用木模板还是组合钢模板；因某种原因，工程要求提前完工，为赶工期在混凝土中加入早强剂等都会产生不同的造价。因此，掌握施工技术和施工工艺是做好预算的基础。

二、建筑施工组织与管理

建筑施工组织与管理是确保优质、高效、安全文明地完成工程施工任务的必要保障。每一个工程在施工前都必须编写施工组织设计，为施工现场管理提供实施方案，它是对建筑工程施工所作的全面性安排，是工程招投标的技术标的重要组成部分，是与工程预算密不可分的。比如开工前编制的劳动力投入计划（表1-13）、材料采购及运输计划、周转材料投入计划（表1-14）、施工机械设备投入计划等，都是根据工程预算的工料分析计算出来的；临时设施的建造安排、施工现场的协调服务等都是施工组织措施，虽然不构成工程实体，但都需要发生一些费用，因此加强现场平面管理，进场材料、构件严格按场地布置合理堆放，可减少二次搬运及材料构件损耗等，都会降低工程成本。由此可见施工组织与管理同工程预算有着直接的关系。

表1-13　　　　　　　　　　　劳动力投入计划表

序号	工种级别	按工程施工阶段投入劳动力情况（工日）														
		15	30	45	60	75	90	105	120	135	150	165	180	195	210	225	230
1	管理人员	12	12	12	12	12	12	12	12	12	12	12	12	12	12	12	12
2	泥瓦工	5	10	10	20	20	20	20	20	15	15	15	5	5	5	5	5
3	混凝土工	10	10	15	15	15	15	15	15	5	15	15	5	5	5	5	5
4	管道工	5	5	5	10	10	10	10	10	10	10	10	10	10	3	3	3
5	铺装工	10	10	20	20	50	50	50	50	50	50	50	50	50	30	20	20
6	水电安装工	0	0	5	5	10	10	10	10	10	10	10	10	10	10	10	5
7	电工	2	2	2	2	2	2	2	2	2	2	2	2	2	2	2	2
8	电焊工	2	4	8	8	8	8	8	8	8	8	4	2	2	2	2	2
9	立模木工	8	8	40	40	40	40	40	40	40	40	40	8	8	8	8	8

序号	工种级别	按工程施工阶段投入劳动力情况（工日）														
		15	30	45	60	75	90	105	120	135	150	165	180	195	210	225	230
10	钢筋工	6	15	30	30	30	30	30	30	30	30	10	10	10	10	6	6
11	油漆工	0	0	0	0	0	0	10	10	10	10	10	10	10	10	10	10
12	架子工	4	4	8	15	15	15	15	15	15	15	10	10	4	4	4	4
13	普工	10	30	30	30	30	30	30	30	20	20	20	20	20	20	20	20
	合 计	74	105	180	207	237	237	237	237	232	232	156	159	148	118	102	97

表 1-14　　　　　　　　　　周转材料投入计划表

名　称	产　地	规　格	数　量	目前在何处使用	计划进场时间
钢	杭州	$\phi48 \times 3.5$	200（T）	集团调度	开工分批进场
扣件	河南	十字扣、活动扣、对接扣	2万只	集团调度	开工分批进场
定型钢模	杭产	3厚	500m²	集团调度	开工分批进场
方木	湖南	80×60	80m³	新购	开工分批进场
密目安全网	杭产定点	1.8×6	1000m²	集团调度	搭架开始分批进场
安全带	杭产	自动锁紧式	5付	集团调度	开工进场
安全帽	杭产	加固式	300顶	集团调度	开工进场
竹胶板	杭产	厚15mm	500m²	集团调度	开工分批进场
麻袋	杭产		10 000只	新购	开工分批进场
活动房	江苏	新颖保温隔热钢板式	648m²	新购	开工前进场
办公设备	进口和国产	打印机、复印机、电脑等	一套	新购	开工进场

三、建筑工程招标投标与合同管理

自 2000 年 1 月 1 日起我国实施了《中华人民共和国招标投标法》，规范了建筑工程的招投标活动，规定了招投标的适用范围、原则，开标、评标、中标的时间、方法等细则，明确了招标人、投标人各自的法律责任，对发包人编写招标文件和承包人编写投标文件起到了很好的指导和约束作用。招标文件的组成内容包括招标公告（或投标邀请书，视情况而定）、投标人须知、评标办法、合同条件及格式、工程量清单、图纸、技术标准和要求、投标文件格式和投标人须知前附表规定的其他材料（招标人根据项目具体特点来判定，投标人须知前附表中载明需要补充的其他材料）。

比如某招标文件规定：××工程按工程进度付款，不支付工程备料款，工程进度款按监理及发包人确认完成的月形象进度工程量的 60% 支付，工程验收合格后付至工程合同总金额的 80%，工程审计结束支付至结算造价的 95%，余款 5% 留做工程质量保修金，保修期按照国家相应规定执行，保修期期满无质量问题全部返还（不计息）。这一条款显然是对合同价款拨付方式的规定。

再如某招标文件对合同价款作出的规定：

（1）本工程采用固定价格合同即中标价一次性包干。工程施工中，如遇以下情况予以调整外，其余一律不予调整：

1）工程设计变更及现场经济技术签证引起工程量及费用的增减。

2）暂定价部分由招标人在施工过程中签证按实调整。

3）调整的增减金额乘以承包人报价折扣率为工程实际增减的造价金额，报价折扣率＝承包人的报价÷（中标价－标底或修正标中暂定费用）×100％（百分号前保留小数点后二位，小数点后第三位四舍五入）。

（2）暂定价部分总价超过 50 万元（含 50 万元）由发包人进入××市招标采购交易中心交易。

由以上案例可以看出，工程预算受招投标文件条款和合同条款的制约，GB 50500—2008《建设工程工程量清单计价规范》对工程量清单计价规范下的合同价款、工程价款支付、索赔与现场签证、工程价款调整、竣工结算、争议处理等都做了明确的规定，因此掌握建筑工程招投标与合同管理知识是做好预算的前提。

第二章　编制施工图预算

第一节　施工图预算编制概述

一、施工图预算的概念

施工图预算是定额计价体系下编制的工程预算文件，它是指在施工图设计完成后，工程开工前，根据已批准的施工图纸，施工方案或施工组织设计，按照国家或省、直辖市、自治区颁发的预算消耗量定额、费用标准，地区材料预算价格等，进行逐项计算工程量、套用相应定额，然后进行工料分析、计算直接费、并计取间接费、利润、税金等费用，确定单位工程造价的技术经济文件。它是施工前组织物资、机具、劳动力，编制施工计划，统计完成工作量，办理工程价款结算、工程索赔，实行经济核算，考核工程成本，实行建筑工程包干和建设银行拨（贷）工程费用、竣工决算的依据。

二、施工图预算的编制依据

1. 施工图纸

是指经过会审的施工图纸，它规定了工程的具体内容、技术特征、建筑结构尺寸及装修做法等，包括所附的文字说明、建筑施工图、结构施工图、有关的通用图集和标准图集、图纸会审记录、招标答疑会记录等。

2. 经过批准的施工组织设计或施工方案

施工组织设计或施工方案是建筑施工中重要文件，它对工程施工方法，材料、构件的加工和堆放地点都有明确规定，这些资料直接影响工程量的计算和预算单价的套用。如工程暂无施工组织设计，可按默认条件进行预算，决算时调整。默认条件是：土方工程中按土质为坚土，运土距离为50m以内，运输工具为双轮车考虑；非施工现场制作构件一般为木门窗和预制空心板，其运距木门窗为3km以内，预制空心板为5～10km；过梁一般为现场预制，但门窗设置在柱边时，过梁按现浇考虑；预制空心板安装按卷扬机、无焊接考虑，垂直运输机械一般为卷扬机。

3. 现行预算消耗量定额（或地区单位估价表）

现行的预算消耗量定额是编制施工图预算的基础资料。

地区单位估价表是根据现行预算消耗量定额、地区工人工资标准、施工机械台班使用定额和材料预算价格等进行编制的，它是预算消耗量定额在该地区的具体表现，也是该地区编制工程施工图预算的基础资料。

4. 地区取费标准（或费用定额）和有关动态调价文件

地区取费标准（或费用定额）和有关动态调价文件是计算工程总造价的依据。

5. 工程的承包合同（或协议书）、招标文件

计算工程总造价必须考虑招标文件的要求和合同的约定。

6. 材料市场信息价格

材料市场信息价格是进行价差调整的重要依据，比如造价月刊，省、市造价网站。

7. 预算工作手册

预算工作手册是将常用的数据、计算公式和系数等资料汇编成手册以便查用，可以加快工程量计算速度。

8. 有关部门批准的拟建工程概算文件

经批准的拟建工程概算文件有控制工程预算总造价的作用，编制预算时必须考虑。

三、施工图预算的编制方法和程序

1. 施工图预算的编制方法

施工图预算的编制方法有两种：一种是单价法，另一种是实物法，如图2-1所示。

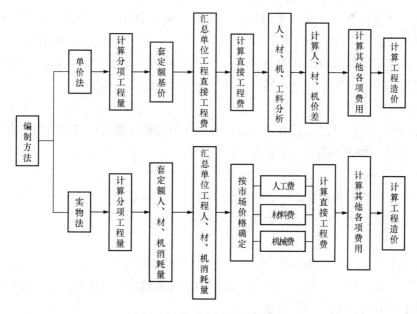

图2-1　施工图预算编制方法

单价法是编制施工图预算的主要方法，一般土建工程预算都用此法。

实物法编制施工图预算，采用的是工程当时当地的人工、材料、机械台班价格，能较好地反映实际价格水平，工程造价的准确性高。因此，实物法是与市场经济体制相适应的，将逐渐被工程量清单计价所取代。

四、单价法编制施工图预算的程序和方法

1. 收集基础资料，做好准备工作

编制施工图预算前，应准备施工图纸、有关的标准图集、施工组织设计、图纸会审记录、设计变更通知、预算定额、取费标准及市场材料价格信息等资料。

2. 熟悉施工图纸等基础资料

编制施工图预算前，应熟悉并检查施工图纸是否齐全、尺寸是否清楚，了解设计意图，掌握工程全貌。另外熟悉并掌握预算定额的使用范围、工程内容及工程量计算规则，分主

次、分重点地阅读准备好的资料。

3. 了解施工组织设计和施工现场情况

编制施工图预算前，应了解施工组织设计中影响工程造价的有关内容。例如：各分部分项工程的施工方法，土方工程中余土外运使用的工具、运距，施工平面图对建筑材料、构件等堆放点到施工操作地点的距离等，以便能正确确定定额分项、正确计算工程量。

4. 列项计算工程量

根据图纸内容和定额的分部分项划分情况，列出要计算的分项工程的名称，遵循一定的顺序，按照恰当的方法，严格按照图纸尺寸和现行定额规定的工程量计算规则，逐项计算分项工程的工程量，避免漏项和重项，确保工程量计算的准确性。

5. 汇总工程量、套用预算定额基价

各分项工程量计算完毕复核无误后，按预算定额手册规定的分部分项工程顺序逐项汇总，然后将汇总后的工程量填入工程预算表内，手工套价时需把计算项目的相应定额编号、计量单位、预算定额基价以及其中的人工费、材料费、机械台班使用费填入工程预算表内，软件套项只需正确选择定额子目，其余信息自动生成，注意基价的调整。

6. 计算直接工程费

计算各分项工程的直接工程费并汇总，再以此为基数计算其他相关费用。直接工程费计算公式为：直接工程费＝基价×工程量。

7. 进行工料分析

计算出该单位工程所需要的各种材料用量和人工工日总数，手工算量时将结果填入材料汇总表中，软件套价时工、料、机耗用量自动生成。

8. 价差调整

价差是指从概算、预算编制期至工程竣工期（结算期），因人工费、材料、机械价格等增减变化，对原批准的设计概算，审定的施工图预算及签订的承包协议价、合同价，按照规定对允许调整的范围所做的合理调整。

价差调整范围包括两类：一类是政策价差调整，包括人工费、辅助材料费、机械费、其他直接费和间接费；一类是价格全面放开的主要材料的价差调整。

（1）人工费、辅助材料费、机械费的价差调整公式。

$$价差＝调整基价×综合调整系数$$

（2）主要材料按编制价与相应定额取定价调整正、负价差。

$$价差＝\sum（各主要材料价格－各主要材料取费价格）×主材用量$$

其中，主材用量＝$\sum$主材定额用量×工程量。

9. 计取各项费用

按取费标准（或费用定额）计算间接费、利润和税金，求和得出工程造价，同时计算技术经济指标，即单方造价。各地区、各部门费用定额中都规定了间接费、利润、税金的费率及各费用计算程序，参见表2-4。

由于地区差异，各省的费用定额中造价的组成、计费基础、费率及计算程序都不尽相同，但基本思路是一致的，都是根据建标 206 号文《建筑安装工程费用参考计算方法》和建设部第 107 号部令《建筑工程施工发包与承包计价管理办法》中规定的发承包价的计价方法和计价程序编制的，文件附件见光盘。

10. 编写编制说明、填写封面、装订成册

（1）编制说明包括的内容：

1）工程概况：包括工程名称、编号、建设单位、结构形式、建筑面积、层数等。

2）预算文件编制依据：施工图名称、图纸来源、设计单位、工程图编号、标准图集、答疑文件及设计变更通知单、所采用的预算消耗量定额和取费标准的名称。

3）根据地区发布的动态调价文件等资料写明人工、材料和机械价差的调整情况。

4）写明预算外项目内容，注明是否有签证。

5）写明施工图预算中无法表示材料等的补充说明，如分项工程定额中需要的材料无货而产生的材料代用的处理方法等。

6）写明在编制预算文件过程中图纸上不清楚或有矛盾的地方以及编制时的处理方法。

7）写出单项（位）工程的工程造价及单方造价。

8）当有同类工程可比时，必须分析工程造价偏高或偏低的原因。

（2）施工图预算封面的内容。施工图预算封面通常需填写的内容有：工程编号及名称、建筑结构形式、建筑面积、层数、工程造价、技术经济指标、编制单位、编制人及编制日期等。

（3）施工图预算文件的装订顺序。把封面、编制说明、预算费用汇总表、材料汇总表、工程预算分析表等按一定的顺序编排并装订成册，装订顺序如图 2-2 所示。然后由造价员或造价师签字盖章，请有关单位审阅、签字并加盖单位公章，完成施工图预算书的编制工作。

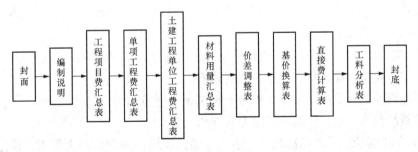

图 2-2　施工图预算文件的装订顺序

第二节　编制某会所施工图预算

一、识读施工图

建筑物是立体的，建筑施工图是按照三面正投影图画法画成的建筑平面图形，没有立体感。由于建筑形体庞大，需要按比例缩小。要想阅读这样的专业图纸，必须懂得投影原理和有建筑立体概念，还要具备房屋建筑的一般知识。因此，识读建筑施工图或结构施工图时，要注意下面几个问题：

（1）看图纸目录和设计技术说明。通过图纸目录看各专业施工图纸有多少张，图纸是否齐全；看设计技术说明，对工程在设计和施工要求方面有一概括了解。

（2）依照图纸顺序通读一遍。对整套图纸按先后顺序通读一遍，对整个工程在头脑中形成概念。如工程的建设地点和关键部位情况，做到心中有数。

（3）分专业对照阅读，按专业次序深入仔细的阅读。先读基本图，再读详图。读图时，要把有关图纸联系起来对照着读，从中了解它们之间的关系，建立起完整准确的工程概念。再把各专业图纸（如建筑施工图与结构施工图）联系在一起对照着读，看它们在图形上和尺寸上是否衔接、构造要求是否一致。发现问题要作好读图记录，以便会同设计单位提出修改意见。下面以某会所施工图（图2-3~图2-21）为例说明建筑施工图、结构施工图识读的方法。

1. 建筑施工图识读内容

（1）总平面图识读内容。

1）看图名、比例及有关文字说明了解工程名称。熟知GB/T 50103—2010《总图制图标准》中规定的一些常用的总平面图图例符号及其含义。

2）房屋的位置和朝向。房屋的位置可用平面定位尺寸或坐标确定。房屋的朝向是从图上所标识的风向频率玫瑰图或指北针来确定的。

3）房屋的标高、面积和层数。

4）房屋附属设施及周围环境的情况。从预算角度土石方工程的列项及工程量计算与现场施工情况息息相关，进行工程计价时，应详细了解总平面图等相关资料，如施工现场周边环境、场地大小、施工组织设计等。

（2）建筑设计总说明的识读。现以某会所的建筑设计总说明（建施01）为例，说明建筑设计总说明的内容及其阅读方法。

1）了解本工程概况：通过对建筑设计总说明的阅读，了解建筑的建设地点、占地面积、建筑面积、结构类型、建筑层数、建筑高度等信息。

本会所建设地点为武汉，占地面积为335.36m²，建筑面积为679.38m²，结构类型为框架结构，建筑层数为2层，建筑总高度为9.000m。

2）了解本工程所执行的标准规范，本工程的抗震设防等级、耐火等级、使用年限、屋面防水等级等。了解本工程尺寸与标高体系，室内外高差等。

本会所工程的使用年限为50年，抗震设防裂度为6度，耐火等级为二级，屋面防水等级为Ⅲ级，室内外高差为600mm。

3）了解本工程的建筑做法，如内外墙厚度、材料、做法；门窗材料、做法；建筑屋面排水、落水做法；地面、楼面、屋面的建筑做法；外墙面、内墙面的建筑做法。

本会所工程围护构件采用加气混凝土砌块砌筑，外墙厚250mm，内墙厚200mm；外门外窗均采用塑钢门窗，内门采用木门；屋面落水选用φ100mmPVC成品落水管系统；地面做法为陶瓷地砖地面，楼面做法为陶瓷地砖楼面，屋面做法为卷材防水预制混凝土板架空隔热屋面；外墙面采用涂料外墙面和面砖外墙面，内墙面采用涂料内墙面。

图 纸 目 录

图纸编号			图纸名称	图幅	附注
新图	修改	版本(二)	(包括标、通、统，重用图)		
专业			建筑		
01			建筑设计总说明	A2	
02			一层平面图	A2	
03			二层平面图	A2	
04			屋顶层平面图	A2	
05			①~⑧轴立面图	A2	
06			⑧~①轴立面图	A2	
07			Ⓐ~Ⓒ轴立面图 Ⓒ~Ⓐ轴立面图 1-1剖面图	A2	
08			厕所反1号楼梯大样图(一)	A2	
09			厕所反1号楼梯大样图(二)	A2	
10			节点大样图	A2	

兴建单位及工程名称　会所

项目		业号	
图名	目录	图别号	建施
		顺序号	00

设计　绘图　校对　审核

图 纸 目 录

图纸编号			图纸名称	图幅	附注
新图	修改	版本(二)	(包括标、通、统，重用图)		
专业			结构		
00			目录	A3	
01			结构设计说明	A1	
02			柱网平面布置图，柱表	A2加长	
03			基础平面结构平面图	A2	
04			二层梁结构平面图	A2	
05			三层板结构平面图	A2	
06			三层结构平面图	A2	
07			顶层结构平面图	A2	
08			楼梯结构大样图	A2加长	

兴建单位及工程名称　会所

项目		业号	
图名	目录	图别号	结施
		顺序号	00

设计　绘图　校对　审核

图 2-3　建筑、结构图纸目录

建筑设计总说明

一、工程概况
1. 项目名称：会所
2. 建设地点：武汉市
3. 占地面积：335.36m²
4. 建筑规模：679.38m²
5. 结构类型：框架结构
6. 建筑层数：2层
7. 建筑总高度：9.000m

二、设计所执行的标准
1. 本工程根据居民用建筑设计通则规定，其合理使用年限为50年。
2. 本工程的耐火等级为二级。
3. 本工程的抗震设防为6度。
4. 本工程的屋面防水等级为Ⅲ级（一道设防）。
5. 本工程在进行室内二次装修设计时，其选用的装修材料、构造均须符合《建筑内装修设计防火规范》的规定和本设计规定的耐火等级要求。

三、尺寸与标高
1. 本工程定位坐标及室内外高差详总平面设计图。
2. 本工程±0.000室内标高对应标高为0.600m。室内外高差以米为单位，楼地面标高以毫米为单位，其余所注标高和结构标高均为建筑面标高。

四、门窗
1. 除注明外，本工程外门、外窗均采用塑钢门窗。
2. 本工程门框料为木门。
3. 本工程所注门窗尺寸以毫米为单位，门窗为单框双玻中空玻璃门厚度，并按国家有关规范执行，经设计单位与业主共同确定材料颜色及材料。
4. 本施工图所注门窗高度及设置的窗设置详见安装施工。

五、墙体
1. 除注明外，本工程内、外墙均应做拉水。
2. 加气混凝土墙250mm厚，内墙用200mm厚，外墙用250mm厚。
3. 围护墙、内墙均与钢筋混凝土砌块连接，具体做法做设计有关说明。
4. 内隔墙、内墙内构造柱及过浆均设置的设置详见施工。
5. 计有关说明。
6. 墙体采用抗裂粉刷面时，在水泥石灰沙浆中加内角1800，的丹混凝土抗裂纤维。
7. 墙面粉刷层设置在底干水泥石灰面离地60mm处，做法为20mm厚1:2水泥砂浆加5%防水剂。

六、油漆
1. 木材面油漆：门颜色室内为米黄色，室外为栗色。楼梯木扶手及木构件。
2. 用于木门及木构件：楼梯栏杆刷深灰色防火涂料深灰色，管道刷银粉漆。
3. 金属面油漆：楼梯栏杆扶手调和漆，满涂冰柏油二度。
所有预埋木构件经做防腐处理，

七、落水、排水
1. 层面落水采用φ100U-PVC成品落水管系统系统。做法详图。室内地面均做φ90900mm（净宽距地面200mm）。
2. 建筑物四周用做水沟。楼地面均做0.5%的坡向地漏。
3. 凡有地漏、排水沟的房间，楼地面均做0.5%的坡向地漏。

八、其他
1. 所有室外雨篷、外挑构件、挑檐经做鹰嘴滴水线。
2. 所有主要建材、选用的产品，共同商定。颜色均由甲方订设计施工、监理，以确保工程质量。应有国家相关部门鉴证书，并应按标准施工时应按标准选定成品或成图配套子理件。
3. 楼梯栏杆为圆钢管子理件。

九、建筑做法
（一）地面做法
地一，陶瓷地砖地面
8～10mm厚地砖铺实拍平，水泥浆擦缝
25mm厚1:4干硬性水泥砂浆，面上撒素水泥
素水泥浆结合层一遍
100mm厚C10混凝土
素土夯实

（二）楼面做法
楼一，陶瓷地砖楼面
10mm厚1:2水泥砂浆面层压实赶光
15mm厚1:3水泥砂浆找平层
现浇钢筋混凝土楼板
12mm厚纸筋石灰粉平顶

（三）屋面做法
屋一，预制混凝土板架空隔屋面
35mm厚预制混凝土板490mm×490mm预制钢筋混凝土架空板
卷材防水层
20mm厚1:3水泥砂浆找平层
现浇钢筋混凝土屋面板
12mm厚纸筋石灰粉平顶

（四）外墙做法：
外墙一，涂料外墙面：即刷801胶素水泥浆一遍，配合比为801胶：水=1:4，15mm厚2:1:8水泥石灰砂浆，素水泥浆分两次找平，5mm厚1:2.5水泥砂浆喷或滚刷涂料分两次抹灰。（用于全部室内设计地面以上外墙）
外墙二，面贴外墙面，即15mm厚1:3水泥砂浆底，素水泥浆一遍，4～5mm厚面砖面砖，1:1水泥砂浆加水重20%107胶镶贴8～10mm厚面砖，1:1水泥砂浆勾缝。（用于室内设计地面以下外墙）

（五）内墙做法：
内墙一，涂料外墙面：即5mm厚1:0.5:3水泥石灰砂浆分两次抹灰，15厚1:1:6水泥石灰砂浆底，刷801胶素水泥浆，配合比为801胶：水=1:4。
内墙

十、门窗表

类别	门窗编号	洞口尺寸 宽	洞口尺寸 高	数量	做法索引	备注
	入口组合门窗					
	M2126	2100	2650	1	详门窗大样图纸	
门	M1221	1200	2100	3	JGJ113-2009	夹板门
	M1021	1000	2100	6	JGJ113-2009	夹板门
	M0921	900	2100	1	详专业图纸	无障碍卫生间门
	M0821	800	2100	4		夹板门
窗	C2821	2800	2100	2		塑钢窗
	C2421	2400	2100	10		塑钢窗
	C1824	1800	2400	3		塑钢窗
	C1821	1800	2100	14		塑钢窗
	C1215	1200	1500	8	详门窗大样图纸	百叶窗
	BYC24J2	2400	1200	3		玻璃幕墙
	MQC-1	2900	9100	1		

门窗安装说明
门窗的安装位置，除图中注明者外
1. 门窗的安装位置。
2. 外墙门窗居中设置。
3. 所有窗居中。
4. 底层外墙窗离墙平窗。
5. 本工程中塑钢窗及玻璃幕墙节点由建设方与厂家二次装修时确定。
6. 制作门窗及纸筋石灰粉平顶。
7. 制作时厂家必须具有相应的资质，并应在放样后才可施工。

兴建单位及工程名称		会所		业号	
项目				图别	建施
图名	建筑设计总说明			图号	02
				顺序号	
设计					
绘图					
校对					
审核					

图2-4 建筑设计总说明

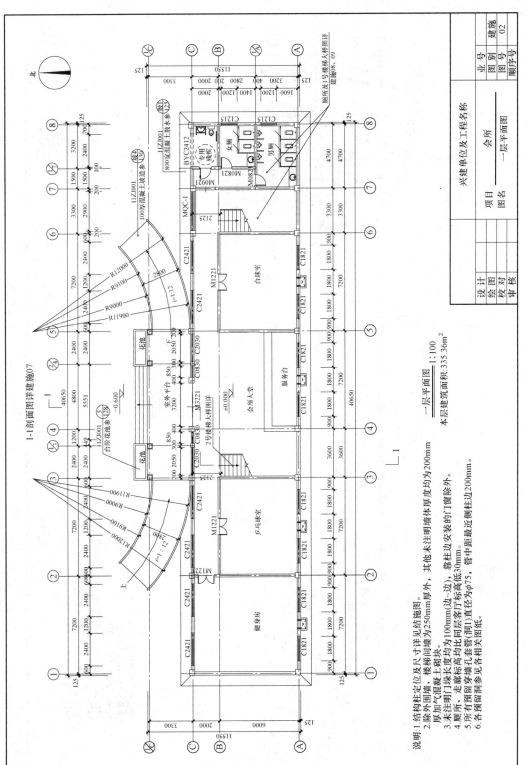

图 2-5 建施 02

说明:1 结构柱定位及尺寸详见结施图。
2 除外围墙、楼梯间墙厚250mm厚外，其他未注明墙体厚度均为200mm厚加气混凝土砌块。
3 未注明门垛长度均为100mm(边~边)，靠柱边安装的门窗除外。
4 厕所、走廊标高均比同层客厅标高低30mm。
5 所有预留穿墙孔套管直径为φ75，管中距最近侧柱边200mm。
6 各预留洞洞口参见各相关图纸。

一层平面图 1:100
本层建筑面积:335.36m²

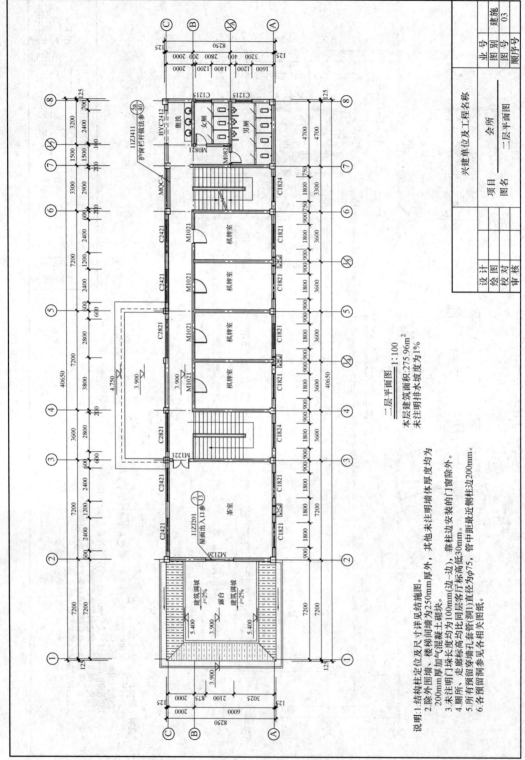

二层平面图 1:100

本层建筑面积:275.96m²
未注明排水坡度均为1%

说明:1.结构柱定位及尺寸详见结施图。
2.除外围墙、楼梯间墙为250mm厚外,其他未注明墙体厚度均为200mm厚加气混凝土砌块。
3.未注明门垛长度均为100mm(边-边),靠柱边安装的门窗除外。
4.厕所、走廊面层均比同层客厅标高低30mm。
5.所有预留穿墙孔套管(洞1)直径为φ75,管中距最近侧柱边200mm。
6.各预留洞洞参见相关图纸。

图2-6 建施03

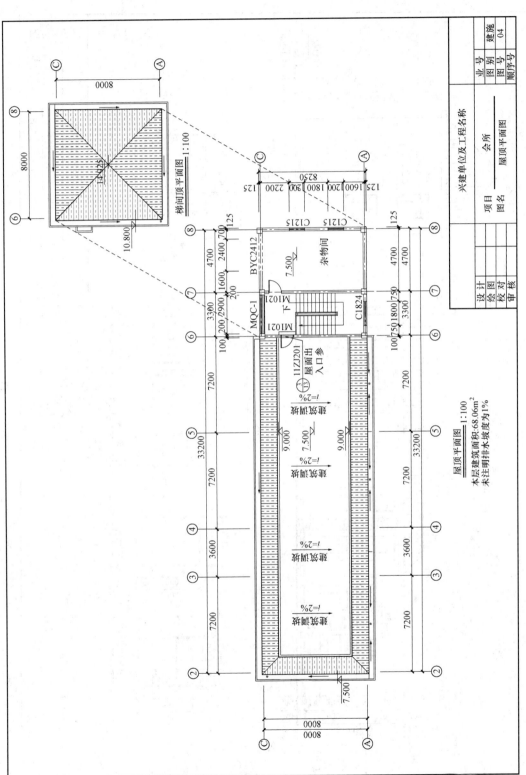

梯间顶平面图 1:100

屋顶平面图 1:100
本层建筑面积:68.06m²
未注明排水坡度为1%

图 2-7 建施 04

兴建单位及工程名称			
项目		会所	业号	建施
图名		屋顶平面图	图号	04
			顺序号	
设计				
绘图				
校对				
审核				

101

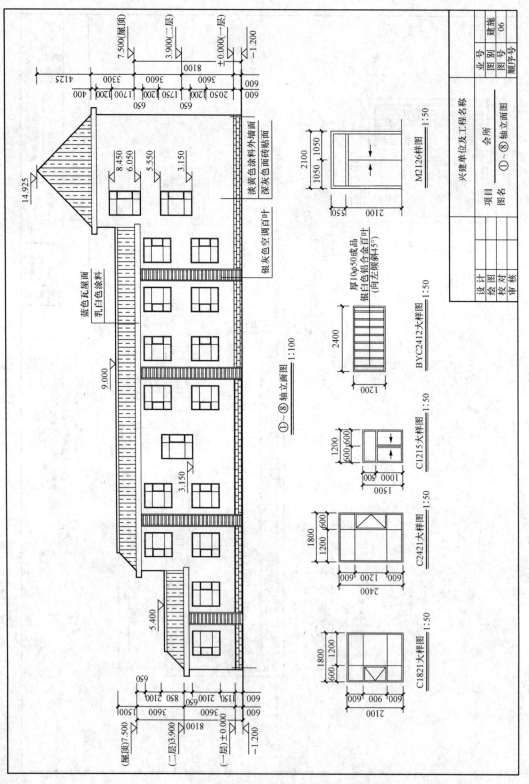

图 2 - 8　建施 05

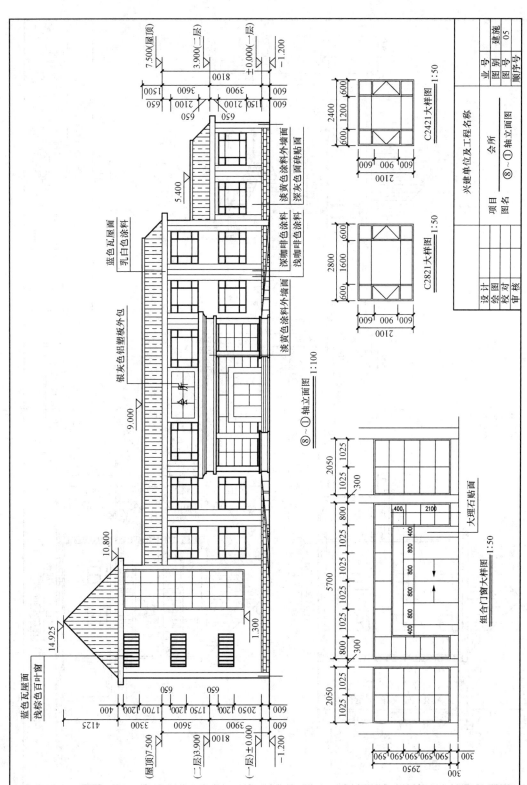

图 2-9　建施 06

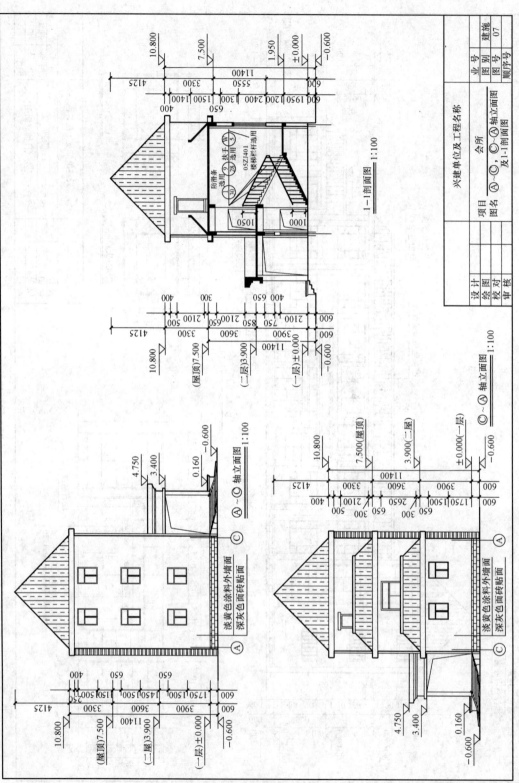

图 2-10 建施 07

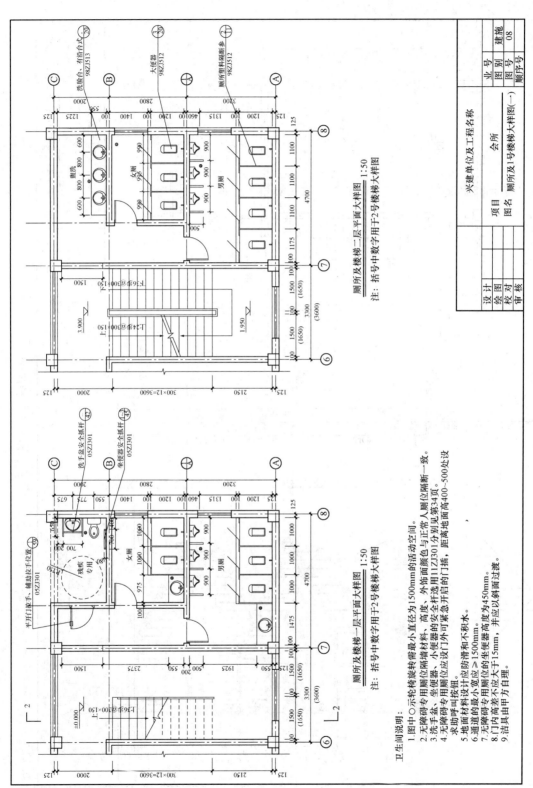

厕所及楼梯一层平面大样图 1:50

注：括号中数字用于2号楼梯大样图

厕所及楼梯二层平面大样图 1:50

注：括号中数字用于2号楼梯大样图

卫生间说明：

1.图中○示轮椅旋转需最小直径为1500mm的活动空间。

2.无障碍专用厕位隔墙材料、高度、外饰面颜色与正常人厕位隔断一致。

3.洗手盆、坐便器、小便器的厕位。

4.无障碍专用厕位应设安全抓杆选用11ZJ301分别见第34页。求助呼叫按钮。

5.地面材料设计应防滑和不积水。

6.通道的最小宽度应≥1500mm。

7.无障碍专用厕位坐便器高度为450mm。

8.门内无障碍专用小便器选用11ZJ301分别见第34页，距离地面高400~500处设。

9.洁具由甲方自理。

兴建单位及工程名称 | 会所

项目	
图名	厕所及1号楼梯大样图(一)

设 计	
绘 图	
校 对	
审 核	

图 2-11 建施08

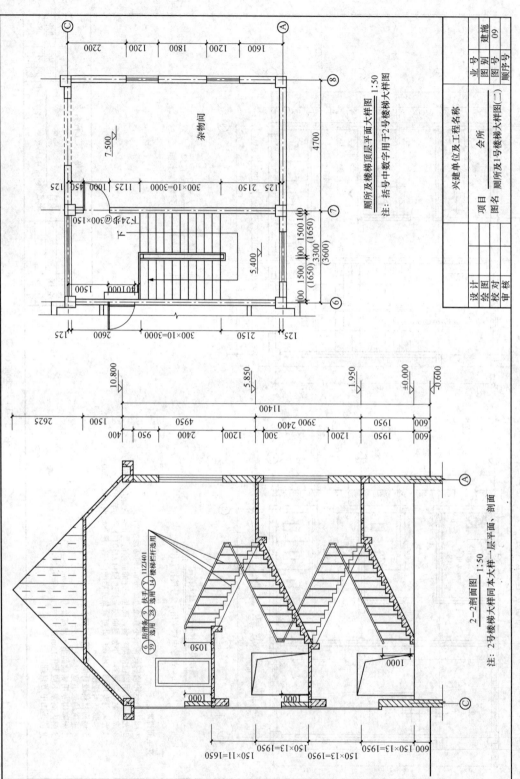

厕所及楼梯顶层平面大样图 1:50
注: 括号中数字用于2号楼梯大样图

杂物间

7.500

2-2剖面图 1:50
注: 2号楼梯大样同本大样一层平面、剖面

⑥ 防滑条 选用 ⑨ 扶手(丫) 11ZJ401
㊴ 选用 ㉘ 选用 (工) 楼梯栏杆选用

图 2-12 建施 09

看实例快速学预算——建筑工程预算

兴建单位及工程名称		
项目	会所	
图名	厕所及1号楼梯大样图(二)	
设计		
绘图		
校对		
审核		
业 号		
图别	建施	
图号	09	
顺序号		

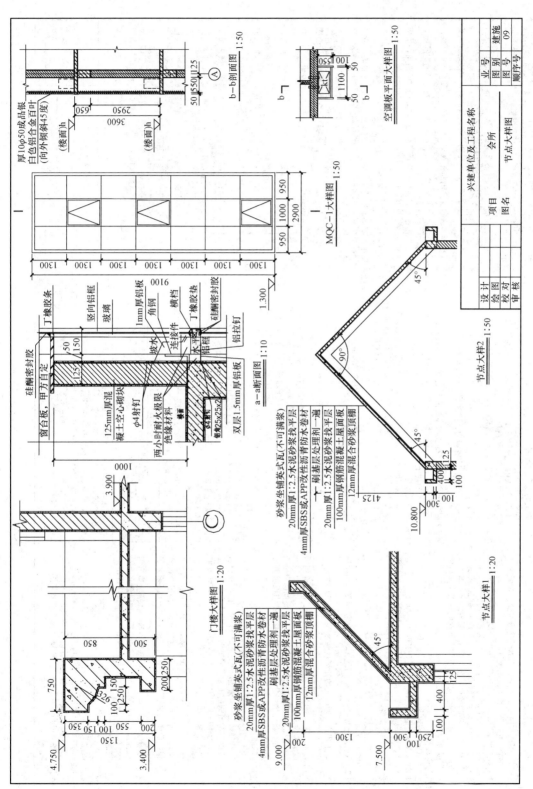

图 2-13　建施 10

图 2-14　结施 01

结构设计总说明

1. 总则

1.1 本说明适用于本会工程的所有结构施工图,凡图中无特殊说明者,按本说明执行。

1.2 本工程施工图所注尺寸以毫米(mm)计,高程以米(m)计。本工程室内坪标高±0.000相当于黄海高程20.08,本工程结构安全等级为二级,本工程抗震设防类别为丙类。

1.3 本工程结构安全等级为二级,本工程抗震等级为四级,结构设计的合理使用年限为50年,建筑框架结构最大屋面高度为7.5m。

2. 设计材料及依据

2.1 国家现行规范

2.1.1 《混凝土结构设计规范》(GB50010-2002)

2.1.2 《建筑结构荷载规范》(GB50009-2001(2006年版))

2.1.3 《建筑地基基础设计规范》(GB50007-2002)

2.1.4 《砌体结构设计规范》(GB50003-2001)

2.1.5 《建筑抗震设计规范》(JGJ94-94)

2.2 国家现行标准设计图集

2.2.1 平法施工图(03G101图平面整体表示方法制图规则和构造详图)

2.2.2 本工程设计中所采用的计算软件为PKPM(2008版)

2.3 自然条件

2.3.1 基本风压:0.35kN/m²,基本雪压:0.5kN/m²,地面粗糙度类别为C类。

2.3.2 按抗震设防烈度为7度设计,设计基本地震加速度值为0.05g,设计地震分组为第一组,建筑抗震设防类别为丙类。

3. 地基与基础

3.1 本工程地基承载力特征值为200kPa。

3.2 基础（抗）开挖后,应进行基底检验。基础施工文件和勘察报告中提出的地质条件不一致,或遇到异常情况时,应结合地质条件处理。

3.2.1 基坑开挖后的土料不得含有树皮、腐殖物等,用做回填的土和淤泥的压实,分层厚度不大于250,最佳含水量,压实系数不小于0.94。

3.2.2 室内地面填土:进行室内坪标高前应将室内需清除地表的树皮、草皮、腐殖物和松软的土和垃圾等杂物、撤移待填的土所要所应清除的残物,用做回填的土料不得含有树根、草皮、腐殖物,压实后再进行填实,用做回填的土和淤泥的质量上,要填实。

3.2.3 基础（抗）开挖后,应进行基底检验。基础施工后,应采用其他方法,当发现与设计文件和勘察报告中提出的地质条件不一致,或遇到异常情况时,应结合地质条件处理。

4. 材料

4.1 钢筋

4.1.1 Φ为HPB235级钢,强度设计值为 f_y=210N/mm²。

4.1.2 直径≥12mm均要求采用HRB335级钢,强度设计值为 f_y=300N/mm²(除特别注明外)。

4.2 型钢和钢板:采用碳素结构钢,等级为《碳素结构钢》(GB 700)规定的Q235。

4.3 焊条:E43用于焊接HPB235级钢,E50型用于焊接HRB335级钢,异种钢材焊接接头时的焊材相应与较低的钢材等级的焊接材料。

4.4 水泥:一般采用普通硅酸盐水泥,水泥标号不得低于32.5MPa级。

4.5 混凝土

4.5.1 楼层混凝土强度等级为C25。

4.5.2 混凝土强度不应小于C25。除注明外各层柱板混凝土强度等级外其余墙混凝土强度等级为C25。

4.6 填充墙体:砌体采用MU7.5加气混凝土砌块,M5.0配合砂浆砌筑,墙身采用MU7.5加气混凝土砌块(为混凝土砌块,容重5.5~7.5kN/m³)。

5. 设计活荷载标准值

	楼面	走廊
寝室:2.0kN/m²	楼面:2.0kN/m²	走廊:2.0kN/m²
卫生间:2.5kN/m²	上人屋面:0.5kN/m²	

6. 钢筋混凝土结构构造

6.1 构造规定

6.1.1 现浇钢筋混凝土梁、板、柱受力钢筋的混凝土保护层厚度不小于30mm,现浇板的梁的纵向受力钢筋的混凝土保护层15mm,基础的受力钢筋的混凝土保护层厚40mm。

6.1.2 柱的纵向受力钢筋的混凝土保护层厚度不小于30mm,现浇板的梁的纵向受力钢筋的混凝土保护层25mm,纵向机械连接见图集03G101-1第33,34,35页,间支座下部钢筋构造见图集03G101-1第33页中。

6.1.3 本工程框架的环境类别为一类。

6.1.4 同一构件中相邻纵向受力钢筋的混凝土保护层在连接区段内,受力钢筋接头宜相互错开。采用φ6或φ400与端件高预埋设置入柱内。

接头面积允许百分率(%)

构件类型	绑扎搭接接头	焊接接头	机械连接接头
梁、板、墙	宜≤25	应≤50	宜≤50
柱	宜≤50	应≤50	宜≤50

注:绑扎搭接接头,焊接接头,机械连接接头连接区段的长度,绑扎搭接接头为1.3倍搭接长度。

6.1.5 梁、柱纵筋采用搭接连接时,在搭接长度范围不小于500mm,且 d≤5 d,当直径 d>25mm时,尚应在搭接接头二个端面外100mm范围内各设二个箍筋(d为纵筋直径)。

6.2 板

6.2.1 一般平板内主筋采用绑扎搭接接头,当 $\geq \phi 6@200$,将板内主筋,长边在左,短边在右,卫生间、施工装置,屋面板四周应伸缩缝配筋布下现浇板下部纵向受力钢筋伸入支座的锚固长度。板分布筋除注明外均为φ6@200时,将板内钢筋,均应附加钢筋φ6@200,将板内钢筋,当<300时,洞边不得截断,双向板应按建筑图要求短短放在左上,双向板底部纵向受力钢筋反边按建筑图要求。

6.2.2 现浇板下部纵向钢筋伸入支座的锚固长度。见图6.2.3。

6.2.3 现浇板与墙板上部纵向受力钢筋在房间同四角,均应加设双层双向钢筋φ8@100,见图6.2.4。

6.2.4 楼面现浇板在墙边开间大于4.2m的房间四角,见图6.2.4。

6.3 梁

6.3.1 梁,见图集03G101-1第35页。

6.3.2 除梁注明配筋处外,其平芯长度为10 d。

6.3.3 梁纵向主筋,其接头位置宜在跨中,下部钢筋在支座位置及连接跨内,梁接头位置在跨内注明中100%时方可拆模。上部钢筋在端部支座处采用弯钩,其弯平芯长度10 d,弯钩均用135°弯钩,梁上部纵筋的平芯长度为20 d受力筋。

6.3.4 梁下部纵筋的搭接之间纵向钢筋混凝土吊筋宜在跨中,其接头位置在梁跨内应满足全部钢筋焊接连接,机械连接,见图6.3.4。

6.3.5 悬臂梁钢筋构造详见图6.3.5。

6.3.6 梁上部钢筋应配置不小于2φ14,梁箍筋最小直径,其接头率在混凝土梁两端两侧吊筋 d≤0.25 d(d受力钢筋)。

6.3.7 梁钢筋最大箍筋间距,间距 $\leq 10d$(d为纵向最小直径),见图6.3.6。

6.4 柱

6.4.1 柱截面及做法均以结构图为准,柱筋位置在结构图内注明外,在结构图内凡未注明的填充墙过梁配筋见图6.5(过梁长度一律为过门窗洞宽+250,过梁混凝土为C25)。

6.4.2 柱纵向钢筋搭接接头,可采用焊接接头,则纵向钢筋绑扎搭接接头/的要求,机械连接接头,见图集03G101-1第42,44页。

6.4.3 柱纵向受力钢筋不得预埋φ6@400与端件高预埋φ6@400与端件高预埋设置入柱内,钢筋伸入墙内填充墙混凝土,墙体须加设入柱内。柱(包括构造柱)沿柱高预埋φ6@400当口角柱,则应在柱内现浇过渡混凝土过梁,均按下列墙设置过梁二个端口。

6.5 凡在结构图中未注明的填充墙及二次现浇混凝土,均应在结构成型浇筑混凝土,后次现浇过梁,见图6.5(过梁混凝土为C25)。

兴建单位及工程名称		业号	
项目		图别	结施
图名	结构设计总说明(一)	图号	01
会所		顺序号	

设计	
绘图	
校对	
审核	

6.1.6 轴心受拉及小偏心受拉构件,如拉杆、吊车梁等的纵向受力钢筋,纵向钢筋直径 d>28mm时,不宜采用绑扎搭接接头,柱纵向钢筋连接宜及构造详图按标准构造详图中的有关规定执行。

6.1.7 工程所有梁、柱纵向钢筋连接及构造,除另有注明外,均按图集03G101-1中相应构造标准构造详图中的有关构造。

6.2 板

6.2.1 一般平板内主筋采用绑扎搭接接头,为φ6@200,将板内钢筋,不得截断,双向板应按建筑图要求短短放在左上,长边在左,卫生间、屋面板四周应伸缩缝配筋布下现浇板下部纵向受力钢筋伸入支座及等钩的平芯为20 d受力筋。

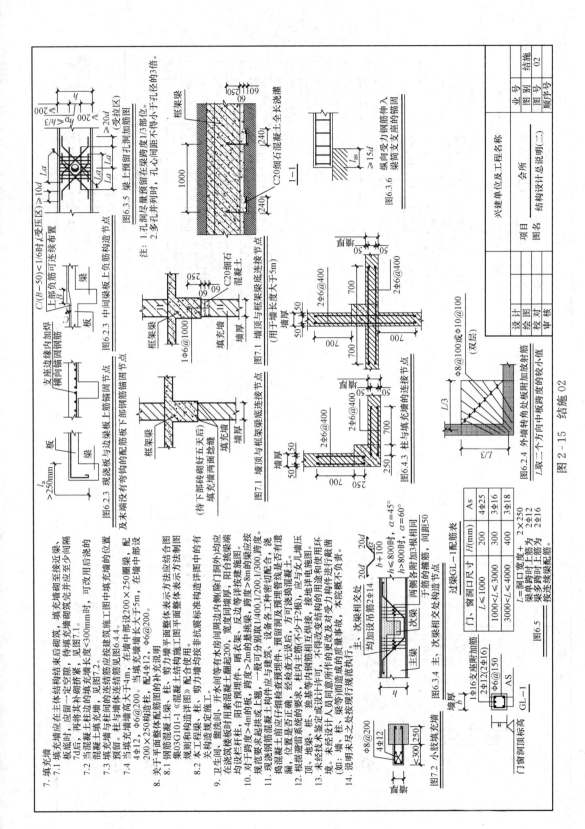

图 2-15
109

第二章 编制施工图预算

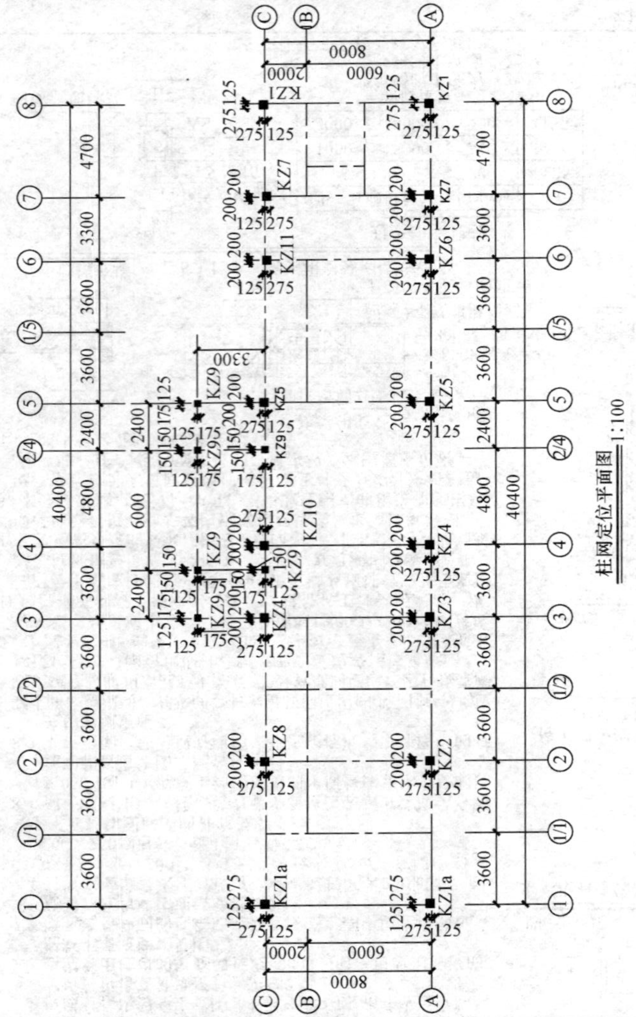

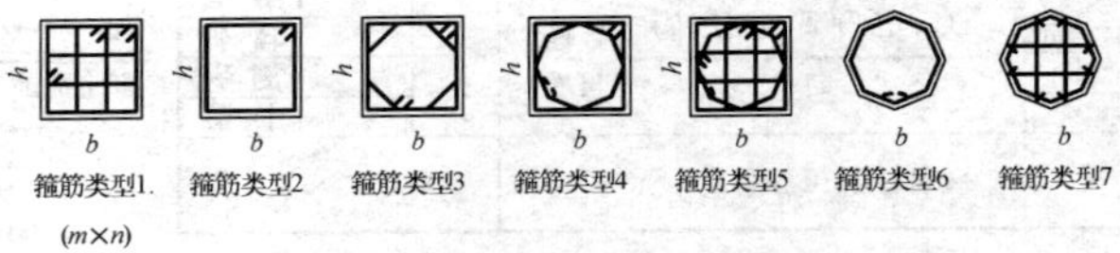

图 2 - 16 结施 03

柱配筋表

柱号	标高	b×h(圆柱直径D)(m×n)	b₁	b₂	h₁	h₂	全部纵筋	角筋	b边一侧中部筋	h边一侧中部筋	箍筋类型号	箍筋	备注
KZ1a	-1.800~3.870	400×400	200	200	200	200	8⌀16				1(3×3)	⌀8@100/200	
KZ1	-1.800~10.770	400×400	200	200	200	200	8⌀16				1(3×3)	⌀8@100/200	
KZ2	-1.800~3.870	400×400	200	200	200	200		4⌀25	3⌀22	1⌀16	1(3×3)	⌀8@100/200	
KZ2	3.870~7.470	400×400	200	200	200	200	8⌀16				1(3×3)	⌀8@100/200	
KZ3	-1.800~3.870	400×400	200	200	200	200		4⌀22	1⌀18	1⌀16	1(3×3)	⌀8@100/200	
KZ3	3.870~7.470	400×400	200	200	200	200	8⌀16				1(3×3)	⌀8@100/200	
KZ4	-1.800~3.870	400×400	200	200	200	200		4⌀20	1⌀20	1⌀16	1(3×3)	⌀8@100/200	
KZ4	3.870~7.470	400×400	200	200	200	200	8⌀16				1(3×3)	⌀8@100/200	
KZ5	-1.800~3.870	400×400	200	200	200	200		4⌀25	2⌀22	1⌀16	1(4×3)	⌀8@100/200	
KZ5	3.870~7.470	400×400	200	200	200	200	8⌀16				1(3×3)	⌀8@100/200	
KZ6	-1.800~3.870	400×400	200	200	200	200		4⌀22	1⌀20	1⌀16	1(3×3)	⌀8@100/200	
KZ6	3.870~7.470	400×400	200	200	200	200	8⌀16				1(3×3)	⌀8@100/200	
KZ7	-1.800~3.870	400×400	200	200	200	200		4⌀16	1⌀16	1⌀16	1(3×3)	⌀8@100/200	
KZ7	3.870~7.470	400×400	200	200	200	200	8⌀16				1(3×3)	⌀8@100/200	
KZ8	-1.800~3.870	300×300	150	150	150	150		4⌀28	3⌀25	1⌀16	1(3×3)	⌀8@100/200	
KZ8	3.870~10.770	300×300	150	150	150	150	8⌀16				1(3×3)	⌀8@100/200	
KZ9	-1.800~3.870	400×400	200	200	200	200		4⌀18	1⌀16	1⌀16	1(3×3)	⌀8@100/200	
KZ9	3.870~7.470	400×400	200	200	200	200	8⌀16				1(3×3)	⌀8@100/200	
KZ10	-1.800~3.870	400×400	200	200	200	200		4⌀25	1⌀20	1⌀16	1(4×3)	⌀8@100/200	
KZ11	-1.800~3.870	400×400	200	200	200	200	8⌀16				1(3×3)	⌀8@100/200	
KZ11	3.870~10.770	400×400	200	200	200	200	8⌀16				1(3×3)	⌀8@100/200	

箍筋类型1. (m×n) 箍筋类型2 箍筋类型3 箍筋类型4 箍筋类型5 箍筋类型6 箍筋类型7

兴建单位及工程名称		会所			业号	
项目	设计				图别	结施
图名 柱网定位平面图、柱配筋表	绘图				图号	03
	校对				顺序号	
	审核					

柱网定位平面图 1:100

看实例快速学预算——建筑工程预算

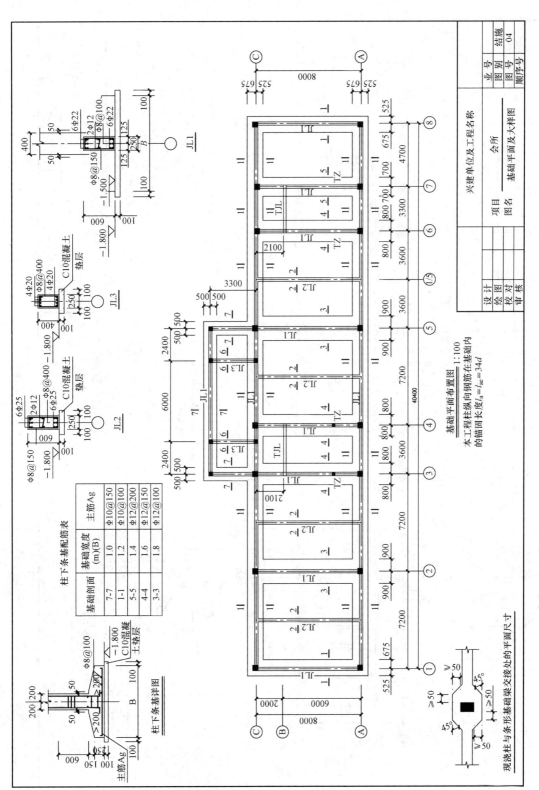

图 2-17 结施 04

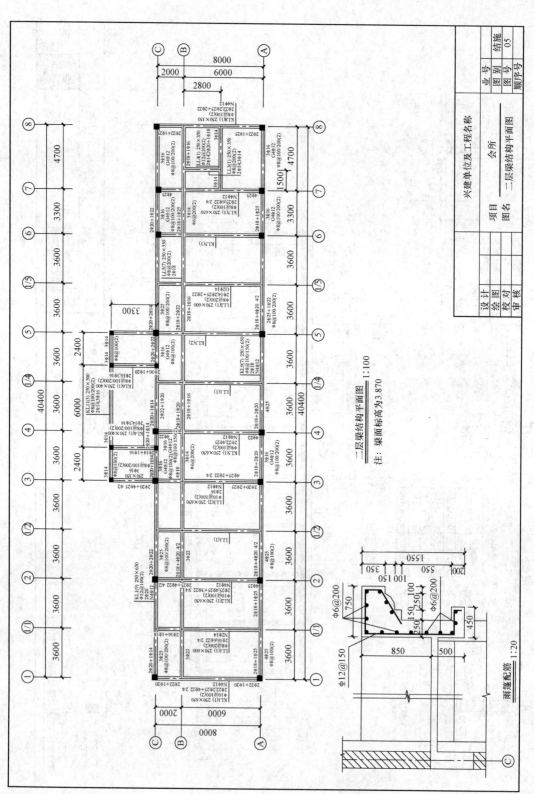

二层梁结构平面图 1:100

注: 梁面标高为3.870

雨篷配筋 1:20

图 2-18 结施 05

看实例快速学预算——建筑工程预算

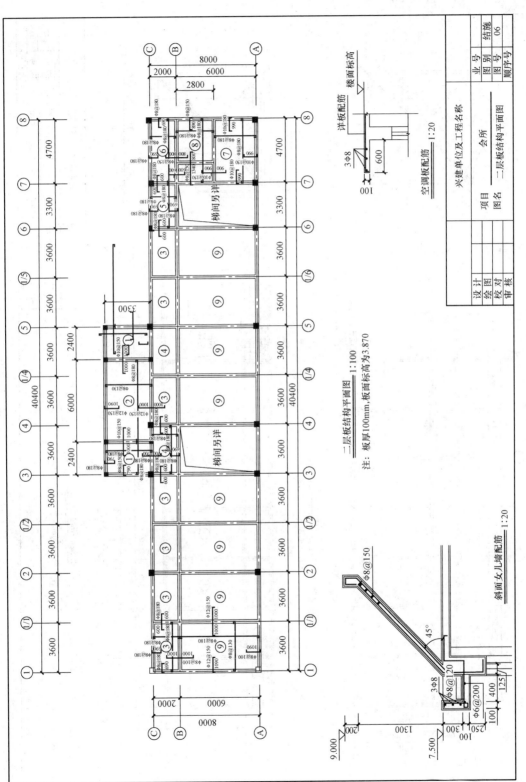

二层板结构平面图 1:100

注：板厚100mm，板面标高为3.870

空调板配筋 1:20

斜面女儿墙配筋 1:20

兴建单位及工程名称　会所

项目

图名　二层板结构平面图

设 计		业号		结施
绘图		图别		06
校对		图号		
审核		顺序号		

图 2 - 19　结施 06

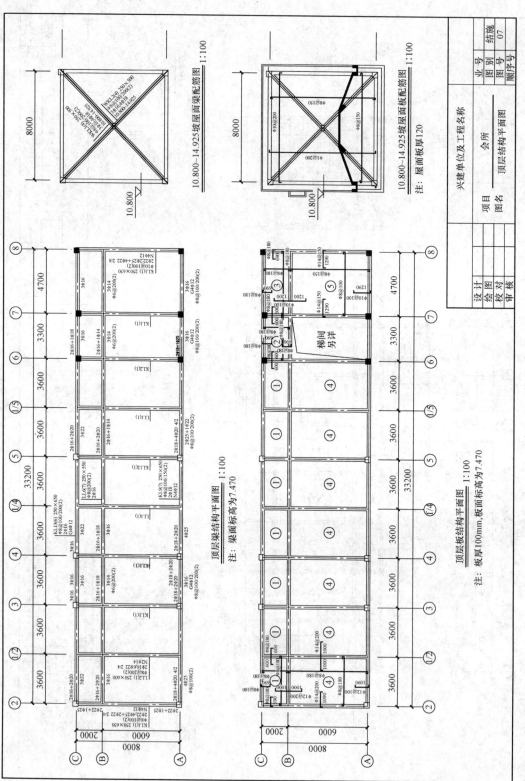

图 2-20 结施 07

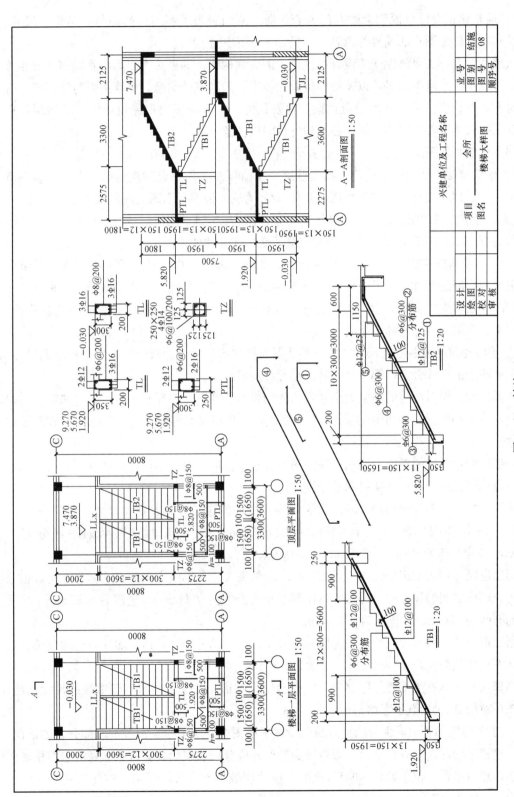

图 2 - 21　结施 08

4）通常建筑设计总说明会附有门窗表，通过阅门窗表了解门窗的编号、名称、尺寸、数量及其所选标准图集的编号等内容。详见建施 01 图中门窗表。

从预算角度，需要熟读建筑设计总说明，因为结构构件的做法将会影响到如何套取相应定额子目或工程量清单编码，以及材料价差的换算。门窗表的信息，预算员需与施工图纸进行核对数量及相应位置，同时确定过梁数量及尺寸。另外在多层房屋设计中，不同层的砌体、砌筑砂浆强度等级往往不同，在工程计价时应注意区分。

（3）建筑平面图的识读

1）建筑首层平面图识读内容。阅读首层平面图首先必须熟记建筑图例，常用建筑图例见表 1-2。现以某会所的首层平面图（建施 02）为例，说明平面图的内容及其阅读方法。

① 了解平面图的图名、比例。从图中可知该图为首层平面图，比例 1：100。

② 了解建筑的朝向。从指北针得知该会所是坐南朝北的方向。

③ 了解建筑的平面布置。该会所横向定位轴线 8 根，纵向定位轴线 4 根。从图中墙的分隔情况和房间的名称，可了解到房屋内部各房间的配置、功能、用途、数量及其相互间的联系情况。通过中部会所大堂，南侧走廊和两个楼梯间组织人员交通疏散，西侧为健身房、乒乓球室，东侧为台球室和卫生间。

④ 了解建筑平面图上的尺寸。建筑平面图上标注的尺寸均为未经装饰的结构断面尺寸。建筑平面图上的尺寸分为内部尺寸、外部尺寸和局部尺寸。

内部尺寸：说明房间的净空大小和室内的门窗洞、孔洞、墙厚和固定设备（如厕所、盥洗室等）的大小位置。如图中 1 号、2 号楼梯起始踏步距离 C 轴线为 2125mm，这些都是定位尺寸。

外部尺寸：为了便于施工读图，平面图下方及左侧应注写三道尺寸，如有不同时，其他方向也应标注。这三道尺寸从里向外分别是：

第一道尺寸：表示建筑物外墙门窗洞口等各细部位置的大小及定位尺寸。如 A 轴线墙上，在①～③轴线之间的 4 个 C1821 的窗洞宽是 1800mm，两窗洞间的距离分别为 1800mm、（900＋900）mm＝1800mm，1800mm。

第二道尺寸：表示定位轴线之间的尺寸。相邻横向定位轴线之间的尺寸称为开间，相邻纵向定位轴线之间的尺寸称为进深。本图健身房的开间为 7200mm，进深为 8000mm；乒乓球室的开间为 7200mm，进深为 6000mm。

第三道尺寸：表示建筑物外墙轮廓的总尺寸，从一端外墙边到另一端外墙边的总长和总宽，如图中建筑总长是 40 650mm，总宽 11 550mm。

局部尺寸：对首层平面外围部位的室外台阶、坡道、花池、散水、门廊等的尺寸标注。如本图中对门廊、坡道的尺寸标注。

⑤ 了解建筑中各组成部分的标高情况。在平面图中，对于建筑物各组成部分，如地面、楼面、楼梯平台面、室外台阶面、阳台地面等处，应分别注明标高。这些标高均采用相对标高（小数点后保留 3 位小数），如有坡度时，应注明坡度方向和坡度值。本建筑物室内地面标高为±0.000，室外地面标高为−0.600m，表明了室内外地面的高度差值为 0.600m。

⑥ 了解门窗的位置及编号。为了便于读图，在建筑平面图中门采用代号 M 表示、窗采用代号 C 表示，并加编号以便区分，如图中的 C1821、M1221 等。在读图时应注意每类型门窗的位置、形式、大小和编号，并与门窗表对应，了解门窗采用标准图集的代号、门窗型号和是否有备注。

⑦ 了解建筑剖面图的剖切位置、索引标志。在底层平面图中的适当位置画有建筑剖面图的剖切位置和编号，以便明确剖面图的剖切位置、剖切方法和剖视方向。如③、⑤轴线间的 1—1 剖切符号，表示建筑剖面图的剖切位置，剖面图类型为全剖面图，剖视方向向右。有时图中还标注出索引符号，注明该部位所采用的标准图集的代号、页码和图号，以便施工人员查阅标准图集，方便施工。

⑧ 了解各专业设备的布置情况。建筑物内的设备如卫生间的便池、盥洗池位置等，读图时注意其位置、形式及相应尺寸。

2）建筑各楼层平面图识读内容。阅读各楼层平面图的方法与阅读首层平面图的方法基本相同，从各楼层平面图中墙的分隔情况和房间的名称，可了解到房屋内部各房间的配置、用途、数量及其相互间的联系情况，以及阳台、露台、楼梯间、走廊、电梯间、管井、烟道、雨篷等布置情况。了解建筑各楼层平面图上内部尺寸、外部尺寸和局部尺寸的布置情况。并注意各楼层平面图建筑标高分布，如各房间建筑标高、卫生间建筑标高、阳台或露台建筑标高。卫生间、阳台或露台等有排水要求的房间和设施还应注意要标注坡度以表示流水方向。了解门窗、洞口的位置及编号。注意以详图索引形式表示的小型标准构、配件，如卫生间或实验室中的卫生洗涤池、拖布池、洗面台等。并注意阅读各楼层平面图中的说明。

在对本会所二层平面图（建施 03）的识读，我们可以掌握如下信息：

本会所二层平面，在①～②轴线间因建筑退台使该区域成为露台。西侧为茶室，中部为 4 间棋牌室，东侧为卫生间，通过南侧走廊和两个楼梯间组织人员交通疏散。楼面建筑标高为 3.900m（注意标高尺寸是以米为单位，轴线及其他尺寸是以毫米为单位）；图中注明卫生间、走廊建筑标高均比房间内低 30mm，则卫生间、走廊建筑标高应为 3.870m。露台向西侧按 2％找坡；卫生间虽未注明找坡要求，但根据说明要求，仍需按 1％向地漏方向找坡。关于卫生间的设计信息可结合结施 08 图："厕所及 1 号楼梯大样图（一）"的识读来获取。北面⑥～⑦轴线间幕墙 MQC-1 处护窗栏杆做法详见标准图集号 11ZJ411 第 40 页中 5a 详图；西侧露台出口门栏做法详见标准图集号 11ZJ201 第 13 页中 3 详图。窗间墙处空调板做法可详见建施 10 图中"空调板平面大样图"。

3）屋顶平面图识读的基本内容

① 了解屋顶形状和尺寸，挑出的屋檐尺寸，女儿墙位置和墙厚，突出屋面的楼梯间、水箱间、烟囱、通风道、检查孔、屋顶变形缝等具体位置。

② 了解出屋面排水情况、排水分区、屋脊、天沟、屋面排水方向、屋面坡度和下水口位置等。

③ 屋顶构造复杂的还要加示详图索引标志，绘制出详图。

建施 04 图为本会所屋顶平面图。图中反映了②～⑥轴线部分屋面和⑥～⑧轴线突出屋面的楼梯间的布置情况，以及⑥～⑧轴线坡屋面布置情况。其屋顶平面标高为 7.500m。设计者考虑北立面为主立面，因美观要求不宜布置落水管，将落水管均布置于会所的北立面和西立面，因此，屋面向西侧排水按 2‰找坡。檐沟也如图所示的按落水管方向找坡。屋面檐沟和檐板详图可详见建施10图中"节点大样1"。

4）建筑平面图的识读注意事项

① 建筑平面图一般讲是总称，若为多层或高层建筑，若干层平面图都是一样的，就可以用一个图来代表，称为标准层平面图。每一层的标高，要在标准层上依次注写清楚。还有地下室和屋顶也都要绘制平面图。平面图原则上是从最下面往上依次表示，若有地下室则应从地下室平面算起，逐层往上到屋顶平面，而且每层平面图，都要在比例允许情况下尽可能表示出最多的内容，表示不清楚的部分用详图索引标志。

② 阅读平面图的方法、步骤。以建施02所示的首层平面图为例分述如下：首先要从轴线开始，从标注尺寸看房间的开间和进深，再看墙的厚度或柱子的尺寸，还要看清楚轴线是处于墙厚的中央位置还是偏心位置。再看门、窗的位置和尺寸，在平面图中可以表明门、窗是位在轴线上还是靠墙的内皮或外皮设置的，并可以表明门的开启方向。沿轴线两边如果遇有墙面凹进或凸出、墙垛或壁柱等，均应尽可能记住，因为墙垛体积是并入到墙体工程量。轴线就是控制线，它对整个建筑起控制作用。

③ 平面图四周与内部注有相当多而详尽的尺寸数字，它基本上只能反映占地长与宽两个方向的尺寸，这些尺寸是否都与建筑物在大方面和细部都对得上关系，必须认真、仔细才能查看清楚。平面图反映不了高度方面的情况，可以用标高说明某个平面在什么高度，如各层楼地面等。

④ 建筑平面图上过梁、门、窗都是用代号表示的，它的数量、型号有没有错误，统计是否正确，应与标准门窗图集和构、配件标准图集仔细核对。它们的安放位置和建筑内外装修有关，详细做法，还要阅读建筑详图才能知道。

⑤ 前面提过，多层建筑平面图不止一个，它们上、下轴线关系应是一个，尤其砖混结构，下面的墙厚，上面的墙薄，轴线可能由偏心变成了中心，或相反。这个问题，不但在建筑平面图内要核对准确，而且与结构平面图也都应核对一致。从预算角度看，应先看结构平面图，后看建筑平面图，再看建筑立面图、剖面图和建筑详图。

⑥ 从预算角度讲，一张平面图也要反复阅读多次，才能解决预算过程中需要确定的相关构件尺寸，如平面图有窗台、门、窗、过梁，需配合建筑设计说明中的门窗表对照识读。平面图中的台阶、坡道、花池、雨罩、阳台、散水等标高均不相同，图例符号也不一样，如坡道上的礓磋，必须配合详图才能看清具体尺寸和做法。

⑦ 图例符号中常用的材料符号与构、配件的表达形式都必须按标准图例表现或表示。如砖混结构中砖墙符号，按规定在平面图或剖面图中应画 45°细实线，在小于等于 1：50 的比例中不画 45°细实线，而在底图背面涂红。

⑧ 平面图中的剖切位置与详图索引标志，也是不可忽视的主要问题，它涉及朝向与所要表达的详尽内容。由于剖切符号本身就比较灵活，有全剖、半剖、阶梯剖、旋转剖、局部

看实例快速学预算——建筑工程预算

剖等多种表现形式，阅读者也要按不同情况对照阅读相应部位图纸。

⑨ 图纸上的标题栏内容与文字说明中的每个注意事项都不容忽视，它能说明工程性质，能表示图与实物的比例关系，能帮助我们找到相应图纸编号，能反映设计单位中每个专业的设计负责人等内容。

⑩ 建施 04 是屋顶平面图。内容包括分水线、排水方向和突出屋顶的通风孔、屋顶出人孔具体位置和檐部排水与落水管具体位置。屋顶平面图虽然比较简单，也应与外墙详图和索引屋面细部构造详图对照才能读懂，尤其是有外楼梯、人孔、烟道、通风道、檐口等部位和做法以及屋面材料防水做法。

（4）建筑立面施工图的识读

1）建筑立面施工图识读内容

① 表现建筑物外形上可以看到的全部内容，如散水、台阶、雨水管、遮阳措施、花池、勒脚、门头、门窗、雨罩、阳台、檐口。屋顶上面可以看到的烟囱、水箱间、通风道。还可以看到外楼梯等可看到的其他内容和位置。

② 表明外形高度方向的三道尺寸线，即总高度、分层高度、门窗上下皮、勒脚、檐口等具体高度。而长度方向由于平面图已标注过详细尺寸，这里不再重注，但长度方向首层两端的轴线（如①、⑧）要用数字符号标明。

③ 因立面图重点是反映高度方面的变化，虽然标注了三道尺寸，若想知道某一位置的具体高程，还得推算。为简便起见，从室外地坪到屋顶最高部位，都注标高。它们的单位是 m，小数点后面的位数一般取两位。

④ 表明外墙各部位建筑装修材料做法。设计人员选定外墙做法后，通常在立面图纸上注明外墙做法的简称，其具体材料和做法在建筑设计总说明中阐明，或在建筑设计总说明中给出外墙做法引自的标准图集号。

⑤ 表明局部或外墙大样的索引。通常在立面上装饰构件、墙身线脚的做法，会在立面图上表明大样的索引。也可直接把大样图绘制在立面图纸的空白处。

2）建筑立面图的读图注意事项

① 立面图与平面图有密切关系，各立面图轴线编号均应与平面图严格一致，并应校核门、窗等所有细部构造是否正确无误。

② 各立面图彼此之间在材料做法上有无不符、不协调一致之处，以及检查房屋整体外观、外装修有无不交圈之处。

某会所建施图中，建施 05、06 分别为⑧～①立面图和①～⑧立面图。现以两图为例说明立面图识读内容和方法：

a. 从图名或轴线的编号可知⑧～①立面图为房屋北向立面图，①～⑧立面图为房屋南向立面图。该立面图比例与平面图一致（1∶100），可以方便对照阅读。

b. 看房屋立面的外形、门楼、门窗、檐口、台阶、露台等形状及位置。

c. 看立面图中的标高尺寸。这主要包括室内外地坪、檐口、屋脊、女儿墙、雨篷、门窗、台阶等处的标高。如⑥～⑧轴线间突出屋面楼梯间部分的坡屋面，其屋脊标高为

14.925m；其檐口标高为 10.800m 等。

　　d. 看房屋外墙表面装修的做法、分格线以及详图索引标志等。如会所立面图中±0.000 以上外墙饰面为"淡黄色涂料外墙面"；±0.000 以下外墙饰面为"深灰色面砖外墙面"；墙柱勾线分别用深、浅咖啡色涂料罩面；檐沟用乳白色涂料喷涂；坡屋面和檐板均为"蓝色瓦屋面"。从预算角度在计算外墙装修饰面材料时应按实际图示尺寸计算。

　　（5）建筑剖面施工图的识读

　　1）建筑剖面图的基本内容

　　① 表明建筑物被剖到部位的高度，如各层梁板的具体位置以及和墙、柱的关系，屋顶结构形式等。

　　② 表明在此剖面内垂直方向室内、外各部位构造尺寸，如室内净高、楼层结构、楼面构造及各层厚度尺寸。室外主要标注三道垂直方向尺寸，水平方向标注有轴间尺寸。

　　③ 室内地面、楼面、顶棚、踢脚、墙裙、屋面等内装修尺寸做法，需以详图索引形式注出，如地5、踢2、棚2、内墙3、天沟　楼15 等做法，尤其是那些不能详细表达清楚的地方，通常先画详图索引标志，再说明中注明索引相应的标准图集号，或直接画相应详图。

　　建施 07 图中"1—1 剖面图"即是建筑剖面图。它是对应于建施 02 图"一层平面图"中的剖切位置和朝向画成的。本图的主要内容包括 C～A 两轴线之间会所大堂的进深和大堂楼梯布置；图形本身表现为两层楼上下结构分层及墙上门窗位置，门楼构造，雨篷布置和屋面檐板檐沟构造，以及出屋面楼梯间的屋顶情况。内外标高和各部分分段尺寸标注。

　　2）建筑剖面图的识读方法。现以建施 07 图中"1—1 剖面图"为例

　　① 从图名和轴线编号与平面图上的剖切符号相对照，可知 1—1 剖面图是一个剖切平面通过会所大堂、大堂楼梯、门楼剖切后向右投影所得到的横剖面图。

　　② 看房屋内部的构造、结构形式和所用建筑材料等内容，如各层梁板、楼梯、屋面的结构形式、位置及其与墙（柱）的相互关系等。

　　③ 看房屋各部位竖向尺寸。

　　④ 看楼地面、屋面的构造。

　　在剖面图中表示楼地面、屋面的多层构造时，通常用通过各层引出线，按其构造顺序加文字说明来表示。有时将这一内容放在墙身剖面详图中表示。

　　阅读时要和平面图对照同时看，按照由外部到内部、由上到下，反复查阅，最后在头脑中形成房屋的整体形状，有些部位和详图结合起来一起阅读。

　　3）建筑剖面图的识读注意事项

　　① 剖面图表示的内容多为有特殊设备的房间，如锅炉房、实验室、浴室、厕所、厨房等，里面都有固定设备，需用剖面图表示清楚它们的具体位置、尺寸等；或公用建筑、住宅有错层、跃层、坡屋面时需用剖面图表示清楚它们的具体位置、形状、尺寸等；阅读剖面图要与相应的平面图配合识读。

　　② 剖面图中的尺寸重点表明内外高度尺寸，当然也有横向或纵向尺寸，还有标高，应仔细校核这些具体细部尺寸是否和平面图、立面图中的尺寸完全一致。内外装修做法与材料做法

是否也同平面图与立面图一致。这些校核都要从整体考虑，而不要单纯只是阅读剖面图。

（6）建筑施工详图的识读

1）外墙详图的识读。外墙详图的内容包括有：墙身防潮层做法、窗台、窗过梁及檐口做法、室内地面、楼层地面做法、顶层构造与具体做法、室外墙勒脚及散水的具体做法。同时还要标明室内外各部位标高与分段尺寸及详图索引等。外墙详图配合建筑平面图可以为砌墙、室内外装修、立门窗口、放预制构件、配件等提供具体做法，并为编制工程预算和准备材料提供依据。

建施10图中"节点大样1"即是属于外墙详图，为屋面檐沟檐板剖面大样，给出了其细部尺寸和结构标高，以及檐沟檐板的建筑面层做法。通常在识读外墙详图时应注意以下事项：

① 由于外墙详图比较明确、清楚地表现出每项工程中绝大部分的主体与装修做法，所以，除读懂图面上表达的全部内容外，还应认真、仔细与其他图纸联系阅读，如勒脚下边的基础墙做法要与结构施工图的基础平面图和剖面图联系阅读，楼层与檐口、阳台、雨罩等也应和结构施工图的各层顶板结构平面图和剖面节点详图联系阅读，这样才能加深理解和从中发现图纸相互之间联系和出现的问题。

② 应反复校核图内尺寸与标高是否一致，并应与本专业其他图纸或结构专业图纸反复校核，往往由于设计人员疏忽或经验不足，使得本专业图纸之间或与其他专业图纸之间在尺寸与标高，甚至在做法上产生不统一现象，给预算人员阅读图纸带来很多困难。

③ 除认真阅读详图中被剖切到的部分做法以外，图面中没被剖切到的部分也必须表达清楚的地方，要画可见轮廓线，而且线条粗度与剖面部位轮廓线粗度有差别，阅读时不可忽视，因为一条可见轮廓线可能代表一种材料做法。如相邻两阳台中间的隔墙、晒衣架、铁栏杆、门窗洞口处的墙厚度、门窗套口、落水管、台阶、花池等有时这个外墙剖面详图切不到它，但又在较近位置和有直接关系，因此不能忽视一条可见轮廓线。

2）楼梯详图的识读。楼梯是上下交通设施，要求坚固耐久。当代建筑中多采用现浇或预制的钢筋混凝土楼梯。楼梯组成有楼梯段（又叫梯段或楼梯跑，包括踏步和斜梁，有的层高之间只设一跑楼梯段，光设踏步而没有斜梁，但底板较厚）、休息平台（又名休息板或平台板，由平台板和楼梯梁组成）和栏板（或栏杆）、扶手等。比较复杂的楼梯要分别绘制建筑、结构两种专业图纸。装修比较简单的楼梯，合并画一种楼梯详图。

表现楼梯建筑详图需要画平面图、剖面图和详图。除首层和顶层平面图外，中间无论有多少层，只要各层楼梯做法完全相同，可只绘制一个平面图，称为标准层平面图。剖面图也类似，若中间各层做法完全相同，也可用一标准层剖面代替，但该剖面图上下要加绘制水平折断线。详图包括踏步详图、栏板或栏杆详图和扶手详图等。

① 楼梯平面图。楼梯平面图的剖切位置，一般选在本层地面到休息板之间，或者说是第一梯段中间，水平剖切以后向下作的全部投影，称为本层的楼梯平面图。如果是三层楼房，每层是两跑楼梯中间有一块休息板，楼梯间首层平面图应表示出第一跑楼梯剖切以后剩下的部分梯段；第一梯段下若设置成小贮藏室，还要显示出该跑下面的隔墙、门；还有外门和室内、外台阶等。二层平面图则应表示出第一跑楼梯的上半部，第一块休息板，第二跑楼

梯，二层楼面和第三跑楼梯被剖切以后的下半部。三层平面图应表示出第三跑楼梯的下半部、第二块休息板、第四跑完整。

楼梯和三层楼面。各层平面图，除应注明楼梯间的轴线和编号外，必须注明楼梯段的宽度，上下两段之间的水平距离，休息板和楼层平台板的宽度，楼梯段的水平投影长度，如 $300 \times 9 = 2700$，意思为踏步宽×（楼梯段的踏步数－1）=楼梯段的水平投影长度。另外还应注出楼梯间墙厚、门和窗的具体位置尺寸等。在楼梯平面图中，沿楼梯段的中部，标有"上或下"字的箭头，表示以本层地面和上层楼面为起点上、下楼梯的走向。图中要标明地面、各层楼面和休息板面的标高。在首层楼梯间平面图中，还应标注楼梯剖面图的索引标志。

建施 08、09 图中即是楼梯间平面图。它的基本内容包括一层平面图、顶层平面图、二层平面图（如果为多层建筑且各楼层房间的平面布局相同时，则首层以上，顶层以下的各层，可只用其一层代表，称其为中间层或称做标准层），各层楼梯间墙的轴线及编号，表明楼梯宽度、栏板厚度、休息板宽度和其他细部尺寸及定位尺寸，各层地面及休息板的标高、墙上构造柱和门窗的位置及外围构造，上、下楼梯的方向以及得到 2—2 楼梯间剖面图的剖切位置与投影方向。

② 楼梯剖面图。楼梯剖面图重点表明楼梯间的竖向关系，如各个楼层和各层休息板的标高，楼梯段数和每个楼梯段的踏步数，有关各构件的构造做法，楼梯栏杆（栏板）及扶手的高度与式样，楼梯间门窗洞口的位置和尺寸等。建施 09 图中 2—2 剖面图即是楼梯剖面图。它是按楼梯间一层平面图中 2—2 剖切位置线所示的剖切位置和投影方向而得到的，被直接切到的部位有各层地面、休息板和第一、第三跑楼梯段以及 C、A 轴线位置的墙。这些被剖切到的部位，包括与 C 轴线处的砌体墙、结构梁等，都应分别画出各自的材料符号。图中还分别表明了室内外地面、各楼层地面和休息板上皮以及窗台、门窗过梁下皮的标高，轴间尺寸和竖向尺寸，门窗洞高度和扶手高度尺寸等。至于墙身与构件、构件与构件之间结合的方式与做法，除在剖面图中作一般的表示外，有的还须用详图加以表明。

③ 楼梯踏步、栏杆及扶手详图。楼梯踏步由水平踏步和垂直踢面组成。踏步详图即表明踏步截面形状及大小、材料与面层做法。踏面边沿磨损较大，易滑跌，常在踏步平面靠沿部位设置一条或两条防滑条。栏杆与扶手是为上下行人安全而设，靠梯段和平台悬空一侧设置栏杆或栏板，上面做扶手，扶手形式与大小及所用材料要满足一般手握适度弯曲情况。由于踏步与栏杆、扶手是详图中的详图，所以要用详图索引标志画出详图。

④ 若楼梯间地面标高低于首层地面标高时，应注意楼梯间墙身防潮层具体做法。

⑤ 楼梯详图若分别画有建筑、结构专业图纸时，注意核对好楼梯梁、板交接处的尺寸与标高，是否结构与建筑装修关系互相吻合。若有矛盾，要以结构尺寸为主，再定表面装修建筑尺寸。

3）厨房、厕所、卫生间、壁柜等详图。厨房、厕所、卫生间这些房间面积不大，但室内固定设备较多，如通风道、排气罩、炊具、水池、菜台、灶台、搁板、脸盆、浴盆、厕所隔断、马桶、镜子、上下水及煤气管道等。这些房间的表达形式基本与楼梯间详图同。按所在轴线位置，把房间画成平面放大图，再配以剖面图，必要时用索引标志画出具体单个设备详图或安装位置详图，才能把这些房间的做法表达清楚。读图时注意核对轴线编号，墙的厚度和位置，门窗位置是否与建筑平面图一致，还应核对这些房间的建筑、结构、设备图纸中的预留孔洞位置和大小有无漏掉或产生矛盾之处。

建施 08 图中"厕所及楼梯一层平面大样图"和"厕所及楼梯二层平面大样图"即是厕所平面图详图。其室内平面布置有残疾专用厕所、男厕、女厕、盥洗间，它们的具体位置从所注尺寸可以看出。而厕所隔断、大便器、洗脸台、残疾专用厕所配件等均通过详图索引标志，标识出详图分别引自标准图 98ZJ512，其具体材料、尺寸和安装位置均可从标准图所选节点详图中查得。在读识本图时还应仔细阅读本图的说明，了解设计要求。

2. 结构施工图识读内容

(1) 结构设计总说明识读内容。结构设计说明书中应说明主要设计依据。如地基承载力，当地自然条件，如风、雪荷载，地下水位、冰冻线等，地震区应说明防震烈度及防震措施，如构造柱、圈梁的设计要求等，材料的标号，预制构件统计表及施工要求等。

现以某会所的结构设计总说明（结施 01）为例：

1) 了解本工程概况：通过对结构设计总说明的阅读，了解本工程结构的安全等级、结构的抗震等级、结构的合理使用年限等信息。

本会所结构的安全等级为二级，结构的抗震等级为四级，结构的合理使用年限为 50 年。

2) 知晓本工程所执行的标准规范和工程自然条件等。

本工程所执行的标准规范有 GB 50010—2010《混凝土结构设计规范》，GB 50009—2001《建筑结构荷载规范》（2006 年版），GB 50007—2011《建筑地基基础设计规范》，GB 50003—2011《砌体结构设计规范》等。执行的国家建筑标准设计图集：11G101—1《混凝土结构施工图平面整体表示方法制图规则和构造详图》（修正版）等。

本会所工程自然条件：基本风压为 $0.35kN/m^2$；基本雪压为 $0.50kN/m^2$，地面粗糙度类别为 C 类等。

3) 了解本工程地质情况，地基承载力特征值，地基和基础的设计要求。

本会所工程地基承载力特征值为 200kPa，要求基槽（坑）开挖后，应进行基槽检验。基槽检验可用触探或其他方法，当发现与勘察报告和设计文件不一致，或遇到异常情况时，应结合地质条件提出处理意见。

4) 了解本工程主要材料使用情况。钢筋选用 HPB300（$f_y = 210N/mm^2$）、HRB335（$f_y = 335N/mm^2$）；结构钢材选用 Q300-B，焊条选用 E43XX；混凝土强度等级除注明外各层梁柱板混凝土强度等级均为 C25；砌体采用 MU7.5 加气混凝土砌块，M5.0 混合砂浆砌筑等。该图纸并未绘出砖基础墙，但在结构设计说明中已描述做法，从预算角度应按基础梁部位计算出砖基础墙工程量。

5) 了解本工程设计活荷载标准值取值情况。本会所工程棋牌室、茶室荷载为 $2.0kN/m^2$，楼梯、走廊荷载为 $2.0kN/m^2$，卫生间荷载为 $2.5kN/m^2$，上人屋面荷载为 $2.0kN/m^2$，不上人屋面荷载为 $0.5kN/m^2$。

6) 了解本工程设计钢筋混凝土结构、填充墙结构的构造情况。本会所的结构设计总说明的第 6～14 条，对本工程钢筋混凝土结构、填充墙结构的构造情况进行了详细说明，并给出了节点详图。在阅读结构设计总说明时，应将文字条文对照节点详图来一起识读，才能全面了解设计、构造要求，并能准确计算出工程量。

（2）基础图识读内容和方法

1）基础平面图识读内容和方法。每个工程项目因地质情况和上部结构形式不同，基础选型也不同。基础形式有：条形基础、独立基础、筏板基础、箱形基础、桩基础等。不同的基础形式，基础图的表现形式也不同。

基础平面图中，只反映基础墙、柱以及它们基础底面的轮廓线，基础的细部轮廓线可省略不画。这些细部的形状，将具体反映在基础详图中。基础墙和柱是剖到的轮廓线，应画成粗实线，未被剖到的基础底部用细实线表示。基础内留有孔、洞的位置用虚线表示。由于基础平面图常采用 1：100 的比例绘制，故材料图例的表示方法与建筑平面图相同，即剖到的基础墙可不画砖墙图例（也可在透明描图纸的背面涂成红色）、钢筋混凝土柱涂成黑色。当房屋底层平面中开有较大门洞时，为了防止在地基反力作用下导致门洞处室内地面的开裂，通常在门洞处的条形基础中设置基础梁，并用粗点画线表示基础梁的中心位置。

由于篇幅的原因，各种形式基础的基础设计图纸的表现方式不能一一表述。本节仅以某会所的基础平面布置图"结施 04"为例，说明钢筋混凝土条形基础平面布置图的涵盖内容和识读方法。

① 反映基础的定位轴线及编号，且与建筑平面图要相一致。

从结施 04 轴线布置来看，该会所横向定位轴线 8 根，纵向定位轴线 4 根。与建筑平面图"建施 02"的轴线布置完全相同。

② 定位轴线的尺寸，基础的形状尺寸和定位尺寸。

通常基础平面图下方及左侧应注写两道尺寸

第一道尺寸：表示定位轴线之间的尺寸。本图①～②和②～③轴线间尺寸均为7200mm 等。

第二道尺寸：表示基础平面的总尺寸，既基础平面的总长和总宽，如图中基础平面总长是 40400mm，总宽为 11300mm。

③ 基础墙、柱、垫层的边线以及与轴线间的关系。

结施 04 图中，①轴线条基轴线左侧宽 525mm，右侧宽 675mm；②轴线条基轴线左侧宽900mm，右侧宽 900mm。

④ 基础墙身预留洞的位置及尺寸。

⑤ 基础截面图的剖切位置线及其编号。

结施 04 图中，①轴线条基有"1—1"剖切位置线及其编号；②轴线条基有"3—3"剖切位置线及其编号。

2）基础详图识读内容和方法

① 看图名、比例。基础详图的图名常用 1—1、2—2……断面或用基础代号表示。基础详图比例常用 1：20。根据基础详图的图名编号或剖切位置编号，以此去查阅基础平面图，

两图应对照阅读，明确基础所在的位置。

② 看基础详图中的室内外标高和基底标高，可算出基础的高度和埋置深度。根据此数据可计算土方工程量。

③ 看基础的详细尺寸。

④ 看基础墙、基础、垫层的材料标号，配筋的规格及其布置。

结施 04 图中的"柱下条基详图"和"柱下条基配筋表"即为基础详图，1—1～7—7 断面采用一个详图和一个汇总表来表达，其中柱下条基详图给出了基础断面的尺寸。柱下条基配筋表可查出基础配筋。如 1—1 剖面基础埋深为—1.800m，条基宽为 1200mm，条基主筋为 φ10@100 垫层用 C10 素混凝土，厚 100mm。

（3）结构布置平面图识读内容。建筑工程的结构类型有砖混结构、框架结构、剪力墙结构、框架剪力墙结构、筒体结构、装配式大板建筑以及排架结构等。结构形式不同，其施工图纸也不尽相同。通常框架结构中一般是采用独立柱基或钢筋混凝土条形基础，钢筋混凝土框架承重，钢筋混凝土梁板、楼梯和屋面板，加气混凝土砌块填充墙维护。目前国内对于钢筋混凝土结构的设计通常采用平法表示。识读平法表示的钢筋混凝土框架结构施工图时，首先要熟悉国家建筑标准设计图集：11G101《混凝土结构施工图平面整体表示方法制图规则和构造详图》系列图集。掌握平法的表达方法和构造要求。下面以某会所结施图纸来说明结构布置平面图识读内容。

1）柱结构平面图的识读。柱结构平面图主要表示钢筋混凝土框架柱平面位置，柱与轴线间的偏心关系，柱截面尺寸，柱的起始标高，柱的配筋情况。结施 03 图既是柱结构平面图，下面通过结施 03 图简要说明柱结构平面图的涵盖内容和识读方法。

① 反映框架柱的定位轴线及编号，且与建筑平面图轴线网要一致。从结施 03 轴线布置来看，该会所轴线网横向定位轴线 8 根，纵向定位轴线 4 根。与建筑平面图"建施 02"的轴线布置完全相同。

② 定位轴线的尺寸，框架柱的编号、外形尺寸和定位尺寸。通常柱结构平面图中轴线网的外部尺寸标注方式与基础平面图基本相同，均要求注写二道尺寸。第一道尺寸表示定位轴线之间的尺寸，第二道尺寸表示轴线网平面的总尺寸。如结施 03 轴线网的尺寸标注所示。

柱结构平面图中必须表示每一个框架柱的平面位置和定位尺寸以及柱编号。如图中②号轴线与 C 号轴线相交处的框架柱编号为"KZ8"，其截面尺寸为 400mm×400mm；沿②轴线左偏 200mm，右偏 200mm；沿 C 轴线上偏 275mm，下偏 125mm。

③ 通过柱配筋表，全面提供了所有框架柱的各项信息。结施 03 图中右侧，绘制了柱配筋表，表中全面提供了所有框架柱 KZ1～KZ11 的各项数据为起始标高、截面尺寸、配筋大小、箍筋形式等。如"KZ8"柱从表中可查标高—1.800m～3.870m 时，截面 400mm×400mm，柱角部钢筋 4 ⽾ 28，柱 b 侧中部钢筋 3 ⽾ 25，柱 h 侧中部钢筋 1 ⽾ 16，箍筋类型 I（4×3），箍筋规格 φ 8@100/200；标高 3.870m～7.470m 时，截面 400mm×400mm，柱全部钢筋 8 ⽾ 16，箍筋类型 I（3×3），箍筋规格 φ 8@100/200。

④ 所有框架柱 KZ1～KZ11 的配筋构造要求，应严格遵守标准图集 11G101《混凝土结

构施工图平面整体表示方法制图规则和构造详图》的相关要求。从预算角度,根据钢筋混凝土框架的抗震等级可确定框架柱钢筋的搭接和锚固长度,框架柱的箍筋加密区的尺寸等。

2)板结构平面图的识读。板结构平面图主要表示楼面的模板结构,楼面结构梁的平面位置,梁与轴线间的偏心关系,楼面开孔的尺寸和定位,楼板的配筋情况,板的厚度,楼面预埋件的布置定位和规格。需要补充说明的是,通常板结构平面图中如有部分板的板顶标高,与所标注的楼面结构标高不同时,会在图中特别注明。结施06图是板结构平面图,通过该图简要说明板结构平面图的涵盖内容和识读方法。

① 反映楼面结构的定位轴线及编号,且与建筑平面图轴线网要相一致。

从结施06轴线布置来看,该会所轴线网横向定位轴线8根,纵向定位轴线4根。与建筑平面图"建施02"的轴线网布置完全相同。

② 定位轴线的尺寸,楼面结构模板的外形尺寸,板厚尺寸。

通常板结构平面图中轴线网的外部尺寸标注方式与柱平面图基本相同。均要求注写二道尺寸:第一道尺寸表示定位轴线之间的尺寸;第二道尺寸表示轴线网平面的总尺寸。如结施06轴线网的尺寸标注所示。板结构平面图中必须表示每一个楼面梁的平面位置和定位尺寸。特别应注意楼面梁与定位轴线之间关系,有无偏心要求。楼面开孔的尺寸和定位,楼面预埋件的布置规格和定位尺寸以及楼板的厚度。如结施06图对于板厚专门进行了注明板厚为100mm。

③ 详细表示楼板的配筋情况。结施06图中对二层楼板配筋进行了全面表示,并对外形尺寸相同、板厚相同、配筋相同的楼板进行了编号和归并。归并后,共有9种板型。例如:A~B轴线与1~1/1轴线所围区域楼板编号为9号楼板。其纵向板底配筋φ8@130;横向板底配筋φ8@180;1轴线板顶负筋φ12@150,伸入板中1090mm;1/1轴线板顶负筋φ12@150,两端分别伸入板中1000mm;A轴线板顶负筋φ8@100,伸入板中1090mm;B轴线板顶负筋φ8@100,两端分别伸入板中1000mm。

④ 钢筋混凝土楼板的配筋构造要求,应严格遵守标准图集11G101《混凝土结构施工图平面整体表示方法制图规则和构造详图》的相关要求。如板钢筋的搭接要求和锚固要求,分布筋规格和间距等。特别注意,在图示中分布筋是不绘制出来,但在结构设计说明中给予描述分布钢筋型号和间距,在计算钢筋长度时勿漏算分布钢筋工程量。

3)梁结构平面图的识读。梁结构平面图主要表示楼面结构的钢筋混凝土框架梁,楼面钢筋混凝土主、次梁的平面位置,梁与轴线间的偏心关系,梁截面尺寸,梁的配筋情况。需要补充说明的是,通常梁结构平面图中所表示的结构梁顶标高,均同楼面结构标高。如有部分结构梁标高与楼层结构标高不同,会在图中特别注明。结施05图是梁结构平面图,下面通过结施05图简要说明梁结构平面图的涵盖内容和识读方法。

① 反映梁结构平面的定位轴线及编号,且与建筑平面图轴线网要相一致。

从结施05轴线布置来看,该会所轴线网横向定位轴线8根,纵向定位轴线4根。与建筑平面图"建施02"的轴线布置完全相同。

② 定位轴线的尺寸。通常梁结构平面图中轴线网的外部尺寸标注方式与板平面图基本

相同。均要求注写二道尺寸：第一道尺寸表示定位轴线之间的尺寸；第二道尺寸表示轴线网平面的总尺寸。如结施 03 轴线网的尺寸标注所示。

③ 全面详细表述钢筋混凝土框架梁、楼面钢筋混凝土主、次梁的截面和配筋等各项信息。

结施 05 即为梁结构平面图。按照标准图集 11G101《混凝土结构施工图平面整体表示方法制图规则和构造详图》的平法表示相关要求，对二层楼面的结构梁逐一进行了标注。如图中 2 轴线上的框架梁 KL2（1）：截面 250mm×650mm，箍筋 Φ 10@100（2），上部贯通钢筋 2 Φ 25，下部纵向钢筋 4 Φ 25＋3 Φ 22 3/4，梁侧构造腰筋 N4 Φ 12，A 轴线梁顶负筋 4 Φ 25，C 轴线梁顶负筋 2 Φ 25＋4 Φ 22 4/2。其他框架梁和楼板主、次梁的截面和配筋等各项信息，均可从本图中一一可查。

④ 所有框架梁和楼板主、次梁的配筋构造要求，应严格遵守标准图集 11G101《混凝土结构施工图平面整体表示方法制图规则和构造详图》的相关要求。如根据钢筋混凝土框架的抗震等级确定：框架梁钢筋的搭接要求和锚固要求，框架梁的箍筋加密区的范围，梁上部负筋伸入梁中截断的位置等。

4）结构构件详图的识读。结构构件详图目的在完善结构施工图，把应该表述的详细结构，用剖面图、立面图、节点图等表达清楚。

① 建筑装饰小构件通常用结构构件详图表现。如外立面的装饰线脚做法、屋顶檐口处节点细部做法、雨篷或遮阳板、阳台板及阳台栏杆或栏板、空调隔板、屋顶装饰构架等构件。

结构构件详图要表现的内容有：注明构件与定位轴线之间的关系尺寸，构件的外形尺寸和细部尺寸，构件选用的材料，如果是钢筋混凝土构件应注明配筋等。

结施 05 图中的"雨篷配筋"图，既表现了门楼雨篷处装饰线脚的结构做法，又给出了雨篷和定位 C 轴线之间的关系尺寸，雨篷处装饰线脚的细部尺寸，以及所配钢筋。

结施 06 图中的"斜面女儿墙配筋"图，既表现了屋面檐沟、檐板剖面的结构做法，又给出了檐沟、檐板与屋面梁板之间的关系尺寸，檐沟、檐板剖面的细部尺寸以及所配钢筋。

② 楼梯构件详图的内容和读识。当代建筑中多采用现浇钢筋混凝土板式楼梯或梁式楼梯。梯组成有楼梯段、梯梁、休息平台、梯柱和栏板（或栏杆）等。楼梯构件详图需要给出楼梯各部件的定位尺寸和各部件的细部尺寸，以及楼梯各部件的配筋。

结施 08 图即楼梯构件详图。"楼梯一层平面图"和"楼梯顶层平面图"为楼梯平面详图，图中给出了梯板、梯梁、休息平台、梯柱的定位尺寸和细部尺寸，休息平台平台的配筋和标高。如："楼梯一层平面图"中梯板 TB1 外形尺寸宽为 1500mm，长为 300mm×12＝3600mm（级 12 级宽 300 踏步）。A 轴线一侧休息平台标高为 1.920m。A—A 剖切位置线给出了楼梯剖面的剖切位置和投影方向。

结施 08 图同时给出了楼梯、梯板、梯梁和梯柱剖面详图。楼梯剖面详图"A—A 剖面图"全面地表现了梯板、梯梁、休息平台、梯柱等构件的竖向关系，标注了构件间的关联尺寸和标高。

梯板剖面详图"TB1"、"TB2"给出了梯板的细部尺寸、两端标高和所配钢筋,如"TB1"的踏步高150mm,宽300mm,共12级。梯板厚100mm。梯板下部配筋φ12@100等。

梯梁和梯柱剖面详图"TL"、"TZ"给出了它们的截面尺寸、标高和所配钢筋。如"TL"的截面200mm×350mm,上部钢筋2Φ12,下部钢筋3Φ16,箍筋φ6@200;"TZ"的截面250mm×250mm,纵向钢筋4Φ14,箍筋φ6@100/200。

二、根据定额计算规则计算工程量

1. 使用定额计算工程量前需要了解的基础知识

工程量是指用自然的、物理的计量单位来表示的分项工程或结构构件的数量。物理的计量单位有米(m)、平方米(m²)和立方米(m³),自然的计量单位有个、套、台等。也就是说,定额计算规则中含有很多知识点,定额根据这些知识点划分工程项目,规定分项工程或结构构件的计算方法,一般以长度、面积或体积计算,有些无法用物理计量单位计量的分项工程或结构构件比如弯头(按个计算)等,就以自然的计量单位计量。因此在计算工程量前应对相关知识做详细了解,结合前面所学的构造知识、识图知识,再结合本地区定额工程量计算规则便可以正确快速计算工程量。

(1)建筑面积相关计量知识。

1)术语

① 层高(story height):上下两层楼面或楼面与地面之间的垂直距离。

② 自然层(floor):按楼板、地板结构分层的楼层。

③ 架空层(empty space):建筑物深基础或坡地建筑吊脚架空部位不同填土石方形成的建筑空间。

④ 走廊(corridor gallery):建筑物的水平交通空间。

⑤ 挑廊(overhanging corridor):挑出建筑物外墙的水平交通空间。

⑥ 檐廊(eaves gallery):设置在建筑物底层出檐下的水平交通空间。

⑦ 回廊(cloister):在建筑物门厅、大厅内设置在二层或二层以上的回形走廊。

⑧ 门斗(foyer):在建筑物出入口设置的起分隔、挡风、御寒等作用的建筑过渡空间。

⑨ 建筑物通道(passage):为道路穿过建筑物而设置的建筑空间。

⑩ 架空走廊(bridge way):建筑物与建筑物之间,在二层或二层以上专门为水平交通设置的走廊。

⑪ 勒脚(plinth):建筑物的外墙与室外地面或散水接触部位墙体的加厚部分。

⑫ 围护结构(envelop enclosure):围合建筑空间四周的墙体、门、窗等。

⑬ 围护性幕墙(enclosing curtain wall):直接作为外墙,起围护作用的幕墙。

⑭ 装饰性幕墙(decorative faced curtain wall):设置在建筑物墙体外起装饰作用的幕墙。

⑮ 落地橱窗(french window):突出外墙面根基落地的橱窗。

⑯ 阳台(balcony):供使用者进行活动和晾晒衣物的建筑空间。

⑰ 眺望间（view room）：设置在建筑物顶层或挑出房间的供人们远眺或观察周围情况的建筑空间。

⑱ 雨篷（canopy）：设置在建筑物进出口上部的遮雨、遮阳篷。

⑲ 地下室（basement）：房间地平面低于室外地平面的高度超过该房间净高的1/2者为地下室。

⑳ 半地下室（semi basement）：房间地平面低于室外地平面的高度超过该房间净高的1/3，且不超过1/2者为半地下室。

㉑ 变形缝（deformation joint）：伸缩缝（温度缝）、沉降缝和抗震缝的总称。

㉒ 永久性顶盖（permanent cap）：经规划批准设计的永久使用的顶盖。

㉓ 飘窗（bay window）：为房间采光和美化造型而设置的突出外墙的窗。

㉔ 骑楼（overhang）：楼层部分跨在人行道上的临街楼房。

㉕ 过街楼（arcade）：有道路穿过建筑空间的楼房。

2）需要计算的工程量。建筑面积需要计算的工程量有以下内容：

① 外墙外边线勒脚以上建筑面积。

② 阳台建筑面积。

③ 雨篷建筑面积。

④ 室外楼梯、台阶建筑面积。

⑤ 其他建筑面积。

3）建筑面积的计算规定

① 可计算面积的范围

a. 单层建筑物的建筑面积，应按其外墙勒脚以上结构外围水平面积计算，并应符合下列规定：

（a）单层建筑物高度在2.20m及以上者应计算全面积；高度不足2.20m者应计算1/2面积。

（b）利用坡屋顶内空间时净高超过2.10m的部位应计算全面积，净高在1.20m～2.10m的部位应计算1/2面积，净高不足1.20m的部位不计算面积，如图2-22所示。

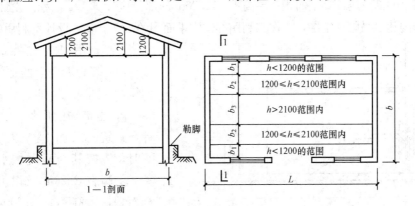

图2-22 利用坡屋顶内空间时建筑面积计算示意图

b. 单层建筑物内设有局部楼层者，局部楼层的二层及以上楼层，有围护结构的应按其围护结构外围水平面积计算，无围护结构的应按其结构底板水平面积计算。层高在2.20m及以上者应计算全面积，层高不足2.20m者应计算1/2面积，如图2-23所示。

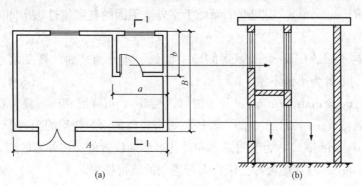

图2-23 单层建筑物内设有局部楼层示意图
(a) 平面图；(b) 剖面图

c. 多层建筑物首层应按其外墙勒脚以上结构外围水平面积计算；二层及以上楼层应按其外墙结构外围水平面积计算。层高在2.20m及以上者应计算全面积；层高不足2.20m者应计算1/2面积。

d. 多层建筑坡屋顶内和场馆看台下，当设计加以利用时净高超过2.10m的部位应计算全面积；净高在1.20～2.10m的部位应计算1/2面积；当设计不利用或室内净高不足1.20m时不应计算面积。

注意：坡屋顶内空间建筑面积计算方法与单层相同。

e. 地下室、半地下室（车间、商店、车站、车库、仓库等），包括相应的有永久性顶盖的出入口，应按其外墙上口（不包括采光井、外墙防潮层及其保护墙）外边线所围水平面积计算。层高在2.20m及以上者应计算全面积，层高不足2.20m者应计算1/2面积，如图2-24所示。

f. 坡地的建筑物吊脚架空层、深基础架空层，设计加以利用并有围护结构的，层高在2.20m及以上的部位应计算全面积；层高不足2.20m的部位应计算1/2面积。设计加以利用、无围护结构的建筑吊脚架空层，应按其利用部位水平面积的1/2计算；设计不利用的深基础架空层、坡地吊脚架空层、多层建筑坡屋顶内、场馆看台下的空间不应计算面积，如图2-25和图2-26所示。

g. 建筑物的门厅、大厅按一层计算建筑面积。门厅、大厅内设有回廊时，应按其结构底板水平面积计算。层高在2.20m及以上者应计算全面积，层高不足2.20m者应计算1/2面积，如图2-27所示。

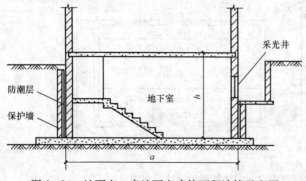

图2-24 地下室、半地下室建筑面积计算示意图

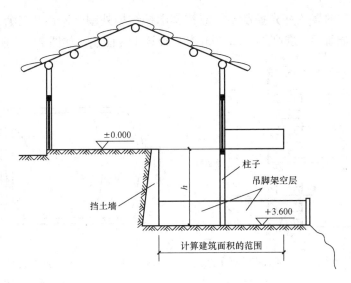

图 2-25 坡地的建筑物吊脚架空层

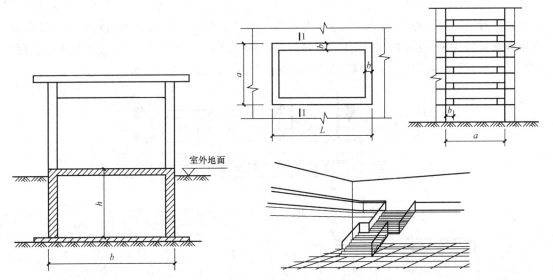

图 2-26 建筑物深基础架空层　　　图 2-27 建筑物门厅、大厅建筑面积计算示意图
建筑面积计算示意图

h. 建筑物间有围护结构的架空走廊，应按其围护结构外围水平面积计算。层高在 2.20m 及以上者应计算全面积；层高不足 2.20m 者应计算 1/2 面积。有永久性顶盖无围护结构的应按其结构底板水平面积的 1/2 计算，如图 2-28 所示。

i. 立体书库、立体仓库、立体车库，无结构层的应按一层计算，有结构层的应按其结构层面积分别计算。层高在 2.20m 及以上者应计算全面积，层高不足 2.20m 者应计算 1/2 面积，如图 2-29 所示。

图 2-28 建筑物架空走廊建筑
面积计算示意图

j. 有围护结构的舞台灯光控制室，应按其围护结构外围水平面积计算。层高在 2.20m 及以上者应计算全面积，层高不足 2.20m 者应计算 1/2 面积，如图 2-30 所示。

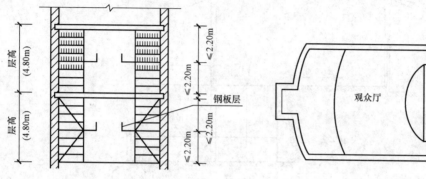 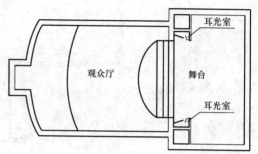

图 2-29 建筑物立体书库建筑面积计算示意图　　图 2-30 有围护结构的舞台灯光控制室建筑面积计算示意图

k. 建筑物外有围护结构的落地橱窗、门斗、挑廊、走廊、檐廊，应按其围护结构外围水平面积计算。层高在 2.20m 及以上者应计算全面积；层高不足 2.20m 者应计算 1/2 面积。有永久性顶盖无围护结构的应按其结构底板水平面积的 1/2 计算。门斗建筑面积计算示意图如图 2-31 所示，挑廊、走廊、檐廊建筑面积计算示意图如图 2-32 所示。

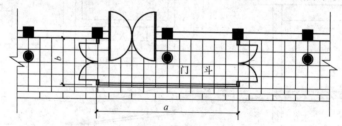

图 2-31 门斗建筑面积计算示意图

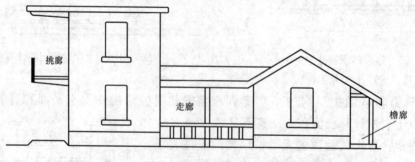

图 2-32 挑廊、走廊、檐廊建筑面积计算示意图

l. 有永久性顶盖无围护结构的场馆看台应按其顶盖水平投影面积的 1/2 计算，如图 2-33 所示。

m. 建筑物顶部有围护结构的楼梯间、水箱间、电梯机房等，层高在 2.20m 及以上者应

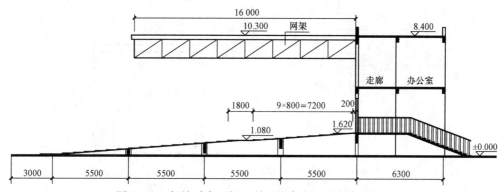

图 2-33　场馆看台下加以利用的建筑面积计算示意图

计算全面积，层高不足 2.20m 者应计算 1/2 面积，如图 2-34 所示。

　　n. 设有围护结构不垂直于水平面而超出底板外沿的建筑物，应按其底板面的外围水平面积计算。层高在 2.20m 及以上者应计算全面积，层高不足 2.20m 者应计算 1/2 面积，如图 2-35 所示。

　　若遇有向建筑物内倾斜的墙体，如图 2-36 所示，应视为坡屋顶，应按坡屋顶有关条文计算建筑面积。

　　o. 建筑物内的室内楼梯间、电梯井、观光电梯井、提物井、管道井、通风排气竖井、垃圾道、附墙烟囱应按建筑物的自然层计算，如图 2-37 所示。

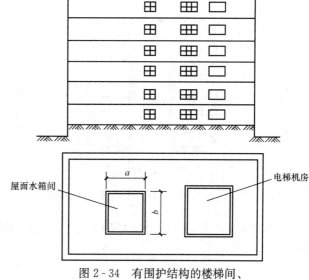

图 2-34　有围护结构的楼梯间、水箱间、电梯机房建筑面积计算示意图

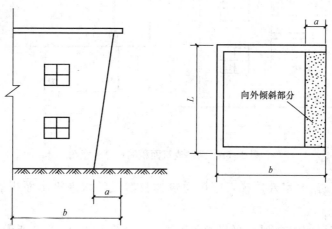

图 2-35　设有围护结构不垂直于水平面的超出底板外沿建筑物建筑面积计算示意图

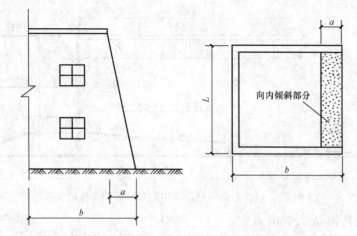

图 2-36　设有围护结构不垂直于水平面向内倾斜的建筑物建筑面积计算示意图

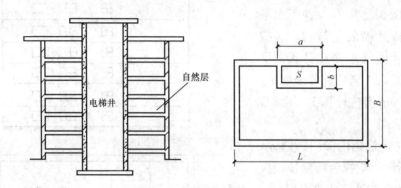

图 2-37　建筑物内的电梯井等建筑面积的计算示意图

p. 雨篷结构的外边线至外墙结构外边线的宽度超过 2.10m 者，应按雨篷结构板的水平投影面积的 1/2 计算，如图 2-38 所示。

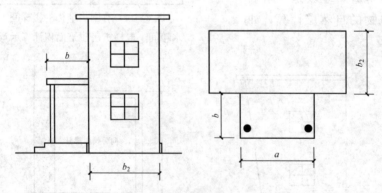

图 2-38　雨篷建筑面积的计算示意图

q. 有永久性顶盖的室外楼梯，应按建筑物自然层的水平投影面积的 1/2 计算，如图 2-39 所示。

r. 建筑物的阳台均应按其水平投影面积的 1/2 计算，如图 2-40 所示。

看实例快速学预算——建筑工程预算

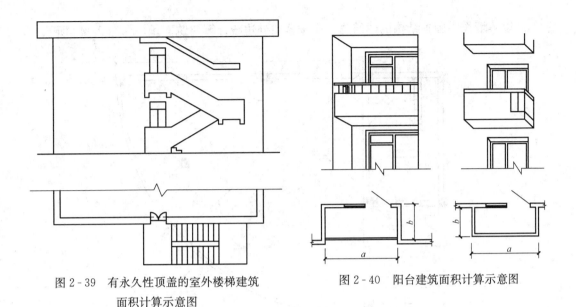

图 2-39　有永久性顶盖的室外楼梯建筑
面积计算示意图

图 2-40　阳台建筑面积计算示意图

s. 有永久性顶盖无围护结构的车棚、货棚、站台、加油站、收费站等，应按其顶盖水平投影面积的 1/2 计算，如图 2-41 所示。

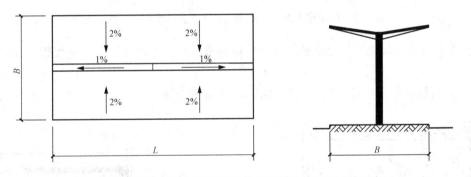

图 2-41　有永久性顶盖无围护结构的车棚建筑面积计算示意图

t. 高低联跨的建筑物，应以高跨结构外边线为界分别计算建筑面积，其高低跨内部连通时，其变形缝应计算在低跨面积内，如图 2-42 所示。

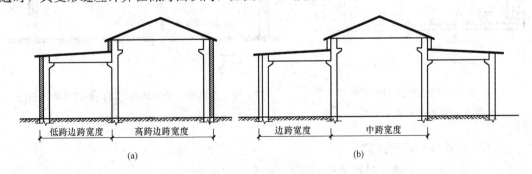

图 2-42　高低联跨的建筑物的建筑面积的计算示意图
（a）高跨为边跨时；（b）高跨为中跨时

u. 以幕墙作为围护结构的建筑物，应按幕墙外边线计算建筑面积，如图2-43所示。

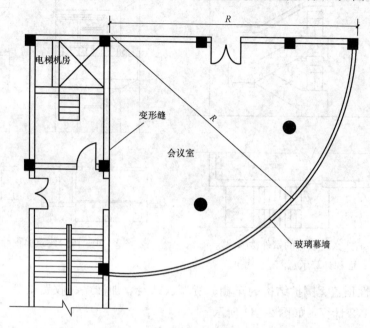

图2-43　幕墙作为围护结构的建筑物的建筑面积的计算示意图

v. 建筑物外墙外侧有保温隔热层的，应按保温隔热层外边线计算建筑面积，如图2-44所示。

w. 建筑物内的变形缝，应按其自然层合并在建筑物面积内计算，如图2-45所示。

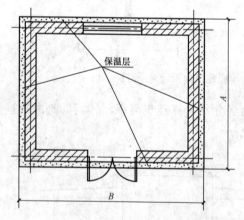

图2-44　外墙外侧有保温隔热层的建筑物
　　　的建筑面积的计算示意图

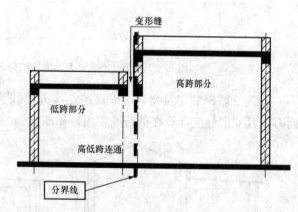

图2-45　建筑物内变形缝的建筑面积的计算示意图

② 不计算建筑面积的范围

a. 建筑物通道（骑楼、过街楼的底层），如图2-46所示。

b. 建筑物内的设备管道夹层，如图2-47所示。

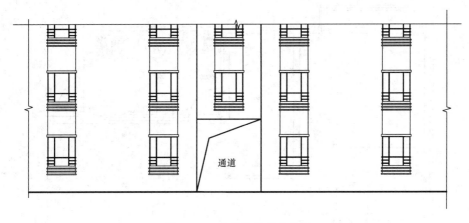

图 2-46　建筑物通道示意图

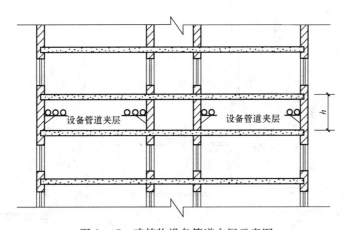

图 2-47　建筑物设备管道夹层示意图

c. 建筑物内分隔的单层房间，舞台及后台悬挂幕布、布景的天桥、挑台等，如图 2-48 所示。

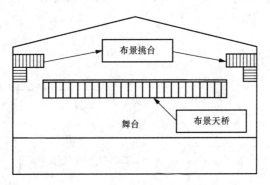

图 2-48　建筑物舞台及后台悬挂幕布、布景的天桥示意图

d. 屋顶水箱、花架、凉棚、露台、露天游泳池，如图 2-49 所示。

e. 建筑物内的操作平台、上料平台、安装箱和罐体的平台，如图 2-50 所示。

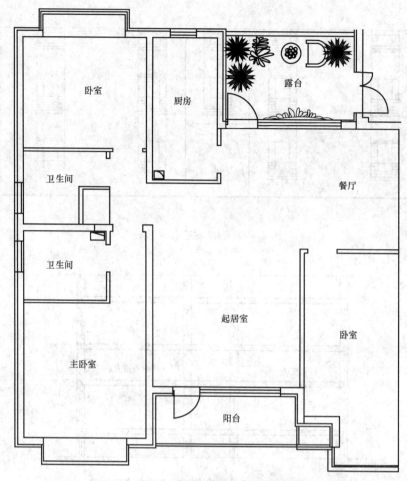

图 2-49 屋顶露台示意图

f. 勒脚、附墙柱、垛、台阶、墙面抹灰、装饰面、镶贴块料面层、装饰性幕墙、空调室外机搁板（箱）、飘窗、构件、配件、宽度在 2.10m 及以内的雨篷以及与建筑物内不相连通的装饰性阳台、挑廊，如图 2-51 所示。

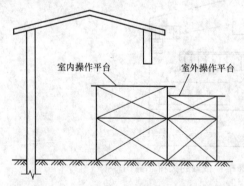

图 2-50 建筑物内的操作平台、上料平台、
安装箱和罐体的平台示意图

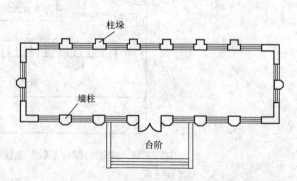

图 2-51 突出墙面的构配件示意图

g. 无永久性顶盖的架空走廊、室外楼梯和用于检修、消防等的室外钢楼梯、爬梯，如图 2-52 所示。

h. 自动扶梯、自动人行道。

i. 独立烟囱、烟道、地沟、油（水）罐、气柜、水塔、贮油（水）池、贮仓、栈桥、地下人防通道、地铁隧道。

【**例 2-1**】 某民用住宅如图所示，雨篷水平投影面积为 3300mm×1500mm，层高 3m，如图 2-53 所示。计算其建筑面积。

解 建筑面积 = [（3.00 + 4.50 + 3.00）×6.00 + 4.50×（1.20 + 0.60）+ 0.80 ×0.80]×2 + 3.30×1.50÷2 + 3.00×1.20× 1.5 = 151.36m²

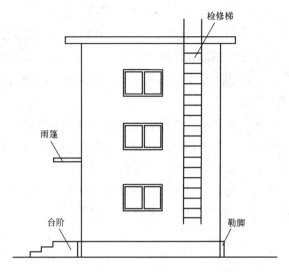

图 2-52 用于检修、消防等的室外钢楼梯、爬梯

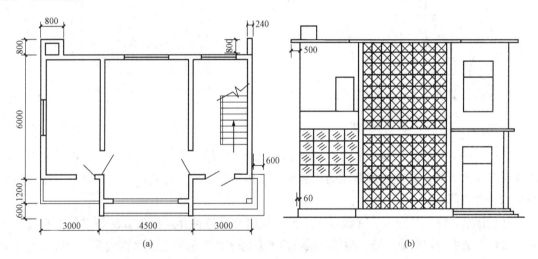

图 2-53 民用住宅建施图

（a）平面图；（b）立面图

（2）土石方工程计量

1）与土石方工程计量相关的知识

① 土壤、岩石类别的划分：按照土壤岩石的容重、坚固系数、开挖的难易程度进行划分土壤类别划分为四类，普通土为一、二类土，坚土为三类土，砂砾坚土为四类土。

岩石类别为：松石、次坚石、普坚石、特坚石。

② 土方工程施工工艺过程包括：场地平整、土方开挖、回填土、运土。

③ 地下水位标高：地下水位以下的土壤称为干土；以上的土壤称为湿土。

④ 场地平整：指在土方开挖前，对施工场地高低不平的部位进行平整工作。工作内容包括 30cm 以内的就地挖土、填土、找平。

⑤ 挖土方、沟槽、基坑的界定

a. 挖土方：槽宽大于 3m；或坑底面积 S 大于 $20m^2$；或挖土厚度在 30cm 以外的挖土。

b. 挖沟槽：指槽底宽度小于等于 3m，槽长大于 3 倍槽宽的挖土。

c. 挖基坑：指凡是图示基坑底面积小于等于 $20m^2$，且坑底的长小于等于 3 倍坑底宽的挖土工程。

在开挖基坑、基槽、土方时，如果基坑较深、地质条件不好，要采取加固措施，以确保安全施工，常采用放坡、支护来保持土壁稳定；在地下水位以下挖土，应采取降水措施。

（a）放坡，如图 2-54 所示。

（b）支护。浅基础开挖采用挡土板（图 2-55）支撑，用于深基坑的支护结构有：板桩、灌注桩、深层搅拌桩、地下连续墙等。

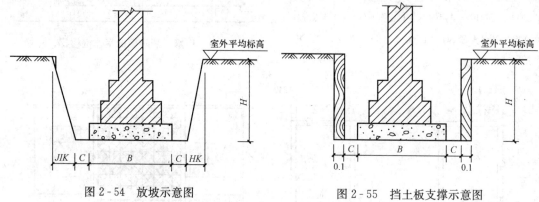

图 2-54 放坡示意图　　　　　图 2-55 挡土板支撑示意图

（c）在基坑开挖时，地下水会不断地渗入坑内，为保证施工正常进行，防止边坡塌方和地基承载能力下降，必须做好基坑的排水降水工作。排水方法为井点排水，降水方法分集水井降水和井点降水。

井点排水、降水是指人工降低地下水位，常用的为各种井点排水方法，它是在基坑开挖前，沿开挖基坑的四周或一侧、两侧埋设一定数量深于坑底的井点滤水管或管井，以总管连接或直接与抽水设备连接从中抽水，使地下水位降落到基坑底 0.5～1.0m 以下，以便在无水干燥的条件下开挖土方和进行基础施工。井点降水区别轻型井点、喷射井点、大口径井点、电渗井点、水平井点，按不同井管深度的井管安装、拆除。井点套组成是指轻型井点 50 根为一套；喷射井点 30 根为一套；大口径井点 45 根为一套；电渗井点阳极 10 根为一套。

集水井降水（抽水机降水）是指在基坑开挖时，在坑底设置集水井，并沿坑底的周围或中央开挖排水沟，使水由排水沟流入集水井内，然后用水泵抽出坑外。

⑥ 挖（填）起止标高、施工方法及运距：挖土深度以设计室外地坪标高为计算起点，施工方法是指人工挖土方或机械挖土方。

⑦ 开挖机械。建筑场地和基坑开挖过程中当面积和土方量较大时，一般采用机械开挖方式。常用的机械有推土机、铲运机、正铲挖土机、反铲挖土机、拉铲挖土机和抓铲挖土机。

a. 推土机：多用于场地清理和平整、开挖深度 0.5m 内的基坑，填平沟坑，以及配合铲

看实例快速学预算——建筑工程预算

运机、挖土机工作等。

b. 铲运机：常用于大面积场地平整，开挖大型基坑，填筑堤坝和路基等，最适宜于开挖含水量不超过 27% 的松土和普通土。

c. 正铲挖土机施工特点：向前向上，强制切土，适用于开挖停机面以上的一至四类土和经爆破的岩石、冻土，如图 2-56 所示。

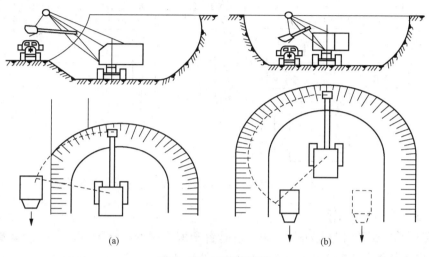

图 2-56　正铲挖掘机

d. 反铲挖土机施工特点：后退向下，强制切土；能开挖停机面以下一至三类土，适用于开挖深度不大的基坑、基槽或管沟等及含水量大或地下水位较高的土方，如图 2-57 所示。

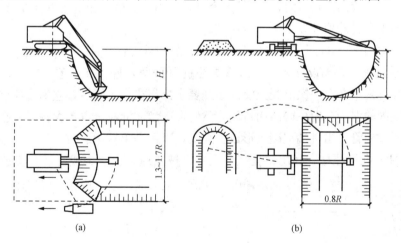

图 2-57　反铲挖掘机

e. 拉铲挖土机施工特点：后退向下，自重切土，能开挖停机面以下一至二类土，适用于开挖较深较大的基坑、基槽、沟渠，挖取水中泥土及填筑路基、修筑堤坝等。

f. 抓铲挖土机施工特点：直上直下，自重切土，适用于开挖停机面以下一至二类土，如挖窄而深的基坑、疏通旧有渠道以及挖取水中淤泥等。

⑧ 填土。土方回填是将符合要求的土填充到需要的部位，填土时从最低处开始，由下

向上整个宽度分层铺填、碾压或压实。

2）土石方工程量计算内容和主要方法：如图 2-58 所示。

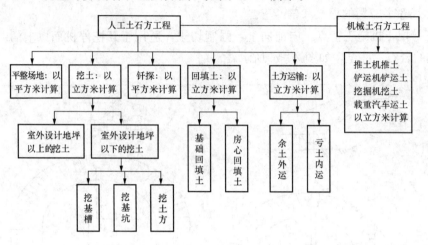

图 2-58　土石方工程量计算内容及方法示意图

（3）桩与地基基础工程

1）与桩基础工程计量有关的知识。桩是置于岩土中的柱型构件，一般房屋基础中，桩基的主要作用是将承受的上部竖向荷载，通过较弱地层传至深部较坚硬的、压缩性小的土层或岩层。按施工工艺分为预制混凝土桩和灌注混凝土桩。

① 预制混凝土桩。按断面形式分为预制混凝土方桩和预应力混凝土管桩。预制桩的施工包括制桩（或购成品桩）、运桩、沉桩三个过程。当单节桩不能满足设计要求时，应接桩；当桩顶标高要求在自然地坪以下时，应送桩。

② 灌注混凝土桩。按照成孔方法划分为沉管灌注桩、钻（冲）孔灌注桩和人工挖孔桩。

a. 沉管灌注桩。根据设计要求，沉管灌注桩可采用复打、夯扩等方法，以增加单桩的承载能力。复打是指在第一次混凝土灌注达到要求标高拔出桩管后，立即在原桩位作第二次沉管，使未凝固的混凝土向桩管四周挤压，然后再次灌注混凝土以扩大桩径。夯扩是指采用双管施工，通过内管夯击桩端混凝土形成扩大头，以提高单桩承载力。

b. 钻（冲）孔灌注桩。利用钻孔（冲孔）机械在地基土层中成孔后，安放钢筋笼，灌注混凝土形成桩基，成孔一般采用泥浆护壁。

c. 人工挖孔桩。采用人工挖成桩孔，安放钢筋笼，灌注混凝土形成混凝土桩基，如图 2-59 所示。

2）桩基础工程量计算内容和主要方法：如图 2-60 所示。

另外，桩基础需要计算的工程量还有模板，现浇构件按接触面积计算，预制构件计算方法同预制构件混凝土工程量，都属于措施项目。

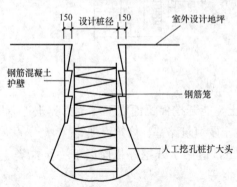

图 2-59　人工挖孔桩计算内容及方法示意图

看实例快速学预算——建筑工程预算

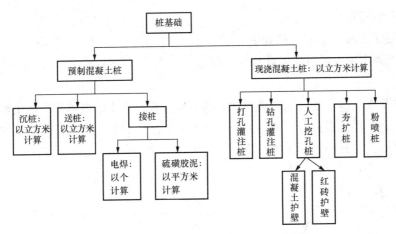

图 2-60　桩基础计算内容及方法示意图

（4）砌筑工程

1）与砌筑工程计量有关的知识

①墙柱砌筑。内外墙砌筑根据不同的砖的材质、墙体的厚度、砌体的构造等划分定额分项，如围墙、空花墙、砖砌炉灶、多孔砖墙等。

②砌筑墙柱基。当墙基承受荷载较大、砌筑高度达到一定范围时，在其底部作成阶梯形状，俗称"大放脚"，分为等高式和间隔式两种。等高式为二皮一收三层大放脚，间隔式为二皮一收与一皮一收间隔四层做法。二皮砖高度为 126mm，如为标准砖基础，每层大放脚收进尺寸为 62.5mm，如图 1-25 所示。

③附墙砖垛。当墙体承受集中荷载时，墙砌体会在一侧凸出，以增加支座承压面积，如图 1-59 所示。

④砌体出檐及附墙烟道等。因构造要求，在墙身做砖挑檐，起装饰、滴水等作用；因排烟、排气需要设置的附墙烟道、通风道随墙体同时砌筑。

⑤砖砌台阶。使用标准砖砌筑的台阶。

⑥零星构件砌筑。砖砌台阶挡墙、梯带、蹲台、池槽腿、花台、花池、隔热板带砖墩、地板墩等在预算中都按零星项目套用定额。

⑦其他砌筑工程项目。砖地沟、砖碴、钢筋砖过梁、小便池槽、池槽等。

2）砌筑工程计算内容和主要方法：如图 2-61 所示。

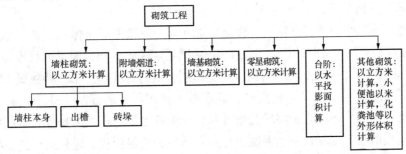

图 2-61　砌筑工程计算内容及方法示意图

（5）混凝土工程

1）与混凝土工程计量有关的知识

① 现浇混凝土工程项目需要计算的工程量

a. 基础

（a）满堂基础。满堂基础垫层需要计算的工程量有：素土垫层体积、灰土垫层体积、混凝土垫层体积、垫层模板接触面积，如图 2-62 所示，其中素土垫层和灰土垫层不属于混凝土工程，在楼地面工程中套用定额，模板属于措施项目。

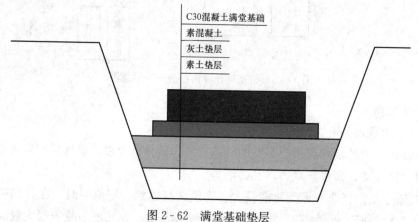

C30混凝土满堂基础
素混凝土
灰土垫层
素土垫层

图 2-62 满堂基础垫层

满堂基础需要计算的工程量有：满堂基础体积、满堂基础模板接触面积、满堂基础梁体积、满堂基础梁模板接触面积。

（b）条形基础。条形基础垫层需要计算的工程量有：素土垫层体积、灰土垫层体积、混凝土垫层体积、垫层模板接触面积。其中素土垫层和灰土垫层不属于混凝土工程，在楼地面工程中套用定额，模板属于措施项目。

条形基础需要计算的工程量有：条形基础体积、条形基础模板接触面积。

（c）独立基础。独立基础垫层需要计算的工程量有：独立基础垫层体积、垫层模板接触面积。模板属于措施项目。

独立基础需要计算的工程量有：独立基础体积、独立基础模板接触面积。

b. 柱。矩（异）形柱需要计算的工程量有矩（异）形柱混凝土体积、矩（异）形柱模板接触面积、柱模板超高增加量计算。构造柱混凝土体积、构造柱模板接触面积（两面支模）及模板属于措施项目。

c. 梁。矩（异）形梁需要计算的工程量有矩（异）形梁混凝土体积、矩（异）形梁模板接触面积、梁模板超高增加量计算，见图 1-77；圈梁混凝土体积、圈梁模板接触面积；过梁混凝土体积及其模板，注意圈梁代替过梁时，圈梁的体积应扣除过梁体积。模板属于措施项目。

d. 板。有梁板需要计算的工程量有板的混凝土体积与梁的混凝土体积之和、板模板与梁模板接触面积之和、板模板超高增加量计算；无梁板需要计算的工程量有板和柱帽的混凝土体积及其模板的接触面积；平板混凝土体积及其模板接触面积。模板属于措施项目。

e. 墙。混凝土墙需要计算的工程量有墙的混凝土体积及其模板的接触面积；电梯井壁的混凝土体积及其模板的接触面积。模板属于措施项目。

f. 其他

（a）整体楼梯。整体楼梯需要计算的工程量有楼梯的水平投影面积及其模板接触面积，模板属于措施项目。

（b）雨篷。雨篷需要计算的工程量有雨篷的水平投影面积及其模板接触面积，模板属于措施项目。

（c）阳台。阳台需要计算的工程量有阳台的水平投影面积及其模板接触面积，模板属于措施项目。

（d）遮阳板。遮阳板需要计算的工程量有遮阳板的水平投影面积及其模板接触面积，模板属于措施项目。

（e）台阶。台阶需要计算的工程量有台阶的水平投影面积及其模板接触面积，模板属于措施项目。

（f）栏板、扶手。栏板、扶手需要计算的工程量有栏板、扶手的长度及其模板接触面积，模板属于措施项目。

（g）挑檐天沟。挑檐天沟需要计算的工程量有挑檐天沟的体积及其模板接触面积，模板属于措施项目。

（h）压顶。压顶需要计算的工程量有压顶的体积及其模板接触面积，模板属于措施项目。

（i）池槽。池槽需要计算的工程量有池槽的外形体积及其模板接触面积，模板属于措施项目。

（j）零星构件。花台、花池等零星构件需要计算的工程量有其混凝土体积及其模板的接触面积，模板属于措施项目。

（k）小立柱。小立柱需要计算的工程量有小立柱混凝土体积及其模板接触面积，模板属于措施项目。

② 预制混凝土构件。预制混凝土构件单体混凝土体积是根据图集查找的，都是按体积计算的，混凝土构件制作、运输和安装需考虑系数。模板工程量与混凝土工程量相同，属于措施项目。

③ 钢筋。现浇混凝土各构件钢筋根据计算规则按长度以吨计算，预制混凝土构件钢筋根据图集查找，以吨计算。

2）混凝土工程计算内容和主要方法：如图 2-63 所示。

（6）木结构工程

1）与木结构工程计量有关的知识

① 基本内容：木结构包含厂库房大门、特种门、木屋架、木构件（木柱、木梁、木楼梯等）

② 基本概念

a. 木屋架与钢木屋架。木屋架是指全部杆件均采用如方木或圆木等木材制作的屋架，如图 1-112 所示。

钢木屋架是指受压杆件如上弦杆及斜杆均采用木材制作，受拉杆件如下弦杆及拉杆均采

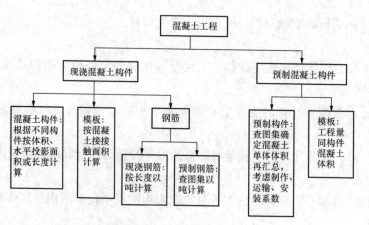

图 2-63　钢筋混凝土工程计算内容及方法示意图

用钢材制作，拉杆一般用圆钢材料，下弦杆可以采用圆钢或型钢材料的屋架。屋架构造如图 2-64 所示。

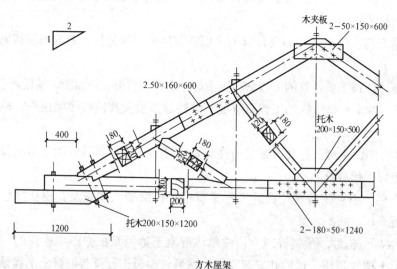

图 2-64　屋架构造

b. 博风板、大刀头如图 2-65（a）所示。

博风板又称博缝板、封山板，用于歇山顶和悬山顶建筑。这些建筑的屋顶两端伸出山墙之外，为了防风雪，用木条钉在檩条顶端，也起到遮挡桁（檩）头的作用，这就是博风板。

大刀头是指博风板端部的刀形头，又称勾头板。

c. 封檐板、挑檐木如图 2-65（b）所示。

封檐板是指在檐口或山墙顶部外侧的挑檐处钉置的木板，使檐条端部和望板免受雨水的侵袭，也增加建筑物的美感。

挑檐木是指支撑屋面的挑出结构的檐条。

d. 构成四面落水或四面坡水屋面的马尾屋架、折角屋架、正交屋架，如图 2-66 所示。

2）木结构工程计算内容和主要方法：如图 2-67 所示。

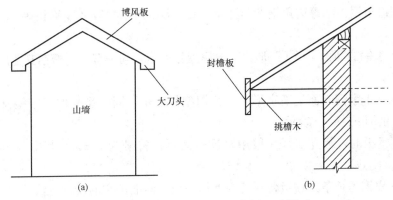

图 2-65 博风板、大刀头、封檐板、挑檐木

(a) 博风板、大刀头；(b) 封檐板、挑檐木

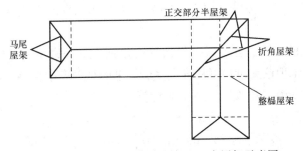

图 2-66 马尾屋架、折角屋架、正交屋架示意图

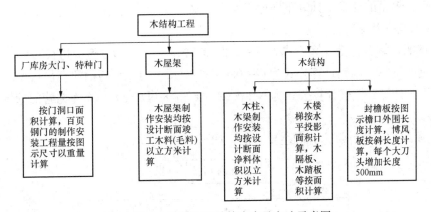

图 2-67 木结构工程计算内容及方法示意图

（7）金属结构工程

1）与金属结构工程计量有关的知识

① 钢材类型及其表示法

a. 圆钢：圆钢断面呈圆形，一般用直径"d"表示。

b. 方钢：方钢断面呈正方形，一般用边长"a"表示。

c. 角钢

（a）等边角钢：等边角钢的断面呈"L"形，角钢的两肢宽度相等，一般用 L$b \times d$ 表示。

（b）不等边角钢：不等边角钢的断面呈"L"形，角钢两肢宽度不相等，一般用 $LB\times b\times d$ 表示。

d. 槽钢：槽钢的断面呈"["形，一般用型号表示，同一型号的槽钢其宽度和厚度均有差别，分别用 a、b、c 表示。

e. 工字钢：工字钢断面呈工字形，一般用型号表示，同一型号的工字钢其宽度和厚度均有差别，分别用 a、b、c 表示。

f. 钢板：钢板的表示方法，一般用厚度来表示，符号为"$-\delta$"其中"$-$"为钢板代号，δ 为板厚。

g. 扁钢：扁钢为长条式钢板，一般宽度均有统一标准，它的表示方法为"$-a\times\delta$"，其中"$-$"表示钢板，a 表示钢板宽度，δ 表示钢板厚度。

h. 钢管：钢管的一般表示方法用"$\Phi D\times t\times l$"来表示。

② 钢材理论重量的计算方法：以下公式中 G 为每米长度的重量（kg/m），其他计算单位均为 mm。

a. 各种规格型钢的计算：各种型钢包括等边角钢、不等边角钢、槽钢、工字钢等，根据图纸按米计算，每米理论重量均可从五金手册等书的型钢表中查得。

b. 钢板的计算：钢板根据图纸按平方米计算。

钢材的比重为 7850kg/m³、7.85g/cm³。

1mm 厚钢板每平方米重量为 7850kg/m³×0.001m＝7.85kg/m²

计算不同厚度钢板时其每平方米理论重量为 7.850kg/m²×δ（δ 为钢板厚度）。

c. 扁钢、钢带的计算。计算不同厚度扁钢、钢带时其每米理论重量为 $0.00\,785\times a\times\delta$（$a$、$\delta$ 为扁钢宽度及厚度）。

d. 方钢的计算：方钢计算公式为 $G=0.00\,617\times a^2$　　（a 为方钢的边长）。

e. 圆钢的计算：圆钢计算公式为 $G=0.00\,617\times d^2$　　（d 为圆钢的直径）。

f. 钢管的计算：钢管计算公式为 $G=0.02\,466\times\delta\times(D-\delta)$　　（δ 为钢管的壁厚、D 为钢管的外径）。

2）金属结构工程计算内容和主要方法：如图 2-68 所示。

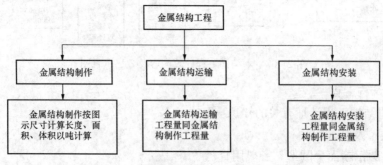

图 2-68　金属结构工程计算内容及方法示意图

（8）屋面及防水工程

1）与屋面及防水工程计量有关的知识

① 屋面及防水工程包含的内容：

屋面及防水工程包含屋面工程、防水工程、排水工程、变形缝部分。屋面工程部分又包含瓦屋面、型材屋面、膜结构屋面、覆土屋面、屋面排水等；防水工程部分包含屋面及平、立面防水；排水工程包括铸铁、PVC、玻璃钢等水落管及雨水管、弯头、水斗部分；变形缝包含嵌缝、盖缝、止水带等部分。

② 名词解释

a. 卷材与基层的粘贴方法：卷材与基层的粘贴方法有满铺、空铺、条铺、点铺。

满铺：是指卷材与基层采用全部粘贴的方法。

空铺：是指卷材与基层仅在四周一定宽度内粘结，其余部分不粘结。

条铺：卷材与基层采用宽度≥150mm 的条状粘结法，每幅卷材与基层粘结面≥2 条。

点铺：是指卷材与基层采用宽度≥150mm 的条状粘结法，每幅卷材与基层粘结面≥2 条。

b. 坡度系数，也称屋面延尺系数，是指屋面放坡时斜长与水平长度的比值，用 C 表示，利用延尺系数可求两坡水屋面斜面积及两坡水屋面沿山墙泛水长度。两坡水与四坡水计算方法不太一致。因此，也常用偶延尺系数计算四坡水屋面斜脊长度，偶延尺系数用 D 表示，如图 2-69 所示。计算公式如下：

（a）延尺系数 C＝斜长/水平长。

（b）偶延尺系数 D＝斜脊长/水平长。

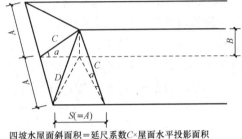

四坡水屋面斜面积＝延尺系数 C×屋面水平投影面积
四坡水屋面斜脊长度＝$A×D$(当 $S＝D$ 时)

图 2-69 坡度系数示意图

2）屋面及防水工程计算内容和主要方法，如图 2-70 所示。

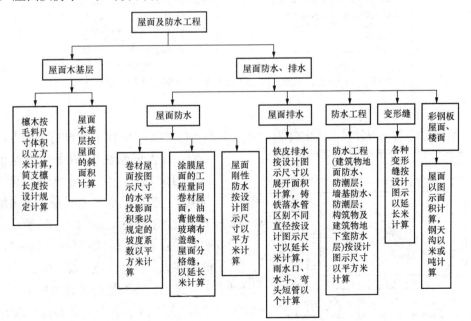

图 2-70 屋面及防水工程计算内容及方法示意图

(9) 防腐、保温、隔热工程

1) 与防腐、保温、隔热工程计量有关的知识

① 防腐工程分类。防腐工程分刷油防腐和耐酸防腐两类。

a. 刷油防腐。刷油是一种经济而有效的防腐措施，特点是施工方便，且具有优良的物理性能和化学性能，因此应用范围广泛。刷油除了防腐作用外，还能起到装饰和标志作用。目前常用于刷油的防腐材料有沥青漆、酚树脂漆、酚醛树脂漆、氯磺化聚乙烯漆、聚氨酯漆等，定额根据不同的材料、不同施工部位分别列项。

b. 耐酸防腐。耐酸防腐是运用人工或机械将具有耐腐蚀性能的材料浇筑、涂刷、喷涂、粘贴或铺砌在应防腐的工程构件表面上，以达到防腐蚀的效果。常用的防腐材料有水玻璃耐酸砂浆、混凝土；耐酸沥青砂浆、混凝土；环氧砂浆、混凝土及各类玻璃钢等。根据工程需要，可用防腐块料或防腐涂料做面层，定额根据不同的材料、不同施工部位分别列项。

② 保温、隔热分类。保温隔热常用的材料有软木板、聚苯乙烯泡沫塑料板、加气混凝土块、膨胀珍珠岩板、沥青玻璃棉、沥青矿渣棉、微孔硅酸钙、稻壳等，可用于屋面、墙体、柱子、楼地面、天棚等部位，屋面保温层中应设有排气管或排气孔，定额根据不同的材料、不同施工部位分别列项。

2) 防腐、保温、隔热工程计算内容和主要方法，如图 2-71 所示。

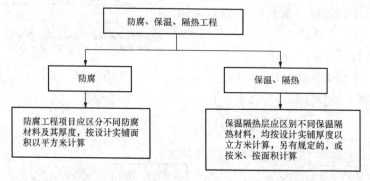

图 2-71　防腐、保温、隔热工程计算内容及主要方法示意图

(10) 井点降水工程

1) 与井点降水工程计量有关的知识。井点降水是指人工降低地下水位的一种方法，故又称"井点降水法"。在基坑开挖前，在基坑四周埋设一定数量的滤水管（井），利用抽水设备抽水，使所挖的土始终保持干燥状态的方法，如图 2-72 所示。所采用的井点类型有：轻型井点、喷射井点、电渗井点、管井井点、深井井点等。

排水、降水指的是冒出来的水（结构水），而非雨水（冬、雨期施工费中已包含排雨水费）。

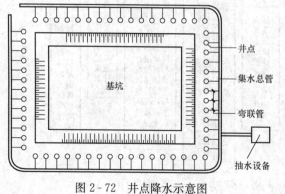

图 2-72　井点降水示意图

抽水机降水深度是指地下水位标高至施工组织设计降水标高的距离。

2）井点降水工程计算内容和主要方法，如图2-73所示。

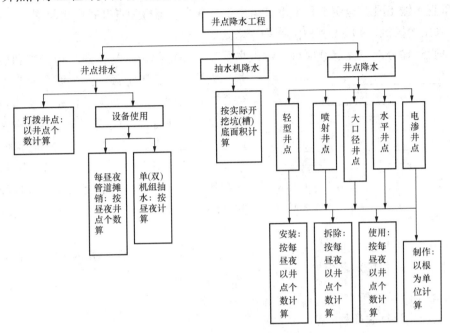

图2-73　井点降水工程计算内容及主要方法示意图

（11）脚手架工程

1）与脚手架工程计量有关的知识。脚手架费用在工程预算中属于措施项目费，一般包括综合脚手架和单项脚手架两种。凡工业与民用建筑物所搭设的脚手架，均执行综合脚手架定额。综合脚手架项目已综合内、外脚手架，斜道，上料平台，金属架油漆，安全网，防护栏杆，临边和洞口的安全防护措施，以及多层建筑（不能计算建筑面积的）层高在2.2m以内技术层、杂物间、车库等脚手架，用料上综合了竹制、木制、金属等因素。单项脚手架是作为不能计算建筑面积而必须搭设脚手架时使用的项目，比如满堂脚手架、里脚手架等。

2）脚手架工程计算内容和主要方法：如图2-74所示。

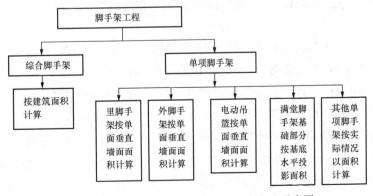

图2-74　脚手架工程计算内容及主要方法示意图

（12）垂直运输工程

1）与垂直运输工程计量有关的知识

① 垂直运输工具。建筑工程中垂直运输工具常为卷扬机和自升式塔式起重机。一般6～8层以下采用卷扬机，9层及其以上均采用塔式起重机。

② 垂直运输分部工程定额项目。建筑物垂直运输定额子目是按建筑物檐高和层数两个指标划分的，套用定额时，凡檐高达到上一级而层数未达到时，以檐高为准，如层数达到上一级而檐高未达到时，以层数为准。层数指室外地面以上自然层，2.2m 设备管道层也应算层数。垂直运输分部工程应以建筑面积计算工程量，但地下室和屋顶有维护结构的楼梯间、电梯间、水箱间、塔楼、望台等，只计算建筑面积，不计算层数和层高。

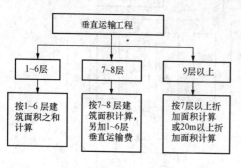

图 2-75　垂直运输工程计算内容
及主要方法示意图

2）垂直运输工程计算内容和主要方法：如图 2-75 所示。

2. 工程量计算指导

（1）工程量计算的步骤

1）熟悉施工图。根据识图基本知识及前面对本施工图的识图了解，计算工程量时首先需注意以下几点：

① 熟悉房屋的开间、进深、跨度、层高、总高。

② 注意建筑物各层平面和层高是否有变化以及室内外高差。

③ 注意图纸上的门窗表、混凝土构件表和钢筋下料长度表，应选择1～2种构件校核。

④ 了解屋面的具体做法，是刚性的还是柔性的。

⑤ 大致了解内墙面、楼地面、天棚和外墙面的装饰做法。

⑥ 了解标准层和非标准层的区别。

⑦ 若设计说明中有建筑面积时，必须校核，不能直接取用。

其次，计算工程量时，必须考虑图纸会审内容，以本章案例为例，该工程图纸会审内容如下：

① 空调铝合金百叶颜色立面图和大样图不一致，以大样图为准。

② BYC2412 建施 06 大样图和 05 立面图颜色不一致，以大样图为准。

③ ⑦轴走道通往卫生间门洞没有洞口尺寸，按 1.2m×2.1m 考虑。

④ 三层屋面板四周梁没有编码和尺寸，工程按 250×400mm 考虑。

⑤ 结施 08 A-A 部面图中楼梯 TZ 应通高伸至 5.82m 处，中间不断开。

⑥ 结施 04 JL-I 图中带形基础底面标高有两个—1.500 和—1.800，去掉一个。

⑦ 首层健身房①轴墙面，建施 02 中无窗，而建施 07C-A 轴立面图上有两个 C1215，工程中以立面图为准。

以本章案例为例，"表2-1定额工程量计算表"中有以下项目结合图纸会审内容列项和计算工程量：

① 门窗工程中序号7塑钢窗安装C1215项目工程量按会审内容第⑦项调整为8樘。

② 门窗工程中序号12金属百页窗项目各称按会审内容第⑦项调整为银白色铝合金。

2）确定计算方法和计算顺序。一般运用统筹法计算工程量。统筹法是一种计划和管理的方法，是运筹学的一个分支，在20世纪50年代由我国著名数学家华罗庚教授首创。统筹法原理就是利用基数计算工程量，即找到各分项工程量之间的联系，在计算分项工程量前，先计算出基数，将与此基数相关的所有分项工程量连续算完，避免重复计算，提高算量速度。统筹法的要点是统筹程序，合理安排。

① 计算建筑基数。

基数是经常用到的基础性数据的简称，常用的建筑基数有 L 外（外墙外边线）、L 中（外墙中心线）、L 内（内墙净长线）、S（首层建筑面积），称为"三线一面"。另外还有其他一些基数。基数及其计算顺序和作用如下：

a. L 中：与外墙的中心线 L 中相关的工程量有外墙挖地槽、基础垫层、砖基础、基础防潮层、DQL、墙体等。

b. L 内：与内墙的净长线 L 内（L 内槽）相关的工程量有内墙挖地槽、基础垫层、砖基础、基础防潮层、DQL、墙体等。

c. L 外：与外墙的外边线相关的工程量有外墙装饰、散水、挑檐等。

与底层建筑面积 S 相关的工程量有：平整场地，楼地面、天棚、屋面等。

d. 墙体埋件表：列表统计钢筋混凝土预制构件的块数、单体体积和钢筋用量。

e. 门窗统计表：列表统计门窗表中不同规格的门窗数量和面积。

f. 线面外项目表：如列表统计房间地面净长和净宽、房间净面积，也可运用手册。

g. 其他零星项目。

基数计算需根据工程情况灵活运用，不是每一个工程都需要列出这些表。基础数据、门窗等列表完成后，可按照图2-76顺序计算工程量。

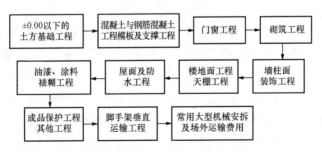

图2-76 分部分项工程量计算顺序

② 利用基数，连续计算分项工程量。在计算出"三线一面"四种基数后，分别以它们为主线，同时考虑计算项目的计算顺序，使前面项目的计算结果能够运用到后面的计算中，将与各基数相关的分项工程量分别算出，连续计算，尽量减少重复。比如室内地面工程中的

房心回填土、地面垫层、地面面层，按施工顺序计算工程量，计算顺序如图 2-77 所示。

图 2-77　室内地面工程量计算顺序示意图

由图 2-77 可以看出，三个分项工程中的"长×宽"计算了三次，为了减少重复计算量，可以根据统筹法原理，利用基数合理调配计算主次顺序，先计算地面面层工程量，再利用这一数据直接计算垫层、房心回填的工程量，以提高工程量计算速度，所以，图 2-77 可以调整为图 2-78 的计算顺序。

图 2-78　室内地面工程量计算顺序调整后的示意图

图 2-79 是一个工程量计算程序统筹图，供参考学习。

③ 利用手册，快速计算。那些不能利用基数进行连续计算的分项工程，平时注意积累，汇编成手册，随时调用。一般手册包含的内容有：本地区常用门窗表、钢筋混凝土预制构件体积和钢筋重量表、大放脚折加高度表、屋面坡度系数表，常用材料重量和体积等。

④ 联系实际，灵活机动。一般工程都可以运用统筹法计算，但由于基础断面、墙厚、砂浆强度等级、各楼层面积等设计不同或场地地质的可变性，不可能只用一个"线"、"面"的数量作为基数连续计算出所有分项工程量，必须结合施工图实际情况，灵活机动地计算工程量。一般可参考以下方法：

a. 分段计算法。如果工程的基础断面尺寸、基础埋深不同，则在计算基础工程各分项工程量时，应按不同的设计剖面分段计算。

b. 分层计算法。多层建筑物，当各楼层的面积、墙厚、砂浆强度等级不同时，可分层计算。

c. 补加计算法。把主要部分或方便计算的部分一次算出后，再加上多余部分。

d. 补减计算法。把主要部分或方便计算的部分一次算出后，再减去多余部分或不相同的部分。

3）列出分项工程的名称。仔细核对施工图中尺寸是否正确，仔细阅读工程大样详图，根据定额和工程量计算规则规定列出施工图所包含的分项工程的项目名称，据此计算工程量。

4）列表计算工程量。用列表的形式计算工程量一目了然，便于校对。

（2）工程量计算方法指导。因各省定额编制的差异性，工程量计算规则略有不同，因此工程量的计算会有一些区别。本案例是以《××省建筑工程消耗量定额及统一基价表》基础、结构、屋面工程分册的计算规则为例编制的，具体使用的一些计算规则及计算过程见表 2-1。

3. 报价文件的编制

工程量计算完成后，根据《××省建筑工程消耗量定额及统一基价表》建筑工程分册计算直接工程费，再根据××省 2009 年费用定额计算间接费、税金和利润，最后计算工程总造价，见表 2-2～表 2-8。

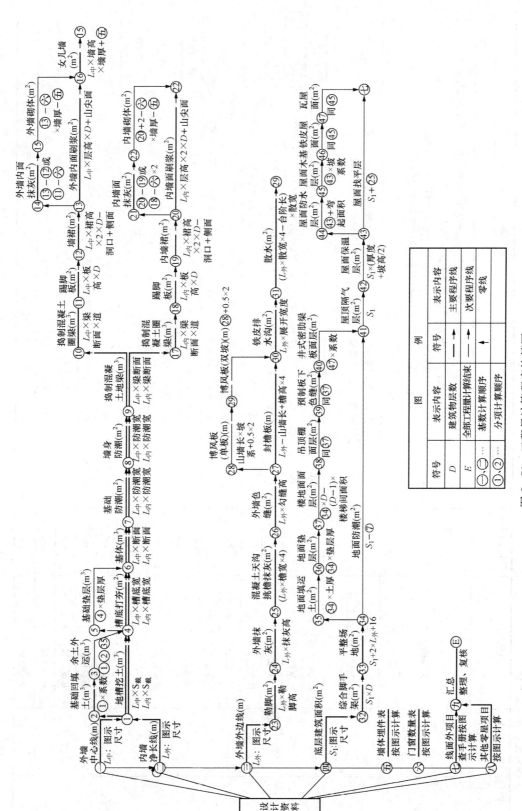

图 2 - 79 工程量计算程序统筹图

表2-1

定额工程量计算表

工程名称：某别墅工程

序号	定额编号	项目名称	计算单位	工程数量	计　算　式
A.1		**土(石)方工程**			
1	G4-6	平整场地	m²	583.55	计算规则：平整场地工程量按建筑物外墙外边线每边加2m，以平方米计算。 计算公式：平整场地面积=建筑物首层面积 ⑧/Ⓐ~Ⓒ　面积=(40.4+0.25+4)×(8+0.25+4)=546.9625m² ③⑤/Ⓒ~C/1　面积=(10.8+0.25+4)×3.3=49.665m² 小计：面积=583.55m²
2	G1-252	挖基础土方三类土	m³	455.90	计算规则：按设计图示尺寸以基础垫层底面积乘以挖土深度计算。 计算公式：挖基础土方体积=基础垫层底面积×挖土深度 251.68+36.04+44.62+61.78+18.88+5.46+37.44
		挖基础土方1-1 三类土	m³	251.68	体积=(1.2+0.2+0.3×2)×1.3×(40.4+8)×2=2.6×96.8=251.68m³
		挖基础土方2-2	m³	36.04	体积=(0.25+0.2+0.3×2)×1.3×(8-0.7×2)×4=1.365×26.4=36.04m³
		挖基础土方3-3	m³	44.62	体积=(1.8+0.2+0.3×2)×1.3×(8-0.7×2)×2=3.38×13.2=44.62m³
		挖基础土方4-4	m³	61.78	体积=(1.6+0.2+0.3×2)×1.3×(8-0.7×2)×3=3.12×19.8=61.78m³
		挖基础土方5-5	m³	18.88	体积=(1.4+0.2+0.3×2)×1.3×(8-0.7×2)×2=2.86×6.6=18.88m³
		挖基础土方6-6	m³	5.46	体积=(0.25+0.2+0.3×2)×1.3×(3.3-0.7-0.6)×2=1.26×4=5.46m³
		挖基础土方7-7	m³	37.44	体积=(1.0+0.2+0.3×2)×1.3×(10.8+3.3×2-0.7×2)×2=2.34×16=37.44m³
3	G4-18	基底钎探	m²	350.68	计算规则：按图示基底面积以平方米计算。 面积=193.60+27.72+34.32+47.52+14.52+4.2+28.8m²=350.68m²
		基底钎探	m²	193.60	面积=(1.2+0.2+0.3×2)×(40.4+8)×2=2.0×96.8=193.6m²
		基底钎探	m²	27.72	面积=(0.25+0.2+0.3×2)×(8-0.7×2)×4=1.05×26.4=27.72m²
		基底钎探	m²	34.32	面积=(1.8+0.2+0.3×2)×(8-0.7×2)×2=2.6×13.2=34.32m²
		基底钎探	m²	47.52	面积=(1.6+0.2+0.3×2)×(8-0.7×2)×3=2.4×19.8=47.52m²
		基底钎探	m²	14.52	面积=(1.4+0.2+0.3×2)×(8-0.7×2)×2=2.2×6.6=14.52m²
		基底钎探	m²	4.2	面积=(0.25+0.2+0.3×2)×(3.3-0.7-0.6)×2=1.05×4=4.2m²

序号	定额编号	项目名称	计算单位	工程数量	计 算 式
3	G4-18	基底钎探	m²	28.8	面积=(1.0+0.2+0.3×2)×(10.8+3.3×2-0.7×2)=1.8×16=28.8m²
4	G4-3	基础土方回填	m³	326.34	计算规则：以挖方体积减去设计室外地坪以下埋设构筑物（包括基础垫层、基础等）体积计算。 计算公式：基础回填体积=$V_挖$-室外设计地坪以下构筑物的体积=455.9m³-129.56m³=326.34m³ 应扣除室外设计地坪以下构筑物的体积： ①垫层：24.1m³ ②带形基础 77.96m³ ③基础梁：5.25m³ ④矩形柱:1.4×(0.4×0.4×16+0.3×0.3×6)=4.34m³ ⑤TZ:0.25×0.25×0.6×4=0.15m³ ⑥砖基础 17.76m³ 小计：应扣除体积=129.56m³
5	G4-2	室内土方回填	m³	142.06	计算规则：按主墙之间的面积乘以回填土厚度计算。 计算公式：室内回填体积=主墙间净面积×回填土厚度 主墙间净面积=40.65×8.25-[(89.5+19.15)×0.25+13.45×0.2]=305.51m² 回填土厚度=0.6-0.1-0.025-0.01=0.465m 室内回填体积=142.06m³
6	G3-1+G3-2×3	人工运土方 50m	m³	924.3	计算规则：按运土体积以立方米计算。 $V=V_挖+V_墙$=(251.68+36.04+44.62+61.78+18.88+5.46+37.44)+(326.34+142.06)=455.9+468.40=924.3m³
A.3	砌筑工程				
1	A2-1换	砖基础 250mm MU7.5加气混凝土砌块 M5.0混合砂浆	m³	35.53 32.30	计算规则：按图示尺寸以立方米计算。基础长度：外墙墙基按外墙的中心线 $L_中$ 计算；内墙墙基按内墙的净长线 $L_内$ 计算。 外墙砖基础体积=89.5×1.2×0.25=26.85m³ 内墙砖基础=19.15×1.2×0.25=5.745m³ 楼梯同砖基础=0.25²×1.2×4根=0.3m³ 32.30+3.23=35.53m³ 应扣除：TZ体积=0.25²×1.2×4根=0.3m³ 小计：砖基础体积=32.295m³

第二章 编制施工图预算

序号	定额编号	项目名称	计量单位	工程数量	计算式
1	A2-1换	砖基础 200mm MU7.5加气混凝土砌块 M5.0混合砂浆	m³	3.23	内墙砖基础体积=13.45×1.2×0.2=3.228m³
2	A6-210	20厚1:2防水水泥砂浆	m²	30.103	计算规则：按防水部位以平方米计算。 外墙同墙基础面积=89.5×0.25=22.375m² 楼梯间墙基础面积=19.15×0.25=4.788m² 应扣除：TZ面积=0.25²×4根=0.25m² 内墙砖基础面积=13.45×0.2=2.69m² 小计：防水砂浆面积=30.103m²
		砌块墙	m³	176.57	计算规则：按砌体体积以立方米计算。 88.61+39.58+48.38=176.57m³
3	A2-171	砌块墙（外墙）250mm MU7.5加气混凝土砌块 M5.0混合砂浆	m³	88.61	首层外墙长度=(40.4+8)×2-0.275×6-0.4×12-0.3×2-0.125×2=89.5m 面积=89.5×(3.9-0.65)=290.875m² 二层外墙长度=(33.2+8)×2-0.275×2-0.4×13-0.3×2=76.05m 面积=76.05×(3.6-0.65)=224.3475m² 三层外墙长度=8×4=32m 面积=32×3.3=105.6m² 小计：面积=620.8225m² 应扣除： 门窗洞口面积： M2126 面积=2.1×2.65=5.565m² M1021 面积=1×2.1=2.1m² M5729 面积=5.7×2.9=16.53m² C2821 面积=2.8×2.1×2=34.5744m² C2421 面积=2.4×2.1×10=50.4m² C1824 面积=1.8×2.4×3=18.6624m² C1821 面积=1.8×2.1×14=52.94m² C1215 面积=1.2×1.5×8=3.24m² BYC2412 面积=2.4×1.2×3=8.64m² MQC-1 面积=2.4×1.2×3=8.64m²

序号	定额编号	项目名称	计算单位	工程数量	计算式
		砌块墙（外墙）250mm MU7.5 加气混凝土 砌块 M5.0 混合砂浆	m³	88.61	塑钢窗面积=2.95×(9.1-1×2-0.65×2)=16.82m² 小计：门窗洞口面积=361.9825m² 外墙面积=361.9825×0.25-过梁体积(0.5175+0.06)-构造柱体积(3.86)=88.603m³
	A2-171	砌块墙（楼梯间内墙）250mm MU7.5 加气混凝土 砌块 M5.0 混合砂浆	m³	39.58	楼梯间首层墙长=(6-0.275+0.125)×2+8-0.275×2=19.15m 二层墙长=19.15×(3.9-0.65)=62.2375m² 面积=8-0.4+(6-0.275+0.125)×2+8-0.275×2=26.75m 面积=26.75×(3.6-0.65)=78.9125m² 三层墙长=8-0.25=7.75m 面积=7.75×3.3+(4+8)×2.1825/2=38.67m² 小计：面积=179.82m² 应扣除： 门窗洞口面积： M1021 面积=1×2.1=2.1m² 门洞面积=1.2×2.1×2=6.35m² 小计：门窗洞口面积=8.45m² 楼梯间内墙面积=171.37m² 楼梯间内墙体积=171.37×0.25-TZ体积(0.65-0.2438)-过梁体积(0.65+0.255)-构造柱体积(2.05)=39.58m³
3		砌块墙（内墙）200mm MU7.5 加气混凝土 砌块 M5.0 混合砂浆	m³	48.38	首层②⑤ 内墙长度=(8-0.4)+(6-0.275+0.125)=13.45m 面积=13.45×(3.9-0.65)=43.7125m² ②~③、⑤~⑥ 内墙长度=(7.2-0.125-0.1)×2=13.95m 面积=13.95×(3.9-0.55)=46.7325m² ⑦~⑧ 二层 面积=(4.7-0.25)×(3.9-0.35)+(3.2-0.125-0.1)×(3.9-0.55)+(5-0.125-0.1)×(3.9-0.35)=42.715m² 1/④、1/⑤、⑤、④~⑥/B 面积=(6-0.125-0.1)×2×(3.6-0.6)+(6-0.275-0.1)×(3.6-0.65)+(3.6×4-0.25)×(3.6-0.55)=94.4015m²

看实例快速学预算——建筑工程预算

序号	定额编号	项目名称	计算单位	工程数量	计　算　式
3	A2-171	砌块墙（内墙）200mm MU7.5 加气混凝土砌块 M5.0 混合砂浆	m³	48.38	⑦～⑧ 面积=(4.7−0.25)×(3.6+0.1)+(3.2−0.125−0.1)×(3.6−0.55)+(5−0.125−0.1)×(3.6+0.1)=43.207m² 小计：面积=270.7685m² 应扣除：门窗洞口面积： M1221　面积=1.2×2.1×4=6.35m² M1021　面积=1×2.1×4=8.4m² M0821　面积=0.8×2.1×4=2.8224m² M0921　面积=0.9×2.1=1.89m² 小计：门窗洞口面积=19.46m² 内墙面积 251.3085m² 内墙体积=251.3085×0.2−过梁体积(0.408+0.056+0.208+0.24+0.102)−构造柱体积(0.87)=48.38m³
A.4		混凝土及钢筋混凝土工程			
1	A3-11	现浇垫层 C10	m³	24.1	1-1体积=1.4×0.1×(40.4+8)×2=13.552m³ 2-2体积=0.45×0.1×(8−0.7×2)×4=1.188m³ 3-3体积=2×0.1×(8−0.7×2)×2=2.64m³ 4-4体积=1.8×0.1×(8−0.7×2)×3=3.564m³ 5-5体积=1.6×0.1×(8−0.7×2)×2=1.056m³ 6-6体积=0.45×0.1×(3.3−0.7−0.6)×2=0.18m³ 7-7体积=1.2×0.1×(10.8+3.3×2−0.7×2)×2=1.92m³ 小计：体积=24.1m³
2	A3-3 换	现浇带形基础 C25	m³	77.96	1-1截面面积=0.25×1.2+(0.5+1.2)×0.15÷2=0.4275m² 体积=0.4275×(40.4+8)×2=41.382m³ 3-3截面面积=0.25×1.8+(0.5+1.8)×0.15÷2=0.6225m² 体积=0.6225×(8−0.6×2)×2=8.466m³ 4-4截面面积=0.25×1.6+(0.5+1.6)×0.15÷2=0.5575m² 体积=0.5575×(8−0.6×2)×3=11.373m³ 5-5截面面积=0.25×1.4+(0.5+1.4)×0.15÷2=0.4925m²

序号	定额编号	项目名称	计算单位	工程数量	计 算 式
2	A3-3 换	现浇带形基础 C25	m³	77.96	体积=0.4925×(8-0.6×2)=3.349m³ 7-7截面面积=0.3625×1.0+(0.5+1.0)×0.15÷2=0.3625m² JL1:体积=0.3625×0.2×(10.8+3.3×2-0.6×2)=5.8725m³ 体积=0.25×0.2×[(40.4×2+8×8+10.8+3.3×2)-(0.125+0.275)×6-0.275×4-(0.175+0.275)×2-0.275×4-0.4×12-0.3×2-0.175×2-0.3×2] =7.5175m³ 小计：体积=77.96m³
		现浇矩形柱 C25	m³	29.09	计算规则：按柱体积以立方米计算。 1.69+2.85+7.79+11.35+3.89+1.52=29.09m³
		现浇矩形柱 KZ1a C25	m³	1.69	体积=0.4×0.4×(1.8-0.4+3.87)×2根=0.16×10.54=1.6864m³
		现浇矩形柱 KZ9 C25	m³	2.85	体积=0.3×0.3×(1.8-0.4+3.87)×6根=0.09×31.62=2.8458m³
		现浇矩形柱 KZ6、KZ7、KZ11 C25	m³	7.79	KZ6 体积=0.4×0.4×(1.8-0.4+10.77)=0.16×12.17=1.9472m³ KZ7 体积=0.4×0.4×(1.8-0.4+10.77)×2根=0.16×24.34=3.8944m³ KZ11 体积=0.4×0.4×(1.8-0.4+10.77)=0.16×12.17=1.9472m³ 小计：体积=7.7888m³
3	A3-22 换	矩形柱（KZ2、KZ3、KZ4、KZ5、KZ8、KZ10）C25	m³	11.35	KZ2 体积=0.4×0.4×(1.8-0.4+7.47)=0.16×8.87=1.4192m³ KZ3 体积=0.4×0.4×(1.8-0.4+7.47)=0.16×8.87=1.4192m³ KZ4 体积=0.4×0.4×(1.8-0.4+7.47)×2根=0.16×17.74=2.8384m³ KZ5 体积=0.4×0.4×(1.8-0.4+7.47)×2根=0.16×17.74=2.8384m³ KZ8 体积=0.4×0.4×(1.8-0.4+7.47)=0.16×8.87=1.4192m³ KZ10 体积=0.4×0.4×(1.8-0.4+7.47)×2根=0.16×8.87=1.4192m³ 小计：体积=11.3536m³
		现浇矩形柱 KZ1 C25	m³	3.89	KZ1体积 TZ体积=0.25×0.25×1.17×4=0.2925m³
		现浇矩形柱 TZ C25	m³	1.19	基础层 TZ体积=0.25×0.25×(3.9-0.65+1.95)×2=0.65m³ 首层 TZ体积=0.25×0.25×1.95×2=0.2438m³ 二层 TZ体积=0.25×0.25×1.95×2=0.2438m³ 小计：体积=1.1863m³

序号	定额编号	项目名称	计算单位	工程数量	计 算 式
4	A3-25 换	构造柱 C25	m³	8.37	基础层GZ体积=(0.25+0.06)×0.25×(1.8-0.6)×7+(0.25+0.06+0.03)×0.25×(1.8-0.6)×3+(0.2+0.06+0.03)×0.25×(1.8-0.6)×2+(0.25+0.06)×0.25×(1.8-0.6)×2=1.28m³ 一层GZ体积=(0.25+0.06)×0.25×(3.87-0.65)×10+(0.2+0.06+0.03)×0.2×(3.87-0.65)+(0.25+0.06)×0.25×(3.87-0.65)×2=3.35m³ 二层GZ体积=(0.25+0.06)×0.25×(7.47-3.87-0.65)×8+(0.25+0.06+0.03)×0.25×(3.6-0.65)+(0.2+0.06+0.03)×0.2×(3.6-0.65)×3+(0.25+0.06)×0.25×(3.6-0.65)×2=3.05m³ 三层GZ体积=(0.25+0.06)×0.25×(10.77-7.47-0.4)×2+(0.2+0.06)×0.2×(10.77-7.47+1.5-0.12)=0.69m³ GZ体积=1.28+3.35+3.05+0.69=8.37m³
5	A3-27 换	现浇基础梁 C25	m³	5.63	计算规则：按梁体积以立方米计算。 4.65+0.60+0.384=5.634m³
		现浇基础梁 JL-2 C25	m³	4.65	JL2体积=0.25×0.6×8×4=4.8m³ 应扣减体积=0.25×0.6×0.25×4=0.15m³ 小计：体积=4.8m³-0.15m³=4.65m³
		现浇基础梁 JL-3 C25	m³	0.60	体积=0.25×0.4×(3.3-0.35)×2=0.6m³
		现浇基础梁 TJL C25	m³	0.38	体积=0.2×0.3×(3.3-0.25×2+3.6)=0.384m³
6	A3-31 换	现浇过梁 C25	m³	1.93	计算规则：按过梁体积以立方米计算。 1.31+0.62=1.93m³
		现浇过梁 250（200）×300 C25	m³	1.31	M1221：体积=0.2×0.3×(1.2+0.25×2)×4根=0.408m³ C1824：体积=0.25×0.3×(1.8+0.25×2)×3根=0.5175m³ 门洞：体积=0.25×0.3×(1.2+0.25×2)×3根=0.3825m³ 小计：体积=1.308m³
		现浇过梁 200×200 C25	m³	0.62	M1021：体积=0.2×0.2×(1.0+0.25×2)×6根=0.36m³ M0921：体积=0.2×0.2×(0.9+0.25×2)=0.056m³ M0821：体积=0.2×0.2×(0.8+0.25×2)×4根=0.208m³ 小计：体积=0.624m³

序号	定额编号	项目名称	计算单位	工程数量	计 算 式
				123.64	计算规则：以现浇有梁板梁和板的体积和计算。 104.78+18.86=123.64m³
7	A3-43 换	现浇有梁板 C25	m³	104.78	KL1(1)体积=0.25×(0.65-0.1)×[(8-0.125-0.275)+(8-0.125-0.275)×3+ (8-0.275×2)]=0.1375×(7.6+30.25)=5.204m³ KL2(1)体积=0.25×(0.65-0.1)×(8-0.125-0.275)=0.1375×7.6=1.045m³ KL3 (2) 体积=0.25×(0.65-0.1)×(8-0.125-0.275)×2=0.1375×15.2=2.09m³ KL5(1) 体积=0.25×(0.65-0.1)×(8-0.125-0.275+8-0.275×2)=0.1375×15.05 =2.0694m³ KL7 (1) 体积=0.25×(0.65-0.1)×(8-0.275×2)=0.1375×7.45=1.0244m³ KL8 (1) 体积=0.25×(0.65-0.1)×(8-0.125-0.275)=0.1375×7.6=1.045m³ KL9 (7) 体积=0.25×(0.65-0.1)×[(40.4-0.275×2-0.4×6)+(33.2-0.275-0.2-0.4 ×5)]=0.1375×(37.45+30.725)=9.374m³ KL10 (9) 体积=0.25×(0.65-0.1)×(40.4-0.275×2-0.4×6-0.3×2)=0.1375×36.85 =5.0669m³ KL12 (1) 体积=0.25×(0.65-0.1)×[(8-0.125-0.275)×2+(8-0.275×2)]=0.1375× 22.65=3.114m³ KL13 (6) 体积=0.25×(0.65-0.1)×(8-0.25)×3×2=0.125×23.25×2=5.8125m³ LL1 (1) 体积=0.25×(0.6-0.1)×(8-0.25)=0.1375×7.75=0.96875m³ LL2 (1) 体积=0.25×(0.6-0.1)×(8-0.25)=0.125×7.75=0.96875m³ LL3 (1)

序号	定额编号	项目名称	计算单位	工程数量	计算式
7	A3-43换	现浇有梁板C25	m³	104.78	体积=0.25×(0.35-0.1)×(2.8-0.25)=0.0625×2.55=0.1594m³ LL4 (1) 体积=0.25×(0.35-0.1)×(4.7-0.25)=0.0625×4.45=0.278m³ LL5 (7) 体积=0.25×(0.55-0.1)×(40.4-0.25×11)=0.1125×37.65=4.2356m³ LL6 (7) 体积=0.25×(0.55-0.1)×(33.2-0.25×9)=0.1125×30.95=3.4819m³ 板厚100mm 体积=0.1×[(40.4+0.25×2+33.2)×(8+0.25)-(3.6-0.25)×(8-0.25-2+0.3)-(3.3-0.25)×(8-0.25)×2+(0.3)×2+3.05×0.3]=53.589m³ 小计：有梁板体积=49.19355+53.589=104.78m³
				18.86	WKL1 (4) 体积=0.25×(0.5-0.12)×7.001×2=1.33m³ WKL2 (4) 体积=0.25×(0.5-0.12)×7.001×2=1.33m³ 三层屋面板四间梁：体积=0.25×(0.4-0.12)×(8×4-0.4×4-0.275×4)=0.07×29.3=2.051m³ 屋面板板底高程：10.800m～14.925m 斜坡屋面板面板体积=0.12×8×5.7459×4÷2=11.04m³ 平面屋面板面板体积=5.09×5.09×0.12=25.91×0.12=3.11m³ 小计：有梁板体积=1.33×2+2.051+11.04+3.11=18.861m³
8	A3-50换	现浇雨篷板C25	m²	45.79	面积=(3.3+0.5)×(10.8+0.625×2)=45.79m²
9	A3-47换	现浇拦板C25	m	18.53	长度=10.8+0.625+(3.3+0.25)×2=18.525m
10	A3-34换	现浇墙C25 $H=2.04$	m³	14.82	计算规则：按现浇墙体体积计算。 斜长=2.04m 首层层长度=(7.2-1.02)×2+8-2.04=18.32m 二层层长度=(25.2-1.02)×2+8-2.04=54.32m 小计：长度=72.64m 体积=72.64×0.1×2.04=14.82m³
11	A3-52换	现浇挑檐板C25	m²	5.46	计算规则：按现浇挑檐板体积计算。 面积=7×1.2×0.65=5.46m²

序号	定额编号	项目名称	计算单位	工程数量	计算式
12	A3-4换	现浇天沟 C25	m³	9.66	计算规则：按天沟体积计算。 一层：天沟长度=7.2×2+0.4×2+8+0.8+0.25=24.25m 二层：天沟长度=2×(25.2+0.4×2)+8+0.8+0.25=60.25m 三层：天沟长度=8×4+0.8×4+0.25×4=36.2m 小计：长度=120.7m 体积=120.7×0.8×0.1=9.656m³
13	A3-55	现浇直形楼梯 C25	m²	56.72	计算规则：按水平投影面积计算，不扣除小于300mm的梯井。 水平投影面积=(3.6-0.25)×(8-0.25-2+0.3)+(3.3-0.25)×(8-0.25-2+0.3)×2-1.525×0.3=20.2675+36.905-0.4575=56.715m²
14	A3-60	现浇其他构件（台阶）C20	m²	42.25	计算规则：按水平投影面积计算，台阶与平台连接时其分界线应以最上层踏步分外沿加300mm计算。 台阶水平投影面积=(6-0.12)×1.2=7.056m² 平台水平投影面积=3.3×(10.8+0.4)-(6-0.12)×0.3=35.196m² 小计：面积=7.056+35.196=42.252m³
15	A3-58	现浇其他构件（花池）C20	m³	1.81	计算规则：按构件体积计算。 体积=(2.4+0.9)×2×2×1.14×0.12=1.81m³
16	A3-65	现浇散水 C15	m²	72.16	计算规则：按图示尺寸以平方米计算。 计算公式：S=(L外+4×散水宽度)×散水宽度，花池等所占散水长度)×散水宽度 散水长度=[(40.65+0.8)+(8.25+0.8)]×2-10.8=90.2m 面积=90.2×0.8=72.16m²
17	B1-17	现浇坡道 C15 100mm厚	m³	3.07	计算规则：计算规则：按图示尺寸以面积计算。 混凝土垫层 体积=2×3.14×10.5×2.8÷6×0.1=3.070 27m²

序号	定额编号	项目名称	计算单位	工程数量	计 算 式
18	B1-1	3：7灰土垫层	m³	20.03	计算规则：地面垫层按主墙间净空面积乘设计厚度以立方米计算。 10.82＋9.21＝20.03m³
		散水铺设垫层 3：7灰土垫层	m³	10.82	体积＝0.15×72.16＝10.824m³
		坡道铺设垫层 3：7灰土垫层	m³	9.21	3：7灰土垫层 体积＝0.3×30.70＝9.21m³
19	A3-66	1：2水泥砂浆坡道	m²	30.70	面积＝2×3.14×10.5×2.8÷6＝30.7027m²
20	A3-680	现浇构件圆钢筋 φ6	t	0.609	计算规则：钢筋工程量应区分现浇、预制构件不同钢种和规格，分别按设计长度乘以单位重量，以吨（t）计算。 0.609t
21	A3-681	现浇构件圆钢筋φ8	t	8.627	8.627t
22	A3-682	现浇构件圆钢筋 φ10	t	1.786	1.786t
23	A3-683	现浇构件圆钢筋 φ12	t	2.373	2.373t
24	A3-684	现浇构件圆钢筋 φ14	t	1.297	1.297t
25	A3-693	现浇构件螺纹钢筋 φ10	t	1.24	1.24t
26	A3-694	现浇构件螺纹钢筋 φ12	t	0.493	0.493t
27	A3-695	现浇构件螺纹钢筋 φ14	t	0.186	0.186t
28	A3-696	现浇构件螺纹钢筋 φ16	t	2.459	2.459t
29	A3-697	现浇构件螺纹钢筋 φ18	t	0.938	0.938t
30	A3-698	现浇构件螺纹钢筋 φ20	t	1.576	1.576t
31	A3-699	现浇构件螺纹钢筋 φ22	t	3.842	3.842t
32	A3-700	现浇构件螺纹钢筋 φ25	t	5.411	5.411t
33	A3-701	现浇构件螺纹钢筋 φ28	t	0.194	0.194t

序号	定额编号	项目名称	计算单位	工程数量	计 算 式
A.7		屋面工程			
1		瓦屋面 瓦品种：砂浆坐铺英式瓦（不可满浆）	m²	233.89	计算规则：按屋面水平投影面积乘以屋面坡度系数以平方米计算。 不扣除：房上烟囱、风帽底座、风道、屋面小气窗、斜沟等所占面积。 不增加：屋面小气窗的出檐部分。 斜长＝1.84m 首层长度＝(7.2－0.92)×2＋8＋1.84＝22.4m 二层长度＝(25.2－0.92)×2＋8＋1.84＝54.72m 小计：长度＝77.12m 首层、二层面积＝77.12×1.84＝141.9m² 屋面面积＝8×5.7459×4/2＝91.992m² 合计：面积＝233.89m²
		SBC 或 APP 改性沥青防水卷材	m²	739.16	计算规则：按设计图示尺寸以面积计算。 不扣除：房上烟囱、风帽底座、风道、屋面小气窗和斜沟等所占的面积。 应并入：屋面的女儿墙、伸缩缝和天窗等处的弯起部分，按图示尺寸并入屋面工程量计算。 233.89＋408.71＋96.56＝739.16m²
		SBC 或 APP 改性沥青防水卷材	m²	233.89	同瓦屋面
2	A6-82	屋面 SBC 或 APP 改性沥青防水卷材	m²	408.71	首层 屋面面积＝(7.2－0.25)×(8－0.25)＝53.8625m² 二层 屋面面积＝(25.2－0.25)×(8－0.25)＝193.3625m² 三层 屋面面积＝4×8×5.7459/2＝91.992m² 雨篷屋面面积＝(10.8－0.25)×(3.3－0.25)＝32.1775m² 小计：屋面平面面积＝371.395m² 雨篷挑檐平面面积＝[(10.8－0.25＋0.75)＋(3.3－0.25＋0.375)×2]×2×0.25＝13.6125m² 立面面积： 首层 屋面立面面积＝[(7.2－0.25)＋(8－0.25)]×2×0.25＝7.35m² 二层 屋面立面面积＝[(25.2－0.25)＋(8－0.25)]×2×0.25＝16.35m² 小计：屋面卷材面积＝408.7075m²
		SBC 或 APP 改性沥青防水卷材	m²	96.56	面积＝0.8×120.7＝96.56m²

序号	定额编号	项目名称	计算单位	工程数量	计　算　式
3	B1-19换	20厚1:2.5水泥砂浆找平	m²	739.16	计算规则：按设计图示尺寸以面积计算。233.89+408.71+96.56=739.16m²
		瓦屋面20厚1:2.5水泥砂浆找平	m²	233.89	同瓦屋面
		防水卷材20厚1:2.5水泥砂浆找平	m²	408.71	同卷材防水
		防水卷材20厚1:2.5水泥砂浆找平	m²	96.56	面积=0.8×120.7=96.56m²
4	A6-134	屋面排水管PVC100	m	46.5	首层长度=3.9-0.3+0.6=4.2m 二层长度=(7.5-0.3+0.6)×4=31.2m 屋面长度=10.8-0.3+0.6=11.1m 小计：排水管长度=46.5m
A.8		防腐、保温、隔热工程			
1	A7-218	保温隔热屋面屋面外保温35厚490×490mm的C20预制钢筋混凝土架空板	m²	228.59	首层面积=(7.2-0.25-0.4)×(8-0.25-0.4)=48.1425m² 二层面积=(25.2-0.25-0.4)×(8-0.25-0.4)=180.4425m² 小计：面积=228.59m²
B.1		楼地面工程			
1		地砖地面8~10厚陶瓷地砖	m²	563.52	317.43+246.09=563.52m²
	B1-140	地砖地面8~10厚陶瓷地砖	m²	317.43	[健身房]面积=7.75×6.975=54.0563m² [乒乓球室]面积、[台球室]面积=5.775×7×2=80.85m² [卫生间]面积=2.975×1.775+4.575×1.3+2.975×2.6+4.475×2.975=32.276m² [房间外走道]面积=(7.2×3+6.9-0.1-0.125)×1.775=50.188m² [楼梯间]面积=(3.3-0.25×2+3.6)×5.775=36.96m² [大堂]面积=(10.8-0.1-0.125)×5.775=61.071m² 门洞开口面积=(1.2×3+0.9+0.8×2)×0.2+3.2×0.25=2.02m² 小计：面积=317.426m²

序号	定额编号	项目名称	计算单位	工程数量	计 算 式
1	B1-140	地砖楼面 8~10 厚陶瓷地砖	m²	246.09	二层 [茶室] 面积=7.75×6.95=53.8625m² [棋牌室] 面积=3.4×5.775×4=78.54m² [卫生间] 面积=2.975×1.775+4.575×1.3+2.975×2.6+4.475×2.975=32.276m² [房间外走道] 面积=(7.2×2+6.9-0.25)×1.775=37.365m² 三层 [杂物间] 面积=(4.7-0.25)×7.75=34.4875m² [房间外走道] 面积=(3.3-0.25)×2.6=7.93m² 门洞开口面积=(2.1+1.2+1.0×2)×0.25+(1.0×4+0.8×2)×0.2=1.32+0.32=1.64m² 小计：面积=246.09m²
2	B1-17	垫层：100 厚 C10 混凝土	m³	31.54	[健身房] 面积=7.75×6.975=54.0563m² [乒乓球室]、[台球室] 面积=5.775×7×2=80.85m² [卫生间] 面积=2.975×1.775+4.575×1.3+2.975×2.6+4.475×2.975=32.276m² [房间外走道] 面积=(7.2×3+6.9-0.1-0.125)×1.775=50.188m² [楼梯间] 面积=(3.3-0.25×2+3.6)×5.775=36.96m² [大堂] 面积=(10.8-0.1-0.125)×5.775=61.071m² 小计：面积=315.406m² 体积=315.41×0.1=31.541m²
3	B1-19 换+B1-21 换	找平层：25 厚 1：4 干硬性水泥砂浆	m²	315.41	[健身房] 面积=7.75×6.975=54.0563m² [乒乓球室]、[台球室] 面积=5.775×7×2=80.85m² [卫生间] 面积=2.975×1.775+4.575×1.3+2.975×2.6+4.475×2.975=32.276m² [房间外走道] 面积=(7.2×3+6.9-0.1-0.125)×1.775=50.188m² [楼梯间] 面积=(3.3-0.25×2+3.6)×5.775=36.96m² [大堂] 面积=(10.8-0.1-0.125)×5.775=61.071m² 小计：面积=315.406m²
4	B1-149	块料楼梯面层 10 厚陶瓷地砖	m²	56.72	水平投影面积=(3.6-0.25)×(8-0.25-2+0.3)+(3.3-0.25)×(8-0.25-2+0.3)×2-1.525×0.3=20.2675+36.905-0.4575=56.715m²

序号	定额编号	项目名称	计算单位	工程数量	计算式
5	B1-19-B1-21	找平层：15厚1：3水泥砂浆	m²	301.18	244.46+56.72=301.18m²
		找平层：15厚1：3水泥砂浆	m²	244.46	二层 [茶室] 面积＝7.75×6.95=53.8625m² [棋牌室] 面积＝3.4×5.775×4=78.54m² [卫生间] 面积＝2.975×1.775+4.575×1.3+2.975×2.6+4.475×2.975 =32.276m² [房间外走道] 面积＝(7.2×2+6.9－0.25)×1.775=37.365m² 三层 [茶物间] 面积＝(4.7－0.25)×7.75=34.4875m² [房间外走道] 面积＝(3.3－0.25)×2.6=7.93m² 小计：面积＝244.455m²
		找平层：15厚1：3水泥砂浆	m²	56.72	水平投影面积＝(3.6－0.25)×(8－0.25－2+0.3)+(3.3－0.25)×(8－0.25－2+0.3)×2－1.525×0.3=20.2675+36.905－0.4575=56.715m²
6	B1-147	踢脚线 高度100mm 找平层：15厚1：3水泥砂浆 面层：10厚陶瓷地砖	m²	41.73	首层 [健身房] 长度＝(7.75+6.975)×2=28.25m [乒乓球室] [台球室] 长度＝(5.775+7)×2×2=51.1m [卫生间] 长度＝(2.975+1.775+4.575×1.3+2.975×2.6+4.475+2.975)×2=47.3m 二层 [走道] 长度＝28.275+1.775×2+0.025+7.2+0.225=46.475m [大堂] 长度＝10.575+5.775×2=61.071m [茶室] 长度＝(7.75+6.95)×2=29.4m [棋牌室] 长度＝(14.4－0.25－0.2×3+5.775×4)×2=73.3m [卫生间] 长度＝47.3m [走道] 长度＝21.05+1.775×2+14.4+0.25=39.2m 三层长度＝(4.7－0.25)×2+8×2=24.9m [楼梯间] 长度＝(3.6－0.25)×2+5.75×2+0.118×3.6×2+(3.3－0.25)×3+5.75×4+0.118×3.6×4－0.118×0.6=30.04m 小计：面积＝417.26×0.1=41.726m²
7	B1-294	木扶手带栏杆 栏杆：不锈钢管	m	25.77	长度＝4.0942×5+3.245+1.65+0.1×4=25.766m
8	B1-315	硬木扶手	m	25.77	同前

序号	定额编号	项目名称	计算单位	工程数量	计算式
9	B6-3	木扶手油漆	m	25.77	同前
B.2		墙柱面工程			
1	B2-3换	墙面一般抹灰（内墙） 墙体类型：加气混凝土砌块墙 底层：5厚1:0.5:3 水泥石灰砂浆底 面层：15厚1:1:6 水泥石灰砂浆	m²	1458.61	首层 [健身房] 面积=(7.75+6.975)×2×3.8-2.4×2.1×2-1.2×2.1×2-1.8×2.1×2-1.2×1.5×2=88.15m² [乒乓球室] 面积=[(5.775+7)×2×3.8-1.2×2.1-1.8×2.1×2]×2=174.02m² [卫生间] 面积=[(2.975+1.775)+(4.575+1.3)+(2.975+2.6)+(4.475+2.975)]×2×3.8-1.2×2.1×2-0.9×2.1×2-0.8×2.1×4-1.2×1.5×2-2.4×1.2=160.24m² [走道] 面积=(28.275+1.775×2+0.025+7.2+7.2+0.225)×3.8-1.2×2.1×3-2.4×2.1×4-2.05×2.95×2-0.8×2.9×2-3.2×2.1-4.1×0.45-2.9×(3.9-0.65-1.3)+0.15×3.8+0.275×3.8=119.545m² [大堂] 面积=(10.575+5.775×2)×3.8-1.8×2.1-1.8×2.4=75.975m² [楼梯间] 面积=(3.05+5.775×2)×3.8-1.8×2.4=51.16m² 首层小计：面积=669.09m² 第2层 [茶室] 面积=(7.75+6.95)×2×3.5-2.4×2.1×2-1.2×2.1-1.8×2.1×2-2.1×2.6=77.28m² [棋牌室] 面积=(14.4-0.25-0.2×3+5.775×4)×2×3.5-1.0×2.1×4-1.8×2.1×4=233.03m² [卫生间] 面积=[(2.975+1.775)+(4.575+1.3)+(2.975+2.6)+(4.475+2.975)]×2×3.5-1.2×2.1×3-0.8×2.1×4+0.25)×3.5-1.0×2.1×4-1.2×1.5×2-2.4×1.2=144.79m² [走道] 面积=(21.05+1.775×2+14.4+0.65-1.0)+0.15×3.5+0.275×3.5-1.8×2.1×4-2.9×(3.6-0.65-1.0)×2×3.5+(3.05+5.775×2)×3.5-1.8×2.4=104.6475m² [楼梯间] 面积=(3.35+5.775×2)×3.5-1.8×2.4=98.93m² 二层小计：面积=658.6775m² 屋面层 面积=(8-0.25)×6×3.3-1.0×2.1×3-1.2×1.5×2-1.8×2.4-2.4×1.2-2.9×1.9=130.84m² 合计：面积=1458.6075m²

序号	定额编号	项目名称	计算单位	工程数量	计 算 式
2	B2-259	块料墙面（外墙裙） 底层：15厚1：3水泥砂浆 面层：8～10厚面砖	m²	53.04	标高3.900部分：面积=(7.2×2×8+0.25+0.15)×0.6=13.68m² 标高7.500部分：面积=(7.2×2×3+3.6+0.15×4)×2×0.6-(10.8+0.4)×0.6=24.24m² 标高10.800部分：面积=(8.325×2+8+0.25+0.15×2)×0.6=15.12m² 小计抹灰面积=53.04m²
3	B6-363	墙面涂料（外墙墙面）	m²	684.56	标高3.900部分：面积=(7.2×2×8+0.25+0.15)×3.9=88.91m² 标高7.500部分：面积=(7.2×2×3+3.6+0.15×6)×2×7.5+(8+0.25+0.1×2)×3.6=421.92m² 标高10.800部分：面积=(8.325×2+8+0.25+0.15×2)×10.8+(8+0.25+0.15+0.55+0.4)×[(3.3+0.15)×2]+(10.8+0.25+0.15×2)]=35.95m² ×3.3=299.88m² 天沟底面积=120.7×0.5=60.35m² 雨蓬反檐侧面积=(0.35+0.1+0.326+0.1+0.15+0.55+0.4)×0.76=10.032m² 花坛侧面积=(2.4+0.9)×2×2×0.76=10.032m² 室外柱面面积=0.3×4×3.4×4=16.32m² 小计：抹灰面积=933.362m² 应扣除门窗洞口面积： C2821 面积=2.8×2.1×2=11.76m² C2421 面积=2.4×2.1×10=50.4m² 组合门窗面积=2.05×2.95×2+0.8×2.95×2+4.1×0.45+3.2×2.1=25.37m² MQC-1 面积=2.9×9.1=26.39m² BYC2412 面积=2.4×1.2×3=8.64m² C1824 面积=1.8×2.4×3=12.96m² C1821 面积=1.8×2.1×14=52.92m² C1215 面积=1.2×1.5×8=14.4m² M2126 面积=2.1×2.6=5.46m² M1021 面积=1.0×2.1=2.1m² 墙面铝塑板 面积=5.76m² 银白色空调百叶 面积=(4.1+7.7×3)×1.2=32.64m² 应扣除门窗洞口面积=248.8m² 合计抹灰面积=684.562m²

序号	定额编号	项目名称	计算单位	工程数量	计 算 式
4	B2-27	15厚1:3水泥砂浆	m^2	684.56	同前
5	B3-16	墙面铝塑板（外墙）	m^2	5.76	面积$=3.2×1.8=5.76m^2$
6	B3-15	带骨架幕墙墙 MQC-1	m^2	26.39	面积$=2.9×9.1=26.39m^2$
B.3		天棚工程			
1	B4-1	天棚抹灰	m^2	958.40	首层 [健身房] 面积$=54.0563+(8-0.25)×(0.5×2+0.25)+(2×3.6-0.25×2)×(0.45×2+0.25)=71.43m^2$ [乒乓球室][台球室] 面积$=[80.85+(6-0.25)×(0.55×2+0.25)+(6-0.275-0.1)×0.025+(3.6-0.25)0.025×2]×2=177.84m^2$ [卫生间] 面积$=32.276+(4.7-0.25)×0.025×2+(4.7-0.25-0.25)×0.025×2+(2.8-0.25)×0.025×2=32.836m^2$ [走道] 面积$=50.188+(3.6-0.25)×0.025×4+(3.6-0.25)×(0.25+0.45×2)×3+(3.3-0.25)×(0.25+0.45×2)+(2-0.25)×(0.25+0.55×2)×6+(2-0.25)×0.025×(2-0.275-0.125)×(0.025+0.25+0.55×2)=82.5393m^2$ [大堂] 面积$=61.071+(6-0.25)×0.025+(6-0.125-0.275)×(0.25+0.55×2)=68.78m^2$ 面积=水平投影面积$×1.3+(3.6-0.25)×(8-0.25-2+0.3)=56.715m^2×1.3+20.2675=93.997m^2$ 首层小计：面积$=527.4223m^2$ 二层 [茶室] 面积$=53.8625+(3.6-0.25)×2×(0.45×2+0.25)+(8-0.25)×(0.5×2+0.25)=71.255m^2$ [棋牌室] 面积$=78.54+(6-0.25)×6×0.025+(3.6-0.25)×4×0.025=79.82m^2$ [卫生间] 面积$=32.276+(4.7-0.25)×0.025×2=32.499m^2$ [走道] 面积$=37.364+(2-0.25)×5×(0.25+0.55×2)+(3.6-0.25)×(0.25+0.45×2)+(3.3-0.25)×(0.25+0.45×2)+(3.6-0.25)×4×0.025=56.8715m^2$ 二层小计：面积$=240.4455m^2$ 三层 面积$=5.09×5.09+(5.09+8)×2.09×2=25.91+54.72=80.63m^2$ 室外雨篷顶面抹灰：面积$=(3.3+0.5)×(10.8+0.625×2)×1.2$系数$=54.948m^2$ 室外雨篷底面抹灰：面积$=54.948m^2$ 合计：面积$=958.396m^2$

序号	定额编号	项目名称	计算单位	工程数量	计 算 式
B.4	门窗工程				
1	B5-171	连窗门门安装 M2126	m²	4.41	2.1×2.1=4.41m²
2	B5-33	夹板门制作 M1221	m²	32.97	10.08+8.4+1.89+12.6=32.97m²
		夹板门制作 M0821	m²	10.08	2.52m²×4樘=10.08m²
		夹板门制作 M0921	m²	8.4	1.68m²×5樘=8.4m²
		夹板门制作 M1021	m²	1.89	0.9×2.1=1.89m²
		夹板门制作 M1021	m²	12.6	2.1m²×6樘=12.6m²
3	B5-34	夹板门安装 M1221	m²	32.97	10.08+8.4+1.89+12.6=32.97m²
		夹板门安装 M0821	m²	10.08	2.52m²×4樘=10.08m²
		夹板门安装 M0921	m²	8.4	1.68m²×5樘=8.4m²
		夹板门安装 M1021	m²	1.89	0.9×2.1=1.89m²
		夹板门安装 M1021	m²	12.6	2.1m²×6樘=12.6m²
		木门油漆	m²	32.97	10.08+8.4+1.89+12.6=32.97m²
4	B6-1	木门油漆 M1221	m²	10.08	2.52m²×4樘=10.08m²
		木门油漆 M0821	m²	8.4	1.68m²×5樘=8.4m²
		木门油漆 M0921	m²	1.89	0.9×2.1=1.89m²
		木门油漆 M1021	m²	12.6	2.1m²×6樘=12.6m²
5	B5-155	连窗门安装 M5729	m²	6.72	3.2×2.1=6.72m²
6	B5-157	连窗门侧亮安装	m²	4.72	2.95×0.8×2=4.72m²
7	B5-173	塑钢窗安装 C1215	m²	14.4	1.8m²×8樘=14.4m²
8	B5-174	塑钢窗安装 C2821	m²	128.04	11.76+50.4+12.96+52.92=128.04m²
		塑钢窗安装 C2421	m²	11.76	5.88m²×2樘=11.76m²
		塑钢窗安装 C1824	m²	50.4	5.04m²×10樘=50.4m²
		塑钢窗安装 C1821	m²	12.96	4.32m²×3樘=12.96m²
		塑钢窗安装 C1821	m²	52.92	3.78m²×14樘=52.92m²
9	B5-175	连窗门安装	m²	15.105	1.16+1.845+12.10=15.105m²

序号	定额编号	项目名称	计算单位	工程数量	计 算 式
9	B5-175	连窗门窗安装	m²	1.16	2.1×0.55=1.16m²
		连窗门固窗安装	m²	1.845	1.025×4×0.45=1.845m²
10	B5-176	塑钢窗安装 C2030	m²	12.10	6.05m²×2 樘=12.10m²
		百叶窗安装 BYC2412	m²	8.64	2.88m²×3 樘=8.64m²
11	B5-146	金属百叶窗 厚 10φ50 银白色铝合金百叶	m²	68	面积=(4.1+7.7×3)×(0.65×2+1.2)=68m²
12	B5-328	大理石门套	m²	13.12	面积=(3.6+2.3×2)×0.4×4=13.12m²
13	B5-364	执手锁安装	把	16	
14	B5-373	电子锁安装	把	2	
A.5		混凝土及钢筋混凝土模板及支撑工程			
1	A9-30	垫层模板	m²	36.56	1-1 面积=0.1×(40.4+8)×2×2=19.36m² 2-2 面积=0.1×(8-0.7×2)×4×2=5.28m² 3-3 面积=0.1×(8-0.7×2)×2×2=2.64m² 4-4 面积=0.1×(8-0.7×2)×3×2=3.96m² 5-5 面积=0.1×(8-0.7×2)×2×2=1.32m² 6-6 面积=0.1×(3.3-0.7-0.6)×2×2=0.8m² 7-7 面积=0.1×(10.8+3.3×2-0.7×2)×2=3.2m² 小计: 模板面积=36.56m²
2	A9-9	带形基础模板	m²	268.11	1-1 截面: 面积=(0.25+0.381)×(40.4+8)×2×2=122.1616m² 3-3 截面: 面积=(0.25+0.667)×(8-0.6×2)×2×2=24.9424m² 4-4 截面: 面积=(0.25+0.57)×(8-0.6×2)×3×2=33.456m² 5-5 截面面积=(0.25+0.4743)×(8-0.6×2)×2=9.8505m² 7-7 截面面积=(0.25+0.292)×(10.8+3.3×2-0.6×2)×2=17.5608m² JL-1: 面积=2×0.2×[40.4×2+8×8+10.8+3.3×2-(0.125+0.275)×6-0.275×4-(0.175+0.275)×2-0.275×4-0.4×12-0.3×2-0.175×2-0.3×2]=60.14m² 小计: 模板面积=268.1113m²

序号	定额编号	项目名称	计算单位	工程数量	计算式
3	A9-52	矩形柱模板	m²	284.00	面积＝16.01+34.89+72.59+104.51+37.44+18.56＝284.00m²
		矩形柱模板（KZ1a）	m²	16.01	面积：0.4×4×(1.8-0.4+3.87)×2根＝16.864m² 应扣除：0.25×0.2×4+0.25×0.65×4＝0.85m² 小计：模板面积＝16.014m²
		矩形柱模板（KZ9）	m²	34.89	面积：0.3×4×(1.8-0.4+3.87)×6根＝37.944m² 应扣除：0.25×0.2×12+0.25×0.4×4+0.25×0.5×8+0.25×0.65×4+0.25×0.4×4＝3.05m² 小计：模板面积＝34.894m²
		矩形柱模板（KZ6，KZ7，KZ11）	m²	72.59	KZ6面积＝0.4×4×(1.8-0.4+10.77)＝19.472m² KZ7面积＝0.4×4×(1.8-0.4+10.77)×2根＝38.944m² KZ11面积＝0.4×4×(1.8-0.4+10.77)＝19.472m² 小计：面积：77.888m² 应扣除： KZ6，KZ7：(0.25×0.2×3+0.25×0.65×3+0.25×0.65×3+0.25×0.4×2)×3＝3.975m² KZ11：0.25×0.2×3+0.25×0.65×3+0.25×0.65×3+0.25×0.4×2＝1.325m² 小计：模板面积＝72.588m²
		矩形柱模板（KZ2，KZ3，KZ4，KZ5，KZ8，KZ10）	m²	104.51	KZ2面积＝0.4×4×(1.8-0.4+7.47)＝14.192m² KZ3面积＝0.4×4×(1.8-0.4+7.47)＝14.192m² KZ4面积＝0.4×4×(1.8-0.4+7.47)×2根＝28.384m² KZ5面积＝0.4×4×(1.8-0.4+7.47)×2根＝28.384m² KZ8面积＝0.4×4×(1.8-0.4+7.47)＝14.192m² KZ10面积＝0.4×4×(1.8-0.4+7.47)＝14.192m² 小计：面积：113.536m² 应扣除： KZ2，KZ8：(0.25×0.2×3+0.25×0.65×3+0.25×0.65×2)×2＝1.925m² KZ3：(0.25×0.2×3+0.25×0.65×3+0.25×0.65×3)×2＝2.25m² KZ4，KZ5：(0.25×0.2×7+0.25×0.65×6+0.25×0.5+0.25×0.65×6)×2＝4.85m² 小计：模板面积＝104.511m²

序号	定额编号	项目名称	计算单位	工程数量	计算式
3	A9-52	矩形柱模板 KZ1	m²	37.44	KZ1 面积$=0.4\times4\times(1.8-0.4+10.77)\times2$根$=38.944$m² 应扣除: KZ1: $0.25\times0.2\times4+0.25\times0.65\times4+0.25\times0.65\times4=1.5$m² 小计: 模板面积$=37.444$m²
		矩形柱模板 TZ	m²	18.56	基础层 TZ 面积$=0.25\times4\times1.17\times4=4.68$m² 首层 TZ 面积$=0.25\times4\times(3.9-0.65+1.95)\times2=10.4$m² 二层 TZ 面积$=0.25\times4\times1.95\times2=3.9$m² 小计: 面积$=18.98$m² 应扣除: TL 面积$=0.2\times0.35\times6=0.42$m² 小计: 模板面积$=18.56$m²
		矩形柱模板超高增加	m²	19.92	面积$=2.01+4.41+3.47+7.72+2.01+0.3=19.92$m²
		矩形柱模板超高增加 (KZ1a)	m²	2.01	面积$=0.4\times4\times2\times0.8-0.25\times0.55\times4=2.01$m²
		矩形柱模板超高增加 (KZ9)	m²	4.41	面积$=0.3\times4\times6\times0.8-0.25\times0.55\times4-0.25\times0.4\times8=4.41$m²
		矩形柱模板超高增加 (KZ6、KZ7、KZ11)	m²	3.47	KZ6、KZ11: 面积$=(0.4\times4\times0.8-0.25\times0.55\times3)\times2=1.735$m² KZ7: 面积$=0.4\times4\times2-0.25\times0.55\times6=1.735$m² 小计: 模板面积$=3.47$m²
4	A9-60	矩形柱模板超高增加 (KZ2、KZ3、KZ4、KZ5、 KZ8、KZ10)	m²	7.72	KZ2、KZ3、KZ8: 面积$=(0.4\times4\times0.8-0.25\times0.55\times3)\times3=2.6025$m² KZ4、KZ5: 面积$=(0.4\times4\times0.8\times2-0.25\times0.55\times6-0.25\times0.4)\times2=3.25$m² KZ10: 面积$=0.4\times4\times0.8-0.25\times0.55\times3=0.8675$m² 小计: 模板面积$=7.72$m²
		矩形柱模板超高增 加 KZ1	m²	2.01	KZ1: 面积$=0.4\times4\times0.8\times2-0.25\times0.55\times4=2.01$m²
		矩形柱模板超高增 加 TZ	m²	0.3	首层 TZ 面积$=0.25\times4\times0.15\times2=0.3$m²

序号	定额编号	项目名称	计算单位	工程数量	计 算 式
5	A9-63	基础梁模板	m²	42.16	面积=33.6+4.72+3.84=42.16m²
		基础梁模板JL2	m²	33.6	JL2面积=2×0.6×(8-0.25×4)×4=33.6m²
		基础梁模板JL3	m²	4.72	面积=2×0.4×(3.3-0.35)×2=4.72m²
		基础梁模板TJL	m²	3.84	面积=2×0.3×(3.3-0.25×2+3.6)=3.84m²
		过梁模板	m²	25.00	面积=15.64+9.36=25.00m²
6	A9-72	过梁板	m²	15.64	M1221: 面积=(0.2+2×0.3)×(1.2+0.25×2)×4根=5.44m² C1824: 面积=(0.25+2×0.3)×(1.8+0.25×2)×3根=5.865m² 门洞: 面积=(0.25+2×0.3)×(1.2+0.25×2)×3根=4.335m² 小计: 面积=15.64m²
		过梁板	m²	9.36	M1021: 面积=(0.2+2×0.2)×(1.0+0.25×2)×6根=5.4m² M0921: 面积=(0.2+2×0.2)×(0.9+0.25×2)×2根=0.84m² M0821: 面积=(0.2+2×0.2)×(0.8+0.25×2)×4根=3.12m² 小计: 面积=9.36m²
7	A9-102	有梁板模板	m²	1200.98	面积=1045.39+155.59=1200.98m²
		有梁板模板 KL1 (1)、KL2 (1)、KL3 (2)、KL5 (1)、KL7 (1)、KL8 (1)、KL9 (7)、KL10 (9)、LL1 (1)、LL2 (1)、LL3 (1)、LL4 (1)、LL5 (7)、板	m²	1045.39	KL1 (1) 面积=[0.25+2×(0.65-0.1)]×[(8-0.125-0.275)+(8-0.125-0.275)×3+(8-0.275×2)]-0.25×0.45×8=1.35×(7.6+30.25)-0.9=50.1975m² KL2 (1) 面积=[0.25+2×(0.65-0.1)]×(8-0.125-0.275)-0.25×0.45×2=1.35×7.6-0.225=10.035m² KL3 (2) 面积=[0.25+2×(0.65-0.1)]×(8+3.3-0.175-0.275-0.4)×2-0.25×0.45×4=1.35×20.9-0.45=27.765m² KL5 (1) 面积=[0.25+2×(0.65-0.1)]×(8-0.125-0.275+8-0.275×2)-0.25×0.45×4=1.35×15.05-0.45=19.8675m² KL7 (1) 面积=[0.25+2×(0.65-0.1)]×(8-0.275×2)-0.25×0.45×2-0.25×0.25=1.35×7.45-0.225-0.0625=9.77m² KL8 (1) 面积=[0.25+2×(0.65-0.1)]×(8-0.125-0.275)-0.25×0.45-0.25×0.25=1.35×7.6-0.1125-0.0625=10.085m²

序号	定额编号	项目名称	计算单位	工程数量	计 算 式
					KL9 (7) 面积=[0.25+2×(0.65-0.1)]×[(40.4-0.275×2-0.4×6)+(33.2-0.275-0.2-0.4×5)]-0.25×0.5×7=1.35×(37.45+30.725)-0.875=91.16m²
					KL10(9) 面积=[0.25+2×(0.65-0.1)]×(40.4-0.275×2-0.4×6-0.3×2)-0.25×0.5×4=1.35×36.85-0.5=49.2475m²
					KL12 (1) 面积=[0.25+2×(0.65-0.1)]×[(8-0.125-0.275)×2+(8-0.275×2)]-0.25×0.5×5=1.35×22.65=30.5625m²
					KL13 (6) 面积=[0.25+2×(0.65-0.1)]×(33.2-0.275-0.2-0.4×5)-0.25×0.5×3=1.35×30.725-0.375=41.10375m²
		有梁板模板 KL1 (1)、KL2 (1)、 KL3 (2)、KL5 (1)、 KL7 (1)、KL8 (1)、 KL9 (7)、KL10 (9)、 LL1 (1)、LL2 (1)、 LL3 (1)、LL4 (1)、 LL5 (7)、板			LL1 (1) 面积=[0.25+2×(0.6-0.1)]×(8-0.25)×3×2-0.25×0.45×6×2=1.25×23.25×2-1.35=56.775m²
7	A9-102		m²	1045.39	LL2 (1) 面积=[0.25+2×(0.6-0.1)]×(8-0.25)-0.25×0.45×2=1.25×7.75-0.225=9.4625m²
					LL3 (1) 面积=[0.25+2×(0.35-0.1)]×(2.8-0.25)=0.75×2.55=1.9125m²
					LL4 (1) 面积=[0.25+2×(0.35-0.1)]×(4.7-0.25)-0.25×0.25=0.75×4.45-0.0625=3.275m²
					LL5 (7) 面积=[0.25+2×(0.55-0.1)]×(40.4-0.25×11)-0.25×0.25=1.15×37.65-0.0625=43.235m²
					LL6 (7) 面积=[0.25+2×(0.55-0.1)]×(33.2-0.25×9)=1.15×30.95=35.5925m²
					板厚100mm 面积=(40.4+0.25×2+33.2)×(8+0.25)-(3.6-0.25)×(8-0.25-2+0.3)-(3.3-0.25)×(8-0.25-2+0.3)×2+3.05×0.3=555.89m³
					小计：有梁板面积=1045.3888m²

序号	定额编号	项目名称	计算单位	工程数量	计算式
7	A9-102	有梁板模板 WKL1（4）、WKL2（4）、屋面板、斜坡屋面板、平面屋面板	m^2	155.59	WKL1（4）、WKL2（4）面积＝（0.5－0.12）×2×7.001×4＝21.283m^2 三层屋面板四周梁：面积＝2×（0.4－0.12）×（8×4－0.4×4－0.275×4）＝0.56×29.3＝16.408m^2 屋面板底高程：10.800～14.925m 斜坡屋面面积＝8×5.7459×4÷2＝91.992m^2 平面屋面板面积＝5.09×5.09＝25.91m^2 小计：有梁板模板面积＝155.593m^2
		有梁板模板超高增加	m^2	689.02	面积＝533.425＋155.59＝689.015m^2
8	A9-117	有梁板模板超高增加 KL1（1）、KL2（1）、KL3（2）、KL5（1）、KL7（1）、KL8（1）、KL9（7）、KL10（9）、LL1（1）、LL2（1）、LL3（1）、LL4（1）、LL5（7）、板	m^2	533.425	KL1（1）面积＝[0.25＋2×（0.65－0.1)]×（8－0.125－0.275）－0.25×0.45＝1.35×7.6－0.1125＝10.1475m^2 KL2（1）面积＝[0.25＋2×（0.65－0.1)]×（8－0.125－0.275）－0.25×0.45×2＝1.35×7.6－0.225＝10.035m^2 KL3（2） 面积＝[0.25＋2×（0.65－0.1)]×（8＋3.3－0.175－0.275－0.4）×2－0.25×0.45×4＝1.35×20.9－0.45＝27.765m^2 KL5（1） 面积＝[0.25＋2×（0.65－0.1)]×（8－0.125－0.275＋8－0.275×2）－0.25×0.45×2＝1.35×15.05－0.45＝19.8675m^2 KL7（1） 面积＝[0.25＋2×（0.65－0.1)]×（8－0.275×2）－0.25×0.45×2－0.25×0.25＝1.35×7.45－0.225－0.0625＝9.77m^2 KL8（1） 面积＝[0.25＋2×（0.65－0.1)]×（8－0.125－0.275）－0.25×0.45－0.25×0.25＝1.35×7.6－0.1125－0.0625＝10.085m^2 KL9（7） 面积＝[0.25＋2×（0.65－0.1)]×（40.4－0.275×2－0.25×0.5×4）－0.25×0.5＝1.35×37.45－0.5＝50.0575m^2 KL10（9） 面积＝[0.25＋2×（0.65－0.1)]×（40.4－0.275×2－0.4×6）－0.25×0.3×2）－0.25×0.5＝1.35×36.85－0.5＝49.2475m^2

序号	定额编号	项目名称	计算单位	工程数量	计 算 式
8	A9-117	有梁板模板超高增加 KL1 (1)、KL2 (1)、KL3 (2)、KL5 (1)、KL7 (1)、KL8 (1)、KL9 (7)、KL10 (9)、LL1 (1)、LL2 (1)、LL3 (1)、LL4 (1)、LL5 (7)、板	m²	533.425	LL1 (1) 面积=[0.25+2×(0.6-0.1)]×(8-0.25)×3-0.25×0.45×6=1.25×23.25-0.675=28.3875m² LL2 (1) 面积=[0.25+2×(0.6-0.1)]×(8-0.25)-0.25×0.45×2=1.25×7.75-0.225=9.4625m² LL3 (1) 面积=[0.25+2×(0.35-0.1)]×(2.8-0.25)=0.75×2.55=1.9125m² LL4 (1) 面积=[0.25+2×(0.35-0.1)]×(4.7-0.25)-0.25×0.25=0.75×4.45-0.0625=3.275m² LL5 (7) 面积=[0.25+2×(0.55-0.1)]×(40.4-0.25×11)-0.25×0.25=1.15×37.65-0.0625=43.235m² 板厚 100mm 面积=(40.4+0.25)×(8+0.25)-(3.6-0.25)×(8-0.25-2+0.3)-(3.3-0.25)×(8-0.25-2+0.3)+3.3×(10.8+0.25)=260.1775m² 小计：有梁板超高增加面积=533.425m²
		有梁板模板超高 WKL1 (4)、WKL2 (4)、屋面板、斜坡屋面板、平面屋面板	m²	155.59	WKL1 (4)、WKL2 (4) 面积=(0.5-0.12)×2×7.001×4=21.283m² WKL2 四周梁：面积=2×(0.4-0.12)×(8×4-0.4×4-0.275×4)-0.56×29.3=16.408m² 三层屋面板高程：10.800~14.925m 屋面板面积=8×5.7459×4÷2=91.992m² 斜坡屋面板面积=5.09×5.09=25.91m² 平面屋面板面积=5.09×5.09=25.91m² 小计：有梁板模板面积=155.593m²
9	A9-125	雨篷板模板	m²	58.67	KL11 (3) 面积=(0.5+0.3+0.2×2)×(10.8-0.175×2-0.3×2+3.3×2-0.45×2)=1.2×15.55=18.66m² KL4 (1)、KL6 (1) 面积=(0.4-0.1)×2×(3.3-0.175×2)=0.6×2.95×2=3.54m² 雨篷板=3.3×(10.8+0.25)=36.465m³ 小计：雨篷板面积=58.665m²

续表

序号	定额编号	项目名称	计算单位	工程数量	计　算　式
10		雨篷板、挑檐板模板	m²	37.31	面积=31.85+5.46=37.31m²
	A9-128	雨篷板挑檐模板	m²	31.85	雨篷挑檐：面积=(10.8+0.375×2+3.3+0.375)×(0.25+0.15+0.1+0.292+0.1+0.35+0.85)=15.225×2.092=31.8507m²
		挑檐板模板	m²	5.46	面积=1.2×0.65×7=5.46m²
11	A9-86	墙模板	m²	296.37	斜长=2.04m 首层长度=(7.2-1.02)×2+8-2.04=18.32m 二层长度=(25.2-1.02)×2+8-2.04=54.32m 小计：长度=72.64m 面积=72.64×2×2.04=296.37m²
12	A9-96	墙模板超高增加	m²	296.37	同上
13	A9-131	天沟模板	m²	181.05	天沟长度=120.7m 面积=120.7×(0.8+0.7)=181.05m²
14	A9-123	楼梯模板	m²	56.72	水平投影面积=(3.6-0.25)×(8-0.25-2+0.3)+(3.3-0.25)×(8-0.25-2+0.3)×2-1.525×0.3=20.2675+36.905-0.4575=56.715m²
15	A9-127	其他构件台阶模板	m²	42.25	台阶水平投影面积=(6-0.12)×1.2=7.056m² 平台水平投影面积=3.3×(10.8+0.4)-(6-0.12)×0.3=35.196m² 小计：7.056+35.196=42.252m²
16	A9-132	其他构件花池模板	m²	30.17	面积=(2.4+0.9)×2×2×1.14×2=30.17m²
17	A9-135	散水模板	m²	72.16	散水长度=[(40.65+0.8)+(8.25+0.8)]×2-10.8=90.2m 面积=90.2×0.8=72.16m²
18	A9-132	坡道模板	m²	30.70	面积=2×3.14×10.5×2.8÷6=30.7027m²
A.6		脚手架工程			
1	A10-1	综合脚手架	m²	679.39	雨篷挑檐：面积=(10.8+0.375×2+3.3+0.375)×(0.25+0.15+0.1+0.292+0.1+0.35+0.85)=15.225×2.092=31.8507m² 建筑面积=(40.65+33.45+8.25)×8.25=679.3875m²

序号	定额编号	项目名称	计算单位	工程数量	计 算 式
2	A10-24	3.6m以内钢管里脚手架	m²	644.02	混凝土基础梁 $V_1=4.65+0.6+0.38=5.63m^3$ 混凝土柱 $V_2=1.69+2.85+7.7+11.35+3.89+1.52=29.09m^3$ 混凝土墙 $V_3=14.82m^3$ 脚手架工程量$=(V_1+V_2+V_3)\times13m^2=49.54\times13m^2=644.02m^2$
3	A10-26	满堂脚手架	m²	415.54	首层 [健身房] 面积$=7.75\times6.975=54.0563m^2$ [乒乓球室]、[台球室] 面积$=5.775\times7\times2=80.85m^2$ [卫生间] 面积$=2.975\times1.775+4.575\times1.3+2.975\times2.6+4.475\times2.975$ $=32.276m^2$ [房间外走道] 面积$=(7.2\times3+6.9-0.1-0.125)\times1.775=50.188m^2$ [楼梯间] 面积$=(3.3-0.25\times2+3.6)\times5.775=36.96m^2$ [大堂] 面积$=(10.8-0.125)\times5.775=61.071m^2$ 小计：面积$=315.406m^2$ 三层 面积$=(8-0.25)\times(8-0.25)=60.0625m^2$ 室外雨篷底面抹灰：面积$=(3.3+0.2)\times(10.8+0.25+0.2\times2)=40.075m^2$ 合计：面积$=415.5435m^2$
A.7		垂直运输工程			
1	A11-1	垂直运输卷扬机施工	m²	679.39	水平投影面积$=(3.6-0.25)\times(8-0.25)+(3.3-0.25)\times(8-0.25)\times2=73.2375m^2$ 建筑面积$=(40.65+33.45+8.25)\times8.25=679.3875m^2$

表 2-2　　　　　　　　　　　　封　　面

建筑工程定额计价预算书

<u>　　　　　　　某会所　　　　　　　</u>工程

招标单位：<u>　　　　　　　　　　　　　　　　　　　</u>（单位盖章）

设计单位：<u>　　　　　　　　　　　　　　　　　　　</u>

投标单位：<u>　　　　　　　　　　　　　　　　　　　</u>（单位盖章）

投标时间：<u>　　　　　　　　　　　　　　　　　　　</u>

编制人及资格证号：<u>　　　　　　　　　　　　　　　</u>

表 2-3　　　　　　　　　　　编　制　说　明

1. 本工程为××会所工程，建筑面积 679.38m^2，框架结构，建筑层数两层，建筑高度 11.4m。

2. 本工程造价编制范围：包括××会所土建工程，未包括入口组合门门框装饰结构部分和电动装置报价。

3. 本造价编制依据：《建设工程工程量清单计价规范》（GB 50500—208）、《湖北省建筑工程消耗量定额及统一基价表》2008、《湖北省建筑安装工程费用定额》2008、××会所施工图纸及图纸引用相关图集规范等。

4. 本造价涉及相关条件和内容说明：

（1）土方工程按人工施工编制，土壤类别三类土，运土距离 50m。

（2）混凝土模板按木模板木支撑编制，垂直运输机械为卷扬机施工。

（3）塑钢窗报价中按 220 元/m^2 计算（为运至施工现场单价）。

（4）人工和材料单价均按定额中单价计算，未做调整。

（5）室外雨篷底面抹灰脚手架工程量按底面水平投影面积计算，执行室内满堂脚手架定额项目。

（6）三层 M1021 上室外雨篷无尺寸，工程量未计算。

表 2 - 4

单 项 工 程 费 汇 总 表

金额单位：元

序号	费用名称	取费基数	费率	费用金额
1	建筑工程	建筑工程		750 901.58
2	装饰工程	装饰工程		281 412.78
3	工程造价	专业造价总合计		1 032 314.36

编制人：   审核人：   编制日期：

第二章　编制施工图预算

表 2-5

单位工程费用汇总表

金额单位：元

序号	费用名称	取 费 基 数	费率	费用金额
1	建筑工程	建筑工程		750 901.58
一	直接工程费	人工费＋材料费＋未计价材料＋机械使用费＋构件增值税		401 262.6
1.1	人工费	人工费		93 231.52
1.2	材料费＋未计价材料	材料费＋主材费		298 785.12
1.3	机械使用费	机械费		9245.96
1.4	构件增值税	构件增值税	7.05	
二	措施项目费	技术措施费＋组织措施费		167 483
2.1	技术措施费	人工费＋材料费＋机械费		141 692.63
2.1.1	人工费	技术措施项目人工费		52 088.32
2.1.2	材料费	技术措施项目材料费		80 954.72
2.1.3	机械费	技术措施项目机械费		8649.59
2.2	组织措施费	安全文明施工费＋其他组织措施费		25 790.37
2.2.1	安全文明施工费	直接工程费＋技术措施费	4.15	22 532.64
2.2.2	其他组织措施费	直接工程费＋技术措施费	0.6	3257.73
三	总包服务费	总承包管理和协调＋总承包管理、协调和配合服务＋招标人自行供应材料		
3.1	总承包管理和协调			
3.2	总承包管理、协调和配合服务			
3.3	招标人自行供应材料			
四	价差	人工价差＋材料价差＋机械价差		48 063.44
4.1	人工价差	人工价差		
4.2	材料价差	材料价差		48 063.44
4.3	机械价差	机械价差		
五	施工管理费	直接工程费＋措施项目费	5.45	30 996.64
六	利润	直接工程费＋措施项目费＋价差	5.15	31 765.67
七	规费	直接工程费＋措施项目费＋总包服务费＋价差＋施工管理费＋利润	6.35	43 152.78
八	安全技术服务费	直接工程费＋措施项目费＋总包服务费＋价差＋施工管理费＋利润＋规费	0.15	1084.09
九	意外伤害费	直接工程费＋措施项目费＋总包服务费＋价差＋施工管理费＋利润＋规费	0.05	361.36
十	不含税工程造价	直接工程费＋措施项目费＋总包服务费＋价差＋施工管理费＋利润＋规费＋安全技术服务费＋意外伤害费		724 169.58

序号	费用名称	取 费 基 数	费率	费用金额
十一	税前包干项目	税前包干价		
十二	税金	不含税工程造价+税前包干价	3.6914	26 732
十三	税后包干项目	税后包干价		
十四	含税工程造价	不含税工程造价+税金+税前包干项目+税后包干项目		750 901.58
2	装饰工程	装饰工程		281 412.78
一	直接工程费	人工费+材料费+未计价材料费+机械使用费+构件增值税		227 002.12
1.1	人工费	人工费		46 916.71
1.2	材料费	材料费		175 919.57
1.3	未计价材料费	主材费		
1.4	机械使用费	机械费		4165.84
1.5	构件增值税	构件增值税	7.05	
二	措施项目费	技术措施费+组织措施费		5797.87
2.1	技术措施费	人工费+材料费+机械费		
2.1.1	人工费	技术措施项目人工费		
2.1.2	材料费	技术措施项目材料费		
2.1.3	机械费	技术措施项目机械费		
2.2	组织措施费	安全文明施工费+其他组织措施费		5797.87
2.2.1	安全文明施工费	人工费+机械使用费+人工费+机械费	9.45	4827.3
2.2.2	其他组织措施费	人工费+机械使用费+人工费+机械费	1.9	970.57
三	价差	人工价差+材料价差+机械价差		9058.47
3.1	人工价差	人工价差		
3.2	材料价差	材料价差		9058.47
3.3	机械价差	机械价差		
四	施工管理费	人工费+机械使用费+人工费+机械费	15	7662.38
五	利润	直接工程费+措施项目费+价差	5.15	12 455.71
六	规费	人工费+机械使用费+人工费+机械费	17.8	9092.69
七	安全技术服务费	直接工程费+措施项目费+总包服务费+价差+施工管理费+利润+规费	0.12	325.28
八	不含税工程造价	直接工程费+措施项目费+总包服务费+价差+施工管理费+利润+规费+安全技术服务费		271 394.52
九	税金	不含税工程造价+税前包干价	3.6914	10 018.26
十	含税工程造价	不含税工程造价+税金+税前包干项目+税后包干项目		281 412.78

序号	费用名称	取 费 基 数	费率	费用金额
3	工程造价	专业造价总合计		1 032 314.36

编制人：　　　　　　　　审核人：　　　　　　　　编制日期：

表 2 - 6　　　　　　　　　措施项目分项汇总表

金额单位：元

序号	措施项目名称	单位	工程量	合价
1	排水降水	项	1	
2	混凝土、钢筋混凝土模板及支撑	项	1	121 839.28
3	脚手架	项	1	14 462.43
4	垂直运输费	项	1	5390.96
5	大型机械设备进出场及安拆费	项	1	
6	已完工程及设备保护费	项	1	
7	地上、地下设施、建筑物临时保护设施费	项	1	
	小　　计			141 692.67

编制人：　　　　　　　　审核人：　　　　　　　　编制日期：

表 2-7

措施项目分项汇总表

金额单位：元

序号	定额编码	子目名称	工程量		价	值	其	中	
			单位	数量	单价	合价	人工费合价	材料费合价	机械费合价
	一	排水降水							
	二	混凝土、钢筋混凝土模板及支撑				121 839.28	47 088.87	71 872.66	2877.72
1	A9-30	混凝土基础垫层 木模板 木支撑	100m²	0.3656	3255.45	1190.19	224.23	947.01	18.95
2	A9-9	钢筋混凝土（有梁式）钢筋混凝土 木模板 木支撑	100m²	2.6811	3227.98	8654.54	3451.06	5085.43	118.05
3	A9-52	矩形柱 木模板 木支撑	100m²	2.84	4966.15	14103.87	4654.14	9193.31	256.42
4	A9-60	柱支撑高度超过 3.6m 每增加 1m 木支撑	100m²	0.1992	346.68	69.06	29.86	38.27	0.93
5	A9-63	基础梁 木模板 木支撑	100m²	0.4216	3402.13	1434.34	568.58	833.5	32.26
6	A9-72	过梁 九夹板模板 木支撑	100m²	0.25	5128.11	1282.03	638.43	615.49	28.11
7	A9-102	有梁板 木模板 木支撑	100m²	12.0098	4412.88	52 997.81	20 066.93	31 763.76	1167.11
8	A9-117	板支撑高度超过 3.6m 每增加 1m 木支撑	100m²	6.890 15	753.7	5193.11	2176.18	2855.9	161.02
9	A9-125	阳台、雨篷 直形 木模板 木支撑	10m²	5.867	969.25	5686.59	2084.31	3385.79	216.49
10	A9-128	栏板、遮阳板 木模板 木支撑	100m²	0.3731	4277.33	1595.87	540.8	1011.66	43.41
11	A9-86	直形墙 木模板 木支撑	100m²	2.9637	3035.83	8997.29	3251.12	5504.84	241.33
12	A9-131	挑檐天沟 木模板 木支撑	100m²	1.8105	4973.01	9003.63	4633.5	4109.15	260.98
13	A9-123	楼梯直形 木模板 木支撑	10m²	5.672	1154.13	6546.23	2880.81	3460.32	205.1
14	A9-127	台阶 木模板 木支撑	10m²	4.225	258.73	1093.13	520.94	550.35	21.84
15	A9-132	零星构件 木模板 木支撑	100m²	0.3017	6411.8	1934.44	656.23	1225.8	52.4

序号	定额编码	子目名称	工程量		价 值		其 中		
			单位	数量	单价	合价	人工费合价	材料费合价	机械费合价
16	A9-135	混凝土散水 钢模板 木支撑	100m²	0.7216	122.96	88.73	43.99	44.74	53.32
17	A9-132	零星构件 木模板 木支撑	100m²	0.307	6411.8	1968.42	667.76	1247.34	380.91
三		脚手架							
1	A10-1	综合脚手架 建筑面积	100m²	6.7939	1593.07	14 462.43	4999.45	9082.06	180.31
2	A10-24	里脚手架 3.6m以内	100m²	6.4402	215.36	1386.96	1082.34	283.24	21.38
3	A10-26	满堂脚手架 基础 3.6m高	100m²	4.1554	542.02	2252.31	839.47	1233.61	179.22
四		垂直运输费							
1	A11-1	20m（且6层）以内建筑物垂直运输 20m（6层）以内 卷扬机施工	100m²	6.7939	793.5	5390.96			5390.96
		合 计				141 692.67	52 088.32	8 095 4.72	8649.59

编制人：　　　　审核人：　　　　编制日期：

表 2－8 单位工程预算表

金额单位：元

序号	定额编号	子目名称	工程量		价 值		其 中					工日统计
			单价	数值	单价	合价	人工合价	材料合价	机械合价	主材合价	设备合价	
	0102	第二章 砌筑工程				50 301.45	10 159.32	39 818.78	323.35			224.2563
1	A2-1	水泥砂浆砖基础 水泥砂浆 M5	10m³	3.553	2126.6	7555.81	1960.4	5475.46	119.95			43.2755
2	A2-171	加气混凝土砌块墙 600×300×(125、200、250) 混合砂浆	10m³	18.08	2364.25	42 745.64	8198.92	34 343.32	203.4			180.9808
	0103	第三章 混凝土及钢筋混凝土工程				285 075.7	50 108.8	227 238.42	7728.46			1107.8877
1	A3-11	现场搅拌混凝土构件 基础 基础垫层 C10	10m³	2.41	2427.35	5849.91	1455.4	4231.82	162.7			32.5591

序号	定额编号	子目名称	工程量		价值		人工合价	其中				工日统计
			单价	数值	单价	合价		材料合价	机械合价	主材合价	设备合价	
2	A3-3换	现场搅拌混凝土构件-基础 带形基础 无梁式 换为[现浇混凝土 C25 碎石40]	10m³	7.796	2632.74	20524.84	4599.95	15398.58	526.31			102.9072
3	A3-22换	现场搅拌混凝土构件 矩形柱 C20 换为[现浇混凝土 C25 碎石40]	10m³	2.909	3155.83	9180.31	3155.86	5706.99	317.46			70.6014
4	A3-27换	现场搅拌混凝土构件梁 基础梁 C20 换为[现浇混凝土 C25 碎石40]	10m³	0.563	2754.93	1551.03	368.95	1120.64	61.44			8.2536
5	A3-31换	现场搅拌混凝土构件梁 过梁 C20 换为[现浇混凝土 C25 碎石40]	10m³	0.193	3452.53	666.34	244.15	401.12	21.06			5.4619
6	A3-43换	现场搅拌混凝土构件板 有梁板 C20 换为[现浇混凝土 C25 碎石20]	10m³	12.364	2969.41	36713.79	8395.4	26969.1	1349.28			187.8092
7	A3-50换	现场搅拌混凝土构件板 雨篷 C20 换为[现浇混凝土 C25 碎石20]	10m²	4.579	268.33	1228.68	395.08	770.69	62.92			8.8375
8	A3-47换	现场搅拌混凝土构件板 栏板 C20 换为[现浇混凝土 C25 碎石20]	10m	1.853	170.91	316.7	108.51	192.12	16.07			2.4274
9	A3-34换	现场搅拌混凝土构件 墙 直形混凝土墙 C20 换为[现浇混凝土 C25 碎石40]	10m³	1.482	3112.71	4613.04	1516.35	2934.95	161.73			33.923
10	A3-52换	现场搅拌混凝土构件板 遮阳板挑檐板 C20 换为[现浇混凝土 C25 碎石20]	10m²	0.546	264.74	144.55	50.52	87.4	6.63			1.1302
11	A3-48换	现场搅拌混凝土构件板 挑檐天沟 C20 换为[现浇混凝土 C25 碎石20]	10m³	9.66	3666.73	35420.61	11852.82	21892.46	1675.33			265.167
12	A3-55换	现场搅拌混凝土构件楼梯 整体楼梯 C20 换为[现浇混凝土 C25 碎石40]	10m²	5.672	787.05	4464.15	1516.13	2711.16	236.86			33.9186

第二章 编制施工图预算

看实例快速学预算——建筑工程预算

序号	定额编号	子目名称	工程量 单价	工程量 数值	价值 单价	价值 合价	其中 人工合价	其中 材料合价	其中 机械合价	其中 主材合价	其中 设备合价	工日统计
13	A3-60	现场搅拌混凝土构件 其他构件 台阶 C20	10m²	4.225	485.83	2052.63	608.15	1320.48	124			13.6045
14	A3-58	现场搅拌混凝土构件 其他构件 池槽 C20	10m³	0.181	3461.08	626.46	214.97	380.09	31.39			4.8092
15	A3-65	现场搅拌混凝土构件明沟、散水 混凝土散水面层一次抹光	100m²	0.7216	2259.14	1630.2	487.69	1060.75	81.76			10.9106
16	A3-680	现浇构件圆钢筋 φ6.5mm以内	t	0.609	5617.36	3420.97	729.48	2663.35	28.14			15.6878
17	A3-681	现浇构件圆钢筋 φ8mm以内	t	8.627	5168.75	44590.81	6703.18	37390.8	496.83			144.1572
18	A3-682	现浇构件圆钢筋 φ10mm以内	t	1.786	4927.14	8799.87	1004.09	7708.64	87.14			21.5927
19	A3-683	现浇构件圆钢筋 φ12mm以内	t	2.373	5048.9	11981.04	1092.48	10581.02	307.54			23.4927
20	A3-684	现浇构件圆钢筋 φ14mm以内	t	1.297	4959.11	6431.97	497.58	5774.13	160.26			10.7003
21	A3-693	现浇构件螺纹钢筋 φ10mm以内	t	1.24	5332.52	6612.32	683.88	5870.97	57.47			14.7064
22	A3-694	现浇构件螺纹钢筋 φ12mm以内	t	0.493	5427.53	2675.77	246.9	2352.8	76.06			5.3096
23	A3-695	现浇构件螺纹钢筋 φ14mm以内	t	0.186	5328.9	991.18	78.1	886.37	26.71			1.6796
24	A3-696	现浇构件螺纹钢筋 φ16mm以内	t	2.459	5281.57	12987.38	933.04	11707.08	347.26			20.0654
25	A3-697	现浇构件螺纹钢筋 φ18mm以内	t	0.938	5235.04	4910.47	307.96	4481.45	121.06			6.6223
26	A3-698	现浇构件螺纹钢筋 φ20mm以内	t	1.576	5202.83	8199.66	475.64	7520.89	203.13			10.2282
27	A3-699	现浇构件螺纹钢筋 φ22mm以内	t	3.842	5152.39	19795.48	1036.19	18325.88	433.42			22.2836
28	A3-700	现浇构件螺纹钢筋 φ25mm以内	t	5.411	5119.61	27702.21	1305.78	25869.4	527.03			28.0831
29	A3-701	现浇构件螺纹钢筋 φ28mm以内	t	0.194	5120.25	993.33	44.57	927.29	21.47			0.9584
0106		第六章 屋面及防水工程				29781.94	3701.27	26058.5	22.17			81.1674
1	A6-39	瓦屋面 水泥瓦屋面（别墅）	100m²	2.3389	4471.99	10459.54	1301.18	9145.05	13.31			28.5346
2	A6-82	SBC120复合卷材冷贴满铺	100m²	7.3916	2284.21	16883.97	1813.46	15070.51				39.7668
3	A6-134	塑料(PVC)落水管 φ100mm	10m	4.65	456.82	2124.21	460.07	1664.14				10.0905

序号	定额编号	子目名称	工程量		价值		人工合价	其中				工日统计
			单位	数值	单价	合价		材料合价	机械合价	主材合价	设备合价	
4	A6-210	防水砂浆 平面	100m²	0.301 03	1043.81	314.22	126.56	178.8	8.86			2.7755
	0107	第七章 防腐、保温、隔热工程				9051.02	3153.17	5669.42	228.43			69.1485
1	A7-218	架空隔热层 混凝土板面	100m²	2.2859	3959.5	9051.02	3153.17	5669.42	228.43			69.1485
	0201	第一章 土方工程				10 308.4	10 288.11		20.29			244.9551
1	G1-252	人工挖沟槽土方 人工挖沟槽 三类土 深度2m以内	100m³	4.559	2261.11	10 308.4	10 288.11		20.29			244.9551
	0203	第三章 土石方运输工程				11 273.5	11 273.5					268.4167
1	G3-1+ G3-2×3	人工运土方、淤泥 人工运土方 运距20m以内 实际土方运距(m):50	100m³	9.243	1219.68	11 273.5	11 273.5					268.4167
	0204	第四章 回填及其他				5470.61	4547.35		923.26			108.27
1	G4-3	填方 回填土 夯实及场地 平整 填土 夯实槽、坑	100m³	1.4206	776.71	1103.39	823.38		280.01			19.6043
2	G4-3	填方 回填土 夯实及场地 平整 填土 夯实槽、坑	100m³	3.2634	776.71	2534.72	1891.47		643.25			45.0349
3	G4-6	填方 回填土 夯实及场地 平整场地	100m²	5.8355	132.3	772.04	772.04					18.3818
4	G4-18	填方 基底钎探 基底钎探	100m²	3.5068	302.4	1060.46	1060.46					25.249
	0101	第一章 楼地面工程				95 916.86	15 961.57	78 695.61	1259.67			344.9202
1	B1-1	垫层 3:7灰土	10m³	2.003	1115.92	2235.19	747.52	1465.9	21.77			16.2443
2	B1-17 换	垫层 混凝土垫层 换为 [C15碎石 混凝土 40mm（阴落度 50～70）]	10m³	0.307	2490.11	764.46	173.07	542.37	49.02			3.7608
3	B1-17	垫层 混凝土垫层	10m³	3.154	2390.72	7540.33	1778.1	5258.66	503.57			38.6365
4	B1-19 换	找平层 水泥砂浆 混凝土或硬基层上 厚度20mm换为 [水泥砂浆1:2.5]	100m²	7.3916	895.73	6620.88	2653.44	3749.91	217.53			57.6545

序号	定额编号	子目名称	工程量 单价	工程量 数值	价值 单价	价值 合价	其中 人工合价	其中 材料合价	其中 机械合价	其中 主材合价	其中 设备合价	工日统计
5	B1-19换	找平层 水泥砂浆 混凝土或硬基层上 厚度 20mm 实际厚度（mm）：15	100m²	3.0118	668.24	2012.61	885.83	1061.6	65.18			19.2454
6	B1-140	陶瓷地砖 楼地面 周长 2000mm 以内	100m²	5.6352	11 970.86	67 458.19	6579.32	60 611.37	267.5			142.965
7	B1-147	陶瓷地砖 踢脚线 水泥砂浆	100m²	0.4173	3507.12	1463.52	821.95	627.65	13.93			17.8604
8	B1-149	陶瓷地砖 楼梯	100m²	0.5672	5238.01	2971	1553.08	1383.38	34.53			33.7484
9	B1-294	栏杆、栏板 不锈钢镀栏杆	100m	0.2577	13 184.97	3397.77	528.24	2782.88	86.64			10.1663
10	B1-315	硬木扶手 直形 100×60	100m	0.2577	5637.98	1452.91	241.02	1211.89				4.6386
0102		第二章 墙柱面工程				25 978.14	13 883.46	11 408.94	685.74			301.6889
1	B2-3换	一般抹灰 石灰砂浆 墙面、墙裙 石灰砂浆一遍 18mm＋2mm 轻质墙换为 [水泥石灰砂浆1：1：6] 换为 [水泥石灰砂浆1：0.5：5]	100m²	14.5861	924.39	13 483.24	7725.97	5328.01	429.27			167.886
2	B2-27换	一般抹灰 水泥砂浆 墙面、墙裙 水泥砂浆 15＋5mm 轻质墙 换为 [水泥砂浆1：3]	100m²	6.8456	1204.16	8243.2	4656.1	3355.99	231.11			101.178
3	B2-259	镶贴块料面层 95×95面砖 （水泥砂浆粘贴）面砖灰缝 10mm 以内	100m²	0.5304	8016.02	4251.7	1501.39	2724.94	25.36			32.6249
0103		第三章 幕墙工程				14 888.19	2033.59	12 666.41	188.17			42.8485
1	B3-15	全玻璃幕墙 吊挂式高度 12m 以内	100m²	0.2639	46 852.88	12 364.48	1703.36	10 600.14	60.97			35.8904
2	B3-16	铝合金龙骨铝塑饭幕墙 不带衬板	100m²	0.0576	43 814.33	2523.71	330.23	2066.27	127.2			6.9581
0104		第四章 天棚工程				7858.51	5577.52	2040.43	240.56			121.1921
1	B4-1	抹灰面层 混凝土面天棚 石灰砂浆	100m²	9.5804	820.27	7858.51	5577.52	2040.43	240.56			121.1921
0105		第五章 门窗工程				79 433.76	7525.88	70 116.17	1791.7			158.5729
1	B5-33	镶板门、胶合板门 无纱胶 合板门 单扇无亮 制作	100m²	0.3297	11 604.07	3825.86	563.61	3106.35	155.91			11.8758

看实例快速学预算——建筑工程预算

序号	定额编号	子目名称	工程量 单价	工程量 数值	价值 单价	价值 合价	人工合价	材料合价	机械合价	主材合价	设备合价	工日统计
2	B5-34	镶板门、胶合板门 无纱胶合板门 单扇无亮安装	100m²	0.3297	2637.26	869.5	419.18	449.84	0.49			8.8327
	B5-146	铝合金门窗	100m²	0.68	24 219.34	16 469.15	1342.56	146 49.32	477.26			28.288
3		不锈钢门窗安装 百页窗										
4	B5-155	无框玻璃门安装 单层 12mm	100m²	0.0672	20 495.22	1377.28	398.02	959.85	19.41			8.3866
5	B5-157	无框玻璃门安装 侧亮	100m²	0.0472	17 524.35	827.15	279.56	533.95	13.63			5.8906
6	B5-171	塑钢门窗、塑料门窗安装 推拉门	100m²	0.0441	29 177.48	1286.73	52.28	1234.44				1.1016
7	B5-173	塑钢门窗、塑料门窗安装 推拉窗	100m²	0.144	27 502.56	3960.37	388.04	3474.36	97.97			8.1763
8	B5-174	塑钢门窗、塑料门窗安装 平开窗	100m²	1.2804	31 535.74	40 378.36	3463.76	35 887.56	1027.03			72.9828
9	B5-175	塑钢门窗、塑料门窗安装 塑钢窗 固定窗	100m²	0.151 05	26 426.63	3991.74	149.4	3842.34				3.1479
10	B5-176	塑钢门窗、塑料门窗安装 塑钢窗 百页窗	100m²	0.0864	26 384.19	2279.59	84.43	2195.16				1.779
11	B5-328	门窗套 大理石、花岗石门门套（成品）	100m²	0.1312	23 230.74	3047.87	207.29	2840.59				4.3676
12	B5-364	门锁安装 执手锁	10把	1.6	413.08	660.93	139.78	521.15				2.944
13	B5-373	特殊五金安装 电子锁（磁卡锁）安装	10把	0.2	2296.14	459.23	37.97	421.26				0.8
	0106	第六章 油漆、涂料、裱糊工程				2926.7	1934.69	992.01				41.1814
1	B6-1	底漆一遍 刮腻子 调和漆 单层木门	100m²	0.3297	1511.41	498.31	274	224.31				5.8324
2	B6-3	底漆一遍 刮腻子 调和漆 二遍 无托板	100m	0.2577	270.08	69.6	52.66	16.94				1.121
3	B6-363	涂料、裱糊 涂料 抹灰面（刷）803涂料三遍	100m²	6.8456	344.57	2358.79	1608.03	750.76				34.228
合 计						628 264.78	140 148.23	474 704.69	13 411.8			3114.5057

编制人：　　　　审核人：　　　　编制日期：

表 2 - 9　单位工程人材机价差表

金额单位：元

序号	材料名称	材料规格	单位	材料量	预算价	市场价	价差	价差合计
1	白水泥		kg	71.8823	0.6	0.625	0.025	1.8
2	水泥	32.5	kg	201 973.7978	0.32	0.469	0.149	30 094.1
3	中（粗）砂		m³	356.6477	60	70.42	10.42	3716.27
4	碎石	15	m³	6.5335	57	74.13	17.13	111.92
5	碎石	20	m³	200.1964	60	79.83	19.83	3969.89
6	碎石	40	m³	194.6384	55	74.15	19.15	3727.33
7	生石灰		kg	4915.9629	0.17	0.23	0.06	294.96
8	石灰膏		m³	15.9155	96	138	42	668.45
9	水		m³	871.0836	2.12	3.15	1.03	897.22
10	电		度	10.416	0.72	0.83	0.11	1.15
11	圆钢	Φ6.5	t	0.6212	4200	4831.51	631.51	392.29
12	圆钢	Φ8	t	8.7995	4200	4831.51	631.51	5556.97
13	圆钢	Φ10	t	1.8217	4200	4729.51	529.51	964.61
14	圆钢	Φ12	t	2.4798	4200	4729.51	529.51	1313.08
15	圆钢	Φ14	t	1.3554	4200	4729.51	529.51	717.7
16	螺纹钢筋	Φ10	t	1.2958	4500	5086.51	586.51	760
17	螺纹钢筋	Φ12	t	0.5152	4500	4984.51	484.51	249.62
18	螺纹钢筋	Φ14	t	0.1944	4500	4882.51	382.51	74.36
19	螺纹钢筋	Φ16	t	2.5697	4500	4780.51	280.51	720.83
20	螺纹钢筋	Φ18	t	0.9802	4500	4729.51	229.51	224.97
21	螺纹钢筋	Φ20	t	1.6469	4500	4729.51	229.51	377.98
22	螺纹钢筋	Φ22	t	4.0149	4500	4729.51	229.51	921.46
23	螺纹钢筋	Φ25	t	5.6545	4500	4729.51	229.51	1297.76
24	螺纹钢筋	Φ28	t	0.2027	4500	4831.51	331.51	67.2
合　计								57 121.92

编制人：　　　　　　审核人：　　　　　　编制日期：

三、快速编制施工图预算的技巧总结

(1) 善于运用统筹法计算基础数据,快捷计算工程量。

(2) 按一定的顺序计算工程量,注意不应与定额套用顺序相混淆。

1) 按顺时针方向计算。从平面图左上角开始,按顺时针方向逐步计算,绕一周回到左上角,适用于外墙、外墙基础、楼地面、天棚、室内装修等,如图 2-80 所示。

2) 先横后竖,先上后下,先左后右。以平面图上横竖方向分别从左到右或从上到下逐步计算,适用于内墙、内墙基础和各种间隔墙,如图 2-81 所示。

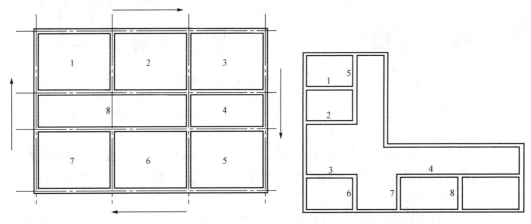

图 2-80 按顺时针方向计算工程量示意图

图 2-81 按先横后竖,先上后下,先左后右法计算工程量示意图

3) 按轴线编号顺序计算。此方法适用于计算内外墙挖地槽、内外墙基础、内外墙砌体、内外墙装饰等,如图 2-82 所示。从①轴到④轴,再从Ⓐ轴到Ⓓ轴依次计算。

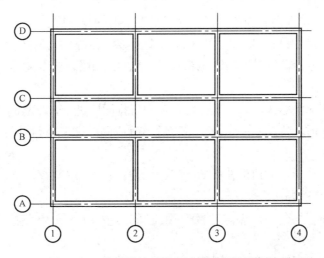

图 2-82 按轴线编号顺序计算工程量示意图

4) 按图纸上的构、配件编号分类依次计算。此法按照各类不同的构配件,如柱基、柱、梁板门窗和金属构件等的自身编号分别依次计算,如图 2-83 所示。

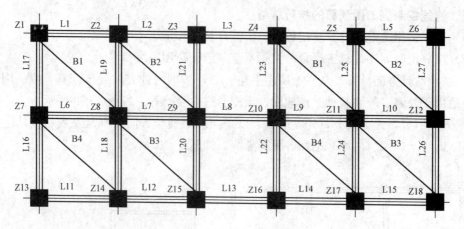

图 2-83　按图纸上的构、配件编号分类依次计算工程量示意图

（3）分项工程列项时，应详细书写其内容，包括：做法、厚度、深度、周长、材料强度等级、配合比、材料规格和类型、构件形状等，便于套定额。

（4）计算结构工程量时，尽可能地计算出与之相联系的装饰装修工程量的计算数据。

（5）室内外有高差时，在计算出基础工程量的同时，应一次算出埋入室外设计地面以下的基础体积，以方便基础回填土工程量的计算。

（6）横、纵墙较密的住宅开挖地槽需留设工作面和放坡时，应注意某些边放坡系数不一致的情况。另外还有挖空的现象，若计算出的工程量大于大开挖体积，应按大开挖体积确定挖地槽工程量。

（7）混凝土和钢筋混凝土工程量计算中，应使用 Excel 表格进行，同时嵌入墙内的混凝土构件体积应一并算出。

（8）楼地面工程、天棚工程的工程量可用基础数据进行计算。

（9）屋面工程量计算中，应注意乘屋面坡度系数，另外，凡属屋面施工图内的分项工程，应全部在本分部计算，如屋面找平层、保温层、防水层、架空隔热板、女儿墙、压顶、天沟等。

（10）定额套用应注意顺序，一般按定额分部编排顺序进行，不易漏项。

（11）套用定额时，每选定一个分项工程后，就应同时在工程量计算表中做上记号，以免重复查找定额。

（12）如果手工算量，应预留合适的空行，以便添加漏掉的本分部的工程项目，软件算量则可使用掺入空格的办法。

（13）如手工做工料分析，应与定额套用应同时进行，以免重复翻阅同一定额而浪费时间。

（14）灵活运用常用数据及经验手册。

看实例快速学预算——建筑工程预算

第三章 工程量清单计价

第一节 工程量清单计价规范简介

工程量清单计价在我国是一种全新的计价模式，至今已推行了 7 年，以后会更加成熟，其完全体现了市场经济。这种模式的出现，使我国工程造价管理发生了根本的改变。住房和城乡建设部与国家质量监督检验检疫总局联合发布了 GB 50500—2008《建设工程工程量清单计价规范》（以下简称《计价规范》），于 2008 年 12 月 1 日起施行，作为我国工程造价管理的法规性文件。《计价规范》的主要内容有以下几点：

一、工程量清单计价的一般概念

1. 工程量清单计价方法

指建设工程招标投标中，招标人按照国家统一的工程量计算规则或委托其有相应资质的工程造价咨询人编制反映工程实体消耗和措施消耗的工程量清单，由投标人依据工程量清单自主报价，并按照经评审低价中标的工程造价的计价方式。

2. 工程量清单

指表现拟建工程的分部分项工程项目、措施项目、其他项目、规费项目和税金项目名称及其相应工程数量等的明细清单。是由招标人按照《计价规范》附录中统一的项目编码、项目名称、项目特征、计量单位和工程量计算规则进行编制。包括分部分项工程量清单、措施项目清单、其他项目清单、规费项目清单和税金项目清单。

3. 工程量清单计价

指投标人完成由招标人提供的工程量清单所需的全部费用，包括分部分项工程费、措施项目费、其他项目费和规费、税金。

4. 综合单价

指完成一个规定计量单位的分部分项工程量清单项目或措施清单项目所需的人工费、材料费、施工机械使用费、企业管理费与利润，以及一定范围内的风险费用。

二、《计价规范》各章、节、附录的内容

《计价规范》主要由正文和附录两大部分构成，两者具有同等效力。正文共五章，包括总则、术语、工程量清单编制、工程量清单计价、工程量清单计价表格，分别就《计价规范》的适用范围、遵循的原则、工程量清单编制的规则、工程量清单计价活动的规则、工程量清单及其计价的格式作了明确规定。

附录包括：附录 A 建筑工程工程量清单项目及计算规则，附录 B 装饰装修工程工程量清单项目及计算规则，附录 C 安装工程工程量清单项目及计算规则，附录 D 市政工程工程量清单项目及计算规则，附录 E 园林绿化工程工程量清单项目及计算规则，附录 F 矿山工

程工程量清单项目及计算规则。

第二节　工程量清单的编制

一、一般规定

（1）工程量清单应由具有编制能力的招标人或受其委托，具有相应资质的工程造价咨询人编制。

（2）采用工程量清单方式招标，工程量清单必须作为招标文件的组成部分，其准确性和完整性由招标人负责。

（3）工程量清单是工程量清单计价的基础，应作为编制招标控制价、投标报价、计算工程量、支付工程款、调整合同价款、办理竣工决算以及工程索赔等的依据之一。

（4）工程量清单应由分部分项工程量清单、措施项目清单、其他项目清单、规费项目清单、税金项目清单组成。

（5）编制工程量清单应依据：

1）《计价规范》。

2）国家或省级、行业建设主管部门颁发的计价依据和办法。

3）建设工程设计文件。

4）与建设工程项目有关的标准、规范、技术资料。

5）招标文件及其补充通知、答题纪要。

6）施工现场情况、工程特点及常规施工方法。

7）其他相关资料。

二、分部分项工程量清单

1. 分部分项工程量清单编制规定

（1）分部分项工程量清单应包括项目编码、项目名称、项目特征、计量单位和工程量。

（2）分部分项工程量清单应根据附录规定的项目编码、项目名称、项目特征、计量单位和工程量计算规则进行编制。

（3）分部分项工程量清单的项目编码，应采用十二位阿拉伯数字表示。一至九位应按附录的规定设置，十至十二位应根据拟建工程的工程量清单项目名称确定，同一招标工程的项目编码不得有重码。

（4）分部分项工程量清单的项目名称应按附录的项目名称结合拟建工程的实际确定。

（5）分部分项工程量清单中所列工程量应按附录中规定的工程量计算规则计算。

（6）分部分项工程量清单的计量单位应按附录中规定的计量单位确定。

（7）分部分项工程量清单项目特征应按附录中规定的项目特征，结合拟建工程项目的实际予以描述。

（8）编制工程量清单出现附录中未包括的项目，编制人应做补充，并报省级或工程造价管理机构备案，省级或行业工程造价管理机构应汇总报住房和城乡建设部标准定额研究所。

补充项目的编码由附录的顺序码与 B 及三位阿拉伯数字组成，并应从×B001 起顺序编制，同一招标工程的项目不得重码。工程量清单中需附有补充项目的名称、项目特征、计量单位、工程量计算规则、工程内容，见表 3-1。

表 3-1 补充项目清单编制

项目编码	项目名称	项目特征	计量单位	工程量计算规则	工程内容
01B001	钢管桩	1. 地层描述 2. 送桩长度/单桩长度 3. 钢管材质、管径、壁厚 4. 管桩填充材料种类 5. 桩倾斜度 6. 防护材料种类	m/根	按设计图示尺寸以桩长（包括桩尖）或根数计算	1. 桩制作、运输 2. 打桩、试验桩、斜桩 3. 送桩 4. 管桩填充材料、刷防护材料

2. 分部分项工程量清单编制的主要工作

编制分部分项工程量清单主要是确定项目编码、项目名称、项目特征、计量单位和清单工程量，其中以计算工程量最为复杂。以第二章某会所清单编制为例，工程量计算指导见表 3-2。

表 3-2 清单工程量计算表

工程名称：

序号	项目编码	项目名称	计算单位	工程数量	计 算 式
A.1	土（石）方工程				
1	010101001001	平整场地 土壤类别：三类土	m^2	373.07	①⑧/Ⓐ© 面积＝（40.65＋0.125×2）×（8＋0.125×2） ＝336.61m² ③⑤/© C/1 面积＝（10.8＋0.25）×3.3＝36.46m² 小计：面积＝373.07m²
2	010101003001	挖基础土方（1-1） 土壤类别：三类土 基础类型：条基 垫层底宽、底面积：1.4m、135.52m² 挖土深度：1.3m	m^3	175.63	土方体积＝（1.2＋0.2）×1.3×（40.4＋8－0.075×2）×2＝1.82×96.77＝175.63m³
3	010101003002	挖基础土方（2-2） 土壤类别：三类土 基础类型：条基 垫层底宽、底面积：0.45m、11.88m² 挖土深度：1.3m	m^3	15.44	土方体积＝（0.25＋0.2）×1.3×（8－0.7×2）×4＝0.585×26.4＝15.44m³

序号	项目编码	项目名称	计算单位	工程数量	计 算 式
4	010101003003	挖基础土方（3-3） 土壤类别：三类土 基础类型：条基 垫层底宽、底面积：2m、26.4m² 挖土深度：1.3m	m³	34.32	土方体积＝(1.8＋0.2)×1.3×(8－0.7×2)×2＝2.6×13.2＝34.32m³
5	010101003004	挖基础土方（4-4） 土壤类别：三类土 基础类型：条基 垫层底宽、底面积：1.8m、35.64m² 挖土深度：1.3m	m³	46.33	土方体积＝(1.6＋0.2)×1.3×(8－0.7×2)×3＝2.34×19.8＝46.33m³
6	010101003005	挖基础土方（5-5） 土壤类别：三类土 基础类型：条基 垫层底宽、底面积：1.6m、10.56m² 挖土深度：1.3m	m³	13.73	土方体积＝(1.4＋0.2)×1.3×(8－0.7×2)＝2.08×6.6＝13.73m³
7	010101003006	挖基础土方（6-6） 土壤类别：三类土 基础类型：条基 垫层底宽、底面积：0.45m、1.8m² 挖土深度：1.3m	m³	2.25	土方体积＝(0.25＋0.2)×1.3×(3.3－0.675－0.5－0.2)×2＝0.585×3.85＝2.25m³
8	010101003007	挖基础土方（7-7） 土壤类别：三类土 基础类型：条基 垫层底宽、底面积：1.2m、19.2m² 挖土深度：1.3m	m³	24.73	土方体积＝(1.0＋0.2)×1.3×(10.8＋3.3×2－0.675×2－0.1×2)＝1.56×15.85＝24.73m³
9	010103001001	基础回填 土质要求：不得含有树根、草皮、腐殖物的土和淤泥质土 夯填：分层压实，压实系数不小于0.94	m³	183.73	计算规则：按设计图示尺寸以体积计算。 基础回填：按挖方体积减去设计室内地坪以下埋设的基础体积（包括基础垫层及其他构筑物） 计算公式：基础回填土体积＝$V_挖$－室外设计地坪以下构筑物的体积 $V_挖$－室外设计地坪以下构筑物的体积＝313.29m³－129.56m³＝183.73m³ 应扣除室外设计地坪以下构筑物的体积： ① 垫层：24.1m³ ② 带形基础：77.96m³ ③ 基础梁：5.25m³

看实例快速学预算——建筑工程预算

序号	项目编码	项目名称	计算单位	工程数量	计 算 式
9	010103001001	基础回填 土质要求：不得含有树根、草皮、腐殖物的土和淤泥质土 夯填：分层压实，压实系数不小于0.94	m³	183.73	④ 矩形柱：1.4×（0.4×0.4×16＋0.3×0.3×6）＝4.34m³ ⑤ TZ：0.25×0.25×0.6×4＝0.15m³ ⑥ 砖基础：17.76m³ 小计：应扣除体积＝129.56m³
10	010103001002	室内回填 土质要求：不得含有树根、草皮、腐殖物的土和淤泥质土 夯填：分层压实，压实系数不小于0.94	m³	142.06	计算规则：按设计图示尺寸以体积计算。 室内回填：按主墙间净面积乘以回填厚度。 计算公式：室内回填体积＝主墙间净面积×回填土厚度 主墙间净面积＝40.65×8.25－[（89.5＋19.15）×0.25＋13.45×0.2]＝305.51m² 回填土厚度=0.6－0.1－0.025－0.01＝0.465m 室内回填体积＝142.06m³
A.3	砌筑工程				
1	010301001001	砖基础 厚度：250mm 砌块品质、强度等级：MU7.5加气混凝土砌块 砂浆强度等级：M5.0混合砂浆 20厚1：2防水水泥砂浆	m³	32.30	计算规则：按图示尺寸以立方米计算。基础长度：外墙墙基按外墙的中心线$L_{中}$计算；内墙墙基按内墙的净长线$L_{内}$计算。 外墙砖基础体积＝89.5×1.2×0.25＝26.85m³ 楼梯间墙砖基础体积＝19.15×1.2×0.25＝5.745m³ 应扣除：TZ体积＝0.25²×1.2×4根＝0.3m³ 小计：砖基础体积＝32.295m³
2	010301001002	砖基础 厚度：200mm 砌块品质、强度等级：MU7.5加气混凝土砌块 砂浆强度等级：M5.0混合砂浆 20厚1：2防水水泥砂浆	m³	3.23	计算规则：按图示尺寸以立方米计算。基础长度：外墙墙基按外墙的中心线$L_{中}$计算；内墙墙基按内墙的净长线$L_{内}$计算。 内墙砖基础体积＝13.45×1.2×0.2＝3.228m³
3	010304001001	砌块墙（外墙） 墙体厚度：250mm 砌块品质、强度等级：MU7.5加气混凝土砌块 砂浆强度等级：M5.0混合砂浆	m³	88.61	计算规则：按图示尺寸以立方米计算。 计算公式：墙体体积＝（墙体长度×墙体高度－门窗洞口面积）×墙厚－嵌入墙体内的钢筋混凝土柱、圈梁、过梁体积＋砖垛、女儿墙等体积 外墙长度按外墙的中心线$L_{中}$计算，内墙长度按内墙的净长线$L_{内}$计算。 首层 外墙长度＝（40.4＋8）×2－0.275×6－0.4×12－0.3×2－0.125×2＝89.5m 面积＝89.5×（3.9－0.65）＝290.875m²

序号	项目编码	项目名称	计算单位	工程数量	计 算 式
3	010304001001	砌块墙（外墙） 墙体厚度：250mm 砌块品质、强度等级：MU7.5 加气混凝土砌块 砂浆强度等级：M5.0 混合砂浆	m³	88.61	二层　外墙长度＝(33.2＋8)×2－0.275×2－0.4×13－0.3×2＝76.05m 面积＝76.05×（3.6－0.65）＝224.3475m² 三层　外墙长度＝8×4＝32m 面积＝32×(3.3－0.4)＝92.8m² 小计：面积＝608.0225m² 应扣除： 门窗洞口面积： M2126　面积＝2.1×2.65＝5.565m² M1021　面积＝1×2.1＝2.1m² M5729　面积＝5.7×2.9＝16.53m² C2821　面积＝2.8×2.1×2＝34.5744m² C2421　面积＝2.4×2.1×10＝50.4m² C1824　面积＝1.8×2.4×3＝18.6624m² C1821　面积＝1.8×2.1×14＝52.94m² C1215　面积＝1.2×1.5×8＝3.24m² BYC2412　面积＝2.4×1.2×3＝8.64m² MQC－1　面积＝2.9×9.1＝26.39m² 塑钢窗　面积＝2.9×(9.1－1×2－0.65×2)＝16.82m² 小计：门窗洞口面积＝235.86m² 外墙面积＝372.1625m² 外墙体积＝372.1625×0.25－过梁体积(0.5175＋0.06)－构造柱体积(3.86)＝88.603m³
4	010304001002	砌块墙（楼梯间内墙） 墙体厚度：250mm 砌块品质、强度等级：MU7.5 加气混凝土砌块 砂浆强度等级：M5.0 混合砂浆	m³	39.58	楼梯间首层墙长＝(6－0.275＋0.125)×2＋8－0.275×2＝19.15m 面积＝19.15×（3.9－0.65）＝62.2375m² 二层墙长＝8－0.4＋(6－0.275＋0.125)×2＋8－0.275×2＝26.75m 面积＝26.75×(3.6－0.65)＝78.9125m² 三层墙长＝8－0.25＝7.75m 面积＝7.75×3.3＋(4＋8)×2.1825/2＝38.67m² 小计：面积＝179.82m² 应扣除： 门窗洞口面积： m1021　面积＝1×2.1＝2.1m² 门洞面积＝1.2×2.1×2＝6.35m² 小计：门窗洞口面积＝8.45m² 楼梯间墙面积＝171.37m² 楼梯间墙体积＝171.37×0.25－TZ体积(0.65－0.2438)－过梁体积(0.06＋0.255)－构造柱体积(2.05)＝39.58m³

序号	项目编码	项目名称	计算单位	工程数量	计 算 式
5	010304001003	砌块墙（内墙） 墙体厚度：200mm 砌块品质、强度等级：MU7.5加气混凝土砌块 砂浆强度等级：M5.0 混合砂浆	m³	48.38	首层②⑤ 内墙长度＝（8－0.4）＋（6－0.275＋0.125）＝13.45m 面积＝13.45×（3.9－0.65）＝43.7125m² ②~③、⑤~⑥ 内墙长度＝（7.2－0.125－0.1）×2＝13.95m 面积＝13.95×（3.9－0.55）＝46.7325m² ⑦~⑧ 面积＝（4.7－0.25）×（3.9－0.35）＋（3.2－0.125－0.1）×（3.9－0.55）＋（5－0.125－0.1）×（3.9－0.35）＝42.715m² 二层 1/④、1/⑤、⑤、④~⑥/B 面积＝（6－0.125－0.1）×2×（3.6－0.6）＋（6－0.275－0.1）×（3.6－0.65）＋（3.6×4－0.25）×（3.6－0.55）＝94.4015m² ⑦~⑧ 面积＝（4.7－0.25）×（3.6＋0.1）＋（3.2－0.125－0.1）×（3.6－0.55）＋（5－0.125－0.1）×（3.6＋0.1）＝43.207m² 小计：面积＝270.7685m² 应扣除： 门窗洞口面积： M1221　面积＝1.2×2.1×4＝6.35m² M1021　面积＝1×2.1×4＝8.4m² M0821　面积＝0.8×2.1×4＝2.8224m² M0921　面积＝0.9×2.1＝1.89m² 小计：门窗洞口面积＝19.46m² 内墙面积＝251.3085m² 内墙体积＝251.3085×0.2－过梁体积（0.408＋0.056＋0.208＋0.24＋0.102）－构造柱体积（0.87）＝48.38m³
A.4	混凝土及钢筋混凝土工程				
					计算规则：混凝土工程量除另有规定外，均以图示尺寸以立方米计算。不扣除构件内钢筋、预埋铁件及墙、板中 0.3m² 以内的孔洞所占体积
1	010401006001	垫层 混凝土强度等级：C10	m³	24.1	计算公式：$V_垫＝S_截×L$（外墙垫层长度按外墙的中心线 $L_中$ 计算，内墙垫层长度按内垫层的净长线 $L_内$ 垫计算） 1-1 体积＝1.4×0.1×（40.4＋8）×2＝13.552m³

序号	项目编码	项目名称	计算单位	工程数量	计 算 式
1	010401006001	垫层 混凝土强度等级：C10	m³	24.1	2-2 体积＝0.45×0.1×(8－0.7×2)×4＝1.188m³ 3-3 体积＝2×0.1×(8－0.7×2)×2=2.64m³ 4-4 体积＝1.8×0.1×(8－0.7×2)×3＝3.564m³ 5-5 体积＝1.6×0.1×(8－0.7×2)＝1.056m³ 6-6 体积＝0.45×0.1×(3.3－0.7－0.6)×2＝0.18m³ 7-7 体积＝1.2×0.1×(10.8＋3.3×2－0.7×2)＝1.92m³ 小计：体积＝24.1m³
2	010401001001	带形基础 混凝土强度等级：C25	m³	77.96	计算公式：$V_{基础}＝S_{截}×L$（外墙基础长度按外墙的中心线$L_{中}$计算，内墙基础长度按内垫层的净长线$L_{内}$基础计算） 1-1 截面面积＝0.25×1.2＋(0.5＋1.2)×0.15÷2＝0.4275m² 体积＝0.4275×(40.4＋8)×2=41.382m³ 3-3 截面面积＝0.25×1.8＋(0.5＋1.8)×0.15÷2＝0.6225m² 体积＝0.6225×(8－0.6×2)×2=8.466m³ 4-4 截面面积＝0.25×1.6＋(0.5＋1.6)×0.15÷2＝0.5575m² 体积＝0.5575×(8－0.6×2)×3=11.373m³ 5-5 截面面积＝0.25×1.4＋(0.5＋1.4)×0.15÷2＝0.4925m² 体积＝0.4925×(8－0.6×2)×3＝3.349m³ 7-7 截面面积＝0.25×1.0＋(0.5＋1.0)×0.15÷2＝0.3625m² 体积＝0.3625×(10.8＋3.3×2－0.6×2)＝5.8725m³ JL1：体积＝0.25×0.2×[(40.4×2＋8×8＋10.8＋3.3×2)－(0.125＋0.275)×6－0.275×4－(0.175＋0.275)×2－0.275×4－0.4×12－0.3×2－0.175×2－0.3×2]＝7.5175m³ 小计：体积＝77.96m³
3	010402001001	矩形柱（KZ1a） 柱高度：5.27m 柱截面尺寸：400×400 混凝土强度等级：C25	m³	1.69	计算规则：按图示断面尺寸乘以柱高计算。有梁板柱高，自柱基的上表面至楼板的上表面计算；无梁板柱高，自柱基的上表面至柱帽的下表面计算；框架柱柱高，自柱基上表面至柱顶高度计算。 计算公式：$V_{柱}＝S_{截}×h$ 体积＝0.4×0.4×(1.8－0.4＋3.87)×2根＝0.16×10.54＝1.6864m³

序号	项目编码	项目名称	计算单位	工程数量	计 算 式
4	010402001002	矩形柱（KZ9） 柱高度：5.27m 柱截面尺寸：300×300 混凝土强度等级：C25	m³	2.85	体积＝0.3×0.3×（1.8－0.4＋3.87）×6根＝0.09×31.62＝2.8458m³
5	010402001003	矩形柱（KZ6、KZ7、KZ11） 柱高度：12.17m 柱截面尺寸：400×400 混凝土强度等级：C25	m³	7.79	KZ6 体积＝0.4×0.4×（1.8－0.4＋10.77）＝0.16×12.17＝1.9472m³ KZ7 体积＝0.4×0.4×（1.8－0.4＋10.77）×2根＝0.16×24.34＝3.8944m³ KZ11 体积＝0.4×0.4×（1.8－0.4＋10.77）＝0.16×12.17＝1.9472m³ 小计：体积＝7.7888m³
6	010402001004	矩 形 柱 （KZ2、KZ3、KZ4、KZ5、KZ8、KZ10） 柱高度：8.87m 柱截面尺寸：400×400 混凝土强度等级：C25	m³	11.35	KZ2 体积＝0.4×0.4×（1.8－0.4＋7.47）＝0.16×8.87＝1.4192m³ KZ3 体积＝0.4×0.4×（1.8－0.4＋7.47）＝0.16×8.87＝1.4192m³ KZ4 体积＝0.4×0.4×（1.8－0.4＋7.47）×2根＝0.16×17.74＝2.8384m³ KZ5 体积＝0.4×0.4×（1.8－0.4＋7.47）×2根＝0.16×17.74＝2.8384m³ KZ8 体积＝0.4×0.4×（1.8－0.4＋7.47）＝0.16×8.87＝1.4192m³ KZ10 体积＝0.4×0.4×（1.8－0.4＋7.47）＝0.16×8.87＝1.4192m³ 小计：体积＝11.3536m³
7	010402001005	矩形柱 KZ1 柱高度：8.87m 柱截面尺寸：400×400 混凝土强度等级：C25	m³	3.89	KZ1 体积＝0.4×0.4×（1.8－0.4＋10.77）×2根＝0.16×24.34＝3.8944m³
8	010402001006	矩形柱（TZ） 混凝土强度等级：C25 柱高度：5.94m 柱截面尺寸：250×250	m³	1.19	基础层 TZ 体积＝0.25×0.25×1.17×4＝0.2925m³ 首层 TZ 体积＝0.25×0.25×（3.9－0.65＋1.95）×2＝0.65m³ 二层 TZ 体积＝0.25×0.25×1.95×2＝0.2438m³ 小计：体积＝1.1863m³
9	010402001007	矩形柱（GZ） 混凝土强度等级：C25 柱截面尺寸：250×250 　　　　　　200×200	m³	8.37	基础层 GZ 体积＝（0.25＋0.06）×0.25×（1.8－0.6）×7＋（0.25＋0.06＋0.03）×0.25×（1.8－0.6）×3＋（0.2＋0.06＋0.03）×0.2×（1.8－0.6）×2＋（0.25＋0.06）×0.25×（1.8－0.6）×2＝1.28m³ 一层 GZ 体积＝（0.25＋0.06）×0.25×（3.87－0.65）×10＋（0.2＋0.06＋0.03）×0.2×（3.87－0.65）＋（0.2＋0.06）×0.2×（3.87－0.65）＋（0.25＋0.06）×0.25×（3.87－0.65）×2＝3.35m³

序号	项目编码	项目名称	计算单位	工程数量	计 算 式
9	010402001007	矩形柱（GZ） 混凝土强度等级：C25 柱截面尺寸：250×250 　　　　　200×200	m³	8.37	二层 GZ 体积＝（0.25＋0.06）×0.25×（7.47－3.87－0.65）×8＋（0.25＋0.06＋0.03）×0.25×（3.6－0.65）＋（0.2＋0.06＋0.03）×0.2×（3.6－0.65）×3＋（0.25＋0.06）×0.25×（3.6－0.65）×2＝3.05m³ 三层 GZ 体积＝（0.25＋0.06）×0.25×（10.77－7.47－0.4）×2＋（0.2＋0.06）×0.2×（10.77－7.47＋1.5－0.12）＝0.69m³ GZ 体积＝1.28＋3.35＋3.05＋0.69＝8.37m³
10	010403001001	基础梁（JL2） 梁底高程：－1.800 梁截面：250×600 混凝土强度等级：C25	m³	4.65	计算规则：按图示断面尺寸乘以梁长以立方米计算。主、次梁与柱连接时，梁长算至柱侧面；次梁与柱或主梁连接时，次梁长度算至柱侧面或主梁侧面。 计算公式：$V_梁$＝梁长×梁断面面积 JL2 体积＝0.25×0.6×8×4＝4.8m³ 应扣减体积＝0.25×0.6×0.25×4＝0.15m³ 小计：体积＝4.8m³－0.15m³＝4.65m³
11	010403001002	基础梁（JL3） 梁底高程：－1.800 梁截面：250×400 混凝土强度等级：C25	m³	0.60	体积＝0.25×0.4×（3.3－0.35）×2＝0.6m³
12	010403001003	基础梁（TJL） 梁底高程：－0.33 梁截面：200×300 混凝土强度等级：C25	m³	0.38	体积＝0.2×0.3×（3.3－0.25×2＋3.6）＝0.384m³
13	010403005001	过梁 梁截面：250（200）×300 混凝土强度等级：C25	m³	1.31	计算规则：按图示断面尺寸乘以梁长以立方米计算。 计算公式：$V_过梁$＝（门窗洞口尺寸＋0.25×2）×梁断面面积 M1221：体积＝0.2×0.3×（1.2＋0.25×2）×4根＝0.408m³ C1824：体积＝0.25×0.3×（1.8＋0.25×2）×3根＝0.5175m³ 门洞：体积＝0.25×0.3×（1.2＋0.25×2）×3根＝0.3825m³ 小计：体积＝1.308m³
14	010403005002	过梁 梁截面：200×200 混凝土强度等级：C25	m³	0.62	M1021：体积＝0.2×0.2×（1.0＋0.25×2）×6根＝0.36m³ M0921：体积＝0.2×0.2×（0.9＋0.25×2）＝0.056m³ M0821：体积＝0.2×0.2×（0.8＋0.25×2）×4根＝0.208m³ 小计：体积＝0.624m³

序号	项目编码	项目名称	计算单位	工程数量	计 算 式
15	010405001001	有梁板 板底高程：3.770、7.370 板厚度：100mm 混凝土强度等级：C25	m³	104.78	计算规则：有梁板工程量按梁板体积和计算。 计算公式：$V_{有梁板}=V_{梁}+V_{板}$ KL1（1）体积＝0.25×(0.65－0.1)×[(8－0.125－0.275)+(8－0.125－0.275)×3+(8－0.275×2)]=0.1375×(7.6+30.25)=5.204m³ KL2（1）体积＝0.25×(0.65－0.1)×(8－0.125－0.275)=0.1375×7.6=1.045m³ KL3（2） 体积＝0.25×(0.65－0.1)×(8－0.125－0.275)×2=0.1375×15.2=2.09m³ KL5（1） 体积＝0.25×(0.65－0.1)×(8－0.125－0.275+8－0.275×2)=0.1375×15.05=2.0694m³ KL7（1） 体积＝0.25×(0.65－0.1)×(8－0.275×2)=0.1375×7.45=1.0244m³ KL8（1） 体积＝0.25×(0.65－0.1)×(8－0.125－0.275)=0.1375×7.6=1.045m³ KL9（7） 体积＝0.25×(0.65－0.1)×[(40.4－0.275×2－0.4×6)+(33.2－0.275－0.2－0.4×5)]=0.1375×(37.45+30.725)=9.374m³ KL10（9） 体积＝0.25×(0.65－0.1)×(40.4－0.275×2－0.4×6－0.3×2)=0.1375×36.85=5.0669m³ KL12（1） 体积＝0.25×(0.65－0.1)×[(8－0.125－0.275)×2+(8－0.275×2)]=0.1375×22.65=3.114m³ KL13（6） 体积＝0.25×(0.65－0.1)×(33.2－0.275－0.2－0.4×5)=0.1375×30.725=4.2247m³ LL1（1） 体积＝0.25×(0.6－0.1)×(8－0.25)×3×2=0.125×23.25×2=5.8125m³ LL2（1） 体积＝0.25×(0.6－0.1)×(8－0.25)=0.125×7.75=0.96875m³ LL3（1） 体积＝0.25×(0.35－0.1)×(2.8－0.25)=0.0625×2.55=0.1594m³ LL4（1） 体积＝0.25×(0.35－0.1)×(4.7－0.25)=0.0625×4.45=0.278m³

序号	项目编码	项目名称	计算单位	工程数量	计 算 式
15	010405001001	有梁板 板底高程：3.770、7.370 板厚度：100mm 混凝土强度等级：C25	m³	104.78	LL5（7） 体积＝0.25×(0.55－0.1)×(40.4－0.25×11)＝0.1125×37.65＝4.2356m³ LL6（7） 体积＝0.25×(0.55－0.1)×(33.2－0.25×9)＝0.1125×30.95＝3.4819m³ 板厚100mm 体积＝0.1×[(40.4＋0.25×2＋33.2)×(8＋0.25)－(3.6－0.25)×(8－0.25－2＋0.3)－(3.3－0.25)×(8－0.25－2＋0.3)×2＋3.05×0.3]＝55.589m³ 小计：有梁板体积＝49.19355＋55.589＝104.78m³
16	010405001002	有梁板 板底高程：10.800～14.925 板厚度：120mm 混凝土强度等级：C25	m³	18.86	WKL1（4）体积＝0.25×(0.5－0.12)×7.001×2＝1.33m³ WKL2（4）体积＝0.25×(0.5－0.12)×7.001×2＝1.33m³ 三层屋面板四周梁：体积＝0.25×(0.4－0.12)×(8×4－0.4×4－0.275×4)＝0.07×29.3＝2.051m³ 屋面板底高程：10.800m～14.925m 斜坡屋面板体积＝0.12×8×5.7459×4÷2＝11.04m³ 平面屋面板体积＝5.09×5.09×0.12＝25.91×0.12＝3.11m³ 小计：有梁板体积＝1.33×2＋2.051＋11.04＋3.11＝18.861m³
17	010405008001	雨篷板 混凝土强度等级：C25	m³	14.49	计算规则：按设计图示尺寸以墙外部分体积计算，包括伸出墙外的牛腿和雨篷反挑檐的体积。 KL11（3） 体积＝[0.25×(0.5－0.1)＋0.2×0.2]×(10.8－0.175×2－0.3×2＋3.3×2－0.45×2)＝0.14×15.55＝2.177m³ KL4（1）、KL6（1） 体积＝0.25×(0.4－0.1)×(3.3－0.175×2)×2＝0.075×2.95×2＝0.4426m³ 雨篷板：体积＝3.3×(10.8＋0.25)×0.1＝3.6465m³ 雨篷板上挑檐：体积＝[10.8＋0.625＋(3.3＋0.25)×2]×[0.75×0.35＋0.15×(0.4＋0.65)/2＋0.4×0.1＋0.25×0.25]＝18.525×0.44375＝8.22m³ 小计：雨篷板体积＝14.49m³

序号	项目编码	项目名称	计算单位	工程数量	计 算 式
18	010404001001	直形墙（屋面女儿墙） 板厚度：100mm 混凝土强度等级：C25	m³	14.82	计算规则：按图示尺寸以立方米计算。应扣除门窗洞口及 0.3m² 以外孔洞所占体积。 计算公式：V＝墙长×墙高×墙厚－0.3m² 以外的门窗洞口面积×墙厚 式中 墙长——外墙按 $L_中$，内墙按 $L_内$（有柱者均算至柱侧）； 墙高——自基础上表面算至墙顶； 墙厚——按图纸规定。 斜长＝2.04m 首层长度＝(7.2－1.02)×2＋8－2.04＝18.32m 二层长度＝(25.2－1.02)×2＋8－2.04＝54.32m 小计：长度＝72.64m 体积＝72.64×0.1×2.04＝14.82m³
19	010405007001	空调板 板底高程：3.900～7.500 板厚度：100mm 混凝土强度等级：C25	m³	0.55	计算规则：按设计图示尺寸以立方米计算。 体积＝7×1.2×0.65×0.1＝0.546m³
20	010405007002	天沟 混凝土强度等级：C25	m³	9.66	计算规则：按设计图示尺寸以立方米计算。 一层：天沟长度＝7.2×2＋0.4×2＋8＋0.8＋0.25＝24.25m 二层：天沟长度＝2×(25.2＋0.4×2)＋8＋0.8＋0.25＝60.25m 三层：天沟长度＝8×4＋0.8×4＋0.25×4＝36.2m 小计：长度＝120.7m 体积＝120.7×0.8×0.1＝9.656m³
21	010406001001	直形楼梯 混凝土强度等级：C25	m³	56.72	计算规则：按水平投影面积计算。 水平投影面积＝(3.6－0.25)×(8－0.25－2＋0.3)＋(3.3－0.25)×(8－0.25－2＋0.3)×2－1.525×0.3＝20.2675＋36.905－0.4575＝56.715m²
22	010407001001	其他构件（台阶） 混凝土强度等级：C20	m²	42.25	计算规则：台阶按水平投影面积计算工程量， 台阶水平投影面积＝(6－0.12)×1.2＝7.056m² 平台水平投影面积＝3.3×(10.8＋0.4)－(6－0.12)×0.3＝35.196m² 小计：面积＝7.056＋35.196＝42.252m²
23	010407001002	其他构件（花池） 混凝土强度等级：C20	m³	1.81	计算规则：按设计图示尺寸以体积计算工程量。 体积＝(2.4＋0.9)×2×2×1.14×0.12＝1.81m³

序号	项目编码	项目名称	计算单位	工程数量	计 算 式
24	010407002001	散水 垫层：150 厚三七灰土 面层厚度：60mm 混凝土强度等级：C15	m²	72.16	计算规则：按图示尺寸以平方米计算。 计算公式：$S=(L_外+4×散水宽度-台阶、花池等所占散水长度)×散水宽度$ 散水长度=$[(40.65+0.8)+(8.25+0.8)]×2-10.8=90.2m$ 面积=$90.2×0.8=72.16m²$
25	010407002002	坡道 垫层：300 厚三七灰土 面层厚度：100mm 混凝土强度等级：C15	m²	30.70	计算规则：按图示尺寸以面积计算。 面积=$2×3.14×10.5×2.8÷6=30.7027m²$
26	A3-680	现浇构件圆钢筋 $\phi6$	t	0.609	计算规则：钢筋工程量应区分现浇、预制构件不同钢种和规格，分别按设计长度乘以单位重量，以吨（t）计算。 0.609t
27	A3-681	现浇构件圆钢筋 $\phi8$	t	8.627	8.627t
28	A3-682	现浇构件圆钢筋 $\phi10$	t	1.786	1.786t
29	A3-683	现浇构件圆钢筋 $\phi12$	t	2.373	2.373t
30	A3-684	现浇构件圆钢筋 $\phi14$	t	1.297	1.297t
31	A3-693	现浇构件螺纹钢筋 $\phi10$	t	1.24	1.24t
32	A3-694	现浇构件螺纹钢筋 $\phi12$	t	0.493	0.493t
33	A3-695	现浇构件螺纹钢筋 $\phi14$	t	0.186	0.186t
34	A3-696	现浇构件螺纹钢筋 $\phi16$	t	2.459	2.459t
35	A3-697	现浇构件螺纹钢筋 $\phi18$	t	0.938	0.938t
36	A3-698	现浇构件螺纹钢筋 $\phi20$	t	1.576	1.576t
37	A3-699	现浇构件螺纹钢筋 $\phi22$	t	3.842	3.842t
38	A3-700	现浇构件螺纹钢筋 $\phi25$	t	5.411	5.411t
39	A3-701	现浇构件螺纹钢筋 $\phi28$	t	0.194	0.194t
A.7	屋面工程				
1	010701001001	瓦屋面 瓦品种：砂浆坐铺英式瓦（不可满浆） 20 厚 1：2.5 水泥砂浆找平 防水材料：SBC 或 APP 改性沥青防水卷材 基层材料：钢筋混凝土屋面板	m²	233.89	计算规则：按屋面水平投影面积乘以屋面坡度系数以平方米计算 不扣除：房上烟囱、风帽底座、风道、屋面小气窗、斜沟等所占面积 不增加：屋面小气窗的出檐部分 斜长=1.84m 首层长度=$(7.2-0.92)×2+8-1.84=22.4m$ 二层长度=$(25.2-0.92)×2+8-1.84=54.72m$ 小计：长度=77.12m 首层、二层面积=$77.12×1.84=141.9m²$ 屋面面积=$8×5.7459×4/2=91.992m²$ 合计：面积=$233.89m²$

看实例快速学预算——建筑工程预算

序号	项目编码	项目名称	计算单位	工程数量	计 算 式
2	010701002001	屋面卷材防水 卷材：4 厚 SBC 或 APP 改性沥青防水卷材 20 厚 1：2.5 水泥砂浆找平	m²	408.71	计算规则：按设计图示尺寸以面积计算 不扣除：房上烟囱、风帽底座、风道、屋面小气窗和斜沟所占的面积 应并入：屋面的女儿墙、伸缩缝和天窗等处的弯起部分，按图示尺寸并入屋面工程量计算 　首层　屋面面积＝(7.2－0.25)×(8－0.25)＝53.8625m² 　二层　屋面面积＝(25.2－0.25)×(8－0.25)＝193.3625m² 　三层　屋面面积＝4×8×5.7459/2＝91.992m² 　雨篷　屋面面积＝(10.8－0.25)×(3.3－0.25)＝32.1775m² 小计：屋面平面面积＝371.395m² 雨篷挑檐平面面积＝[(10.8－0.25＋0.75)＋(3.3－0.25＋0.375)×2]×0.75＝13.6125m² 立面面积： 　首层　屋面立面面积＝[(7.2－0.25)＋(8－0.25)]×2×0.25＝7.35m² 　二层　屋面立面面积＝[(25.2－0.25)＋(8－0.25)]×2×0.25＝16.35m² 小计：屋面卷材面积＝408.7075m²
3	010702004001	屋面排水管 PVC100	m	46.5	计算规则：按图示尺寸以延长米计算工程量 首层长度＝3.9－0.3＋0.6＝4.2m 二层长度＝(7.5－0.3＋0.6)×4＝31.2m 屋面长度＝10.8－0.3＋0.6＝11.1m 小计：排水管长度＝46.5m
4	010702005001	屋面天沟 卷材：4 厚 SBS 或 APP 改性沥青防水卷材 20 厚 1：2.5 水泥砂浆找平	m²	96.56	计算规则：按设计图示尺寸以面积计算 面积＝0.8×120.7＝96.56m²
A.8	防腐、保温、隔热工程				
1	010803001001	保温隔热屋面 屋面外保温 35 厚 490×490mm 的 C20 预制钢筋混凝土架空板	m²	228.59	计算规则：按设计图示尺寸以面积计算工程量 首层面积＝(7.2－0.25－0.4)×(8－0.25－0.4)＝48.1425m² 二层面积＝(25.2－0.25－0.4)×(8－0.25－0.4)＝180.4425m² 小计：面积＝228.59m²
B.1	楼地面工程				

序号	项目编码	项目名称	计算单位	工程数量	计　算　式
1	020102002001	地砖地面 垫层：100厚C10混凝土 找平层：25厚1：4干硬性水泥砂浆 结合层：素水泥浆一遍 面层：8～10厚陶瓷地砖	m²	315.41	计算规则：按图示尺寸以面积计算，门洞、空圈、暖气包槽和壁龛的开口部分不增加面积 [健身房]面积＝7.75×6.975＝54.0563m² [乒乓球室]、[台球室]面积＝5.775×7×2＝80.85m² [卫生间]面积＝2.975×1.775＋4.575×1.3＋2.975×2.6＋4.475×2.975＝32.276m² [房间外走道]面积＝(7.2×3＋6.9－0.1－0.125)×1.775＝50.188m² [楼梯间]面积＝(3.3－0.25×2＋3.6)×5.775＝36.96m² [大堂]面积＝(10.8－0.1－0.125)×5.775＝61.071m² 小计：面积＝315.406m²
2	020102002002	地砖楼面 垫层：现浇钢筋混凝土楼面板 找平层：15厚1：3水泥砂浆 面层：10厚陶瓷地砖	m²	244.46	二层[茶室]面积＝7.75×6.95＝53.8625m² [棋牌室]面积＝3.4×5.775×4＝78.54m² [卫生间]面积＝2.975×1.775＋4.575×1.3＋2.975×2.6＋4.475×2.975＝32.276m² [房间外走道]面积＝(7.2×2＋6.9－0.25)×1.775＝37.365m² 三层[杂物间]面积＝(4.7－0.25)×7.75＝34.4875m² [房间外走道]面积＝(3.3－0.25)×2.6＝7.93m² 小计：面积＝244.455m²
3	020106002001	块料楼梯面层 垫层：现浇钢筋混凝土楼面板 找平层：15厚1：3水泥砂浆 面层：10厚陶瓷地砖	m²	56.72	计算规则：按设计图示尺寸以楼梯水平投影面积计算 水平投影面积＝(3.6－0.25)×(8－0.25－2＋0.3)＋(3.3－0.25)×(8－0.25－2＋0.3)×2－1.525×0.3＝20.2675＋36.905－0.4575＝56.715m²
4	020105003001	踢脚线 高度100mm 找平层：15厚1：3水泥砂浆 面层：10厚陶瓷地砖	m²	41.73	计算规则：按设计图示长度乘以高度以面积计算 首层 [健身房]长度＝(7.75＋6.975)×2＝28.25m [乒乓球室][台球室]长度＝(5.775＋7)×2×2＝51.1m [卫生间]长度＝(2.975＋1.775＋4.575＋1.3＋2.975＋2.6＋4.475＋2.975)×2＝47.3m [走道]长度＝28.275＋1.775×2＋7.2＋0.025＋7.2＋0.225＝46.475m [大堂]长度＝10.575＋5.775×2＝61.071m

序号	项目编码	项目名称	计算单位	工程数量	计 算 式
4	020105003001	踢脚线 高度100mm 找平层：15厚1∶3水泥砂浆 面层：10厚陶瓷地砖	m²	41.73	二层 ［茶室］长度＝(7.75＋6.95)×2＝29.4m ［棋牌室］长度＝(14.4－0.25－0.2×3＋5.775×4)×2＝73.3m ［卫生间］长度＝47.3m ［走道］长度＝21.05＋1.775×2＋14.4＋0.25＝39.2m 三层长度＝(4.7－0.25)×2＋8×2＝24.9m ［楼梯间］长度＝(3.6－0.25)×2＋5.75×2＋0.118×3.6×2＋(3.3－0.25)×3＋5.75×4＋0.118×3.6×4－0.118×0.6＝30.04m 小计：面积＝417.26×0.1＝41.726m²
5	020107001001	硬木扶手带栏杆 栏杆：不锈钢方管	m	25.77	计算规则：按其中心线长度乘以延长米计算，不扣除弯头所占长度 长度＝4.0942×5＋3.245＋1.65＋0.1×4＝25.766m
B.2		墙柱面工程			
1	020201001001	墙面一般抹灰（内墙） 墙体类型：加气混凝土砌块墙 底层：5厚1∶0.5∶3水泥石灰砂浆底 面层：15厚1∶1∶6水泥石灰砂浆	m²	1458.61	计算规则： 1) 计算规则——按内墙面面积计算 应扣除：门窗洞口和空圈所占的面积 不扣除：踢脚板、挂镜线、0.3m² 以内的孔洞、墙与构件交接处的面积 不增加：洞口侧壁和顶面面积不增加 应合并：墙垛和附墙烟囱侧壁面积应并入内墙抹灰工程量 2) 内墙抹灰尺寸的计取 内墙面抹灰的长度，以主墙（厚度≥120mm的墙）间的图示净长尺寸计算 其高度取法如下： 无墙裙的，其高度为室内地面（楼面）至天棚底面之间的距离 有墙裙的，其高度按墙裙顶至天棚底面之间距离计算 首层 ［健身房］面积＝(7.75＋6.975)×2×3.8－2.4×2.1×2－1.2×2.1－1.8×2.1×2－1.2×1.5×2＝88.15m² ［乒乓球室］［台球室］面积＝[(5.775＋7)×2×3.8－1.2×2.1－1.8×2.1×2]×2＝174.02m² ［卫生间］面积＝[(2.975＋1.775)＋(4.575＋1.3)＋(2.975＋2.6)＋(4.475＋2.975)]×2×3.8－1.2×2.1－0.9×2.1×2－0.8×2.1×4－1.2×1.5×2－2.4×1.2＝160.24m²

序号	项目编码	项目名称	计算单位	工程数量	计 算 式
1	020201001001	墙面一般抹灰（内墙） 墙体类型：加气混凝土砌块墙 底层：5厚1：0.5：3水泥石灰砂浆底 面层：15厚1：1：6水泥石灰砂浆	m²	1458.61	［走道］面积＝(28.275＋1.775×2＋0.025＋7.2＋7.2＋0.225)×3.8－1.2×2.1×3－2.4×2.1×4－2.05×2.95×2－0.8×2.9×2－3.2×2.1－4.1×0.45－2.9×(3.9－0.65－1.3)＋0.15×3.8＋0.275×3.8＝119.545m² ［大堂］面积＝(10.575＋5.775×2)×3.8－1.8×2.1－1.8×2.4＝75.975m² ［楼梯间］面积＝(3.05＋5.775×2)×3.8－1.8×2.4＝51.16m² 首层小计：面积＝669.09m² 第2层 ［茶室］面积＝(7.75＋6.95)×2×3.5－2.4×2.1×2－1.2×2.1－1.8×2.1×2－2.1×2.6＝77.28m² ［棋牌室］面积＝(14.4－0.25－0.2×3＋5.775×4)×2×3.5－1.0×2.1×4－1.8×2.1×4＝233.03m² ［卫生间］面积＝[(2.975＋1.775)＋(4.575＋1.3)＋(2.975＋2.6)＋(4.475＋2.975)]×2×3.5－1.2×2.1×3－0.8×2.1×4－1.2×1.5×2－2.4×1.2＝144.79m² ［走道］面积＝(21.05＋1.775×2＋14.4＋0.25)×3.5－1.0×2.1×4－1.2×2.1×2－1.8×2.1×4－2.9×(3.6－0.65－1.0)＋0.15×3.5＋0.275×3.5＝104.6475m² ［楼梯间］面积＝(3.05＋5.775×2)×3.5＋(3.35＋5.775×2)×3.5－1.8×2.4＝98.93m² 二层小计：面积＝658.6775m² 屋面层 面积＝(8－0.25)×6×3.3－1.0×2.1×3－1.2×1.5×2－1.8×2.4－2.4×1.2－2.9×1.9＝130.84m² 合计：面积＝1458.6075m²
2	020204003001	块料墙面（外墙墙裙） 墙体类型：加气混凝土砌块墙 底层：15厚1：3水泥砂浆 面层：8～10厚面砖	m²	53.04	计算规则：按设计图示尺寸以面积计算 标高3.900部分：面积＝(7.2×2＋8＋0.25＋0.15)×0.6＝13.68m² 标高7.500部分：面积＝(7.2×3＋3.6＋0.15×4)×2×0.6－(10.8＋0.4)×0.6＝24.24m² 标高10.800部分：面积＝(8.325×2＋8＋0.25＋0.15×2)×0.6＝15.12m² 小计抹灰面积＝53.04m²

序号	项目编码	项目名称	计算单位	工程数量	计 算 式
3	020507001001	墙面涂料（外墙墙面） 墙体类型：加气混凝土砌块墙 底层：15 厚 1：3 水泥砂浆 面层：涂料	m²	684.56	计算规则：按设计图示尺寸以面积计算 标高 3.900 部分：面积＝（7.2×2＋8＋0.25＋0.15）×3.9＝88.91m² 标高 7.500 部分：面积＝（7.2×3＋3.6＋0.15×6）×2×7.5＋（8＋0.25＋0.1×2）×3.6＝421.92m² 标高 10.800 部分：面积＝（8.325×2＋8＋0.25＋0.15×2）×10.8＋（8＋0.25＋0.15）×3.3＝299.88m² 天沟底面面积＝120.7×0.5＝60.35m² 雨篷反檐侧面积＝（0.35＋0.1＋0.326＋0.1＋0.15＋0.55＋0.4）×[（3.3＋0.15）×2＋（10.8＋0.25＋0.15×2）]＝35.95m² 花坛侧面积＝（2.4＋0.9）×2×2×0.76＝10.032m² 室外柱面面积＝0.3×4×3.4×4＝16.32m² 小计：抹灰面积＝933.362m² 应扣除门窗洞口面积： C2821　面积＝2.8×2.1×2＝11.76m² C2421　面积＝2.4×2.1×10＝50.4m² 组合门窗　面积＝2.05×2.95×2＋0.8×2.95×2＋4.1×0.45＋3.2×2.1＝25.37m² mQC－1　面积＝2.9×9.1＝26.39m² BYC2412　面积＝2.4×1.2×3＝8.64m² C1824　面积＝1.8×2.4×3＝12.96m² C1821　面积＝1.8×2.1×14＝52.92m² C1215　面积＝1.2×1.5×8＝14.4m² M2126　面积＝2.1×2.6＝5.46m² m1021　面积＝1.0×2.1＝2.1m² 墙面铝塑板　面积＝5.76m² 银白色空调百叶　面积＝（4.1＋7.7×3）×1.2＝32.64m² 应扣除门窗洞口面积＝248.8m² 合计抹灰面积＝684.562m²
4	020207001001	墙面铝塑板（外墙） 墙体类型：加气混凝土砌块墙 面层：铝塑板	m²	5.76	计算规则：按图示墙净长乘以净高以面积计算。 扣除门窗洞口及单个 0.3m² 以上孔洞所占面积 面积＝3.2×1.8＝5.76m²
5	020210001001	带骨架幕墙 MQC-1 铝合金型材 950×1300 镀膜玻璃面层 硅酮密封胶	m²	26.39	计算规则：按设计图示框外围尺寸以面积计算。与幕墙同材质的窗所占面积不扣除 面积＝2.9×9.1＝26.39m²

序号	项目编码	项目名称	计算单位	工程数量	计 算 式
B.3		天棚工程			
1	020301001001	天棚抹灰	m²	942.03	计算规则：按设计图示尺寸以水平投影面积计算 不扣除：间壁墙、垛、柱附墙烟囱、检查口和管道的面积 1. 带梁天棚梁两侧抹灰面积，并入天棚面积计算 2. 板式楼梯底面抹灰按斜面积计算，锯齿形楼梯底板抹灰按展开面积计算 首层 [健身房] 面积＝54.0563＋(8－0.25)×(0.5×2＋0.25)＋(2×3.6－0.25×2)×(0.45×2＋0.25)＝71.43m² [乒乓球室] [台球室] 面积＝[80.85＋(6－0.25)×(0.55×2＋0.25)＋(6－0.275－0.1)×0.025＋(3.6－0.25)0.025×2]×2＝177.84m² [卫生间] 面积＝32.276＋(4.7－0.25)×0.025×2＋(4.7－0.25－0.25)×0.025×2＋(2.8－0.25)×0.025×2＝32.836m² [走道] 面积＝50.188＋(3.6－0.25)×0.025×4＋(3.6－0.25)×(0.25＋0.45×2)×3＋(3.3－0.25)×(0.25＋0.45×2)＋(2－0.25)×(0.25＋0.55×2)×6＋(2－0.25)×0.025＋(2－0.275－0.125)×(0.025＋0.25＋0.55×2)＝82.5393m² [大堂] 面积＝61.071＋(6－0.25)×0.025＋(6－0.125－0.275)×(0.25＋0.55×2)＝68.78m² [楼梯间] 面积＝2×(3.6－0.25)×5.75＋0.118×(3.6－0.25)×3.6＋(3.3－0.25)×5.75×2＋2×0.118×(3.6－0.25)×3.6－0.118×0.6×1.65＝77.752m² 首层小计：面积＝511.1773m² 二层 [茶室] 面积＝53.8625＋(3.6－0.25)×2×(0.45×2＋0.25)＋(8－0.25)×(0.5×2＋0.25)＝71.255m² [棋牌室] 面积＝78.54＋(6－0.25)×6×0.025＋(3.6－0.25)×4×0.025＝79.82m² [卫生间] 面积＝32.276＋(4.7－0.25)×0.025×2＝32.499m² [走道] 面积＝37.364＋(2－0.25)×5×(0.25＋0.55×2)＋(3.6－0.25)×(0.25＋0.45×2)＋(3.3－0.25)×(0.25＋0.45×2)＋(3.6－0.25)×4×0.025＝56.8715m²

続表

続表

序号	项目编码	项目名称	计算单位	工程数量	计 算 式
1	020301001001	天棚抹灰	m²	942.03	二层小计：面积＝240.4455m² 三层 面积＝5.09×5.09＋(5.09＋8)×2.09×2＝25.91＋54.72＝80.63m² 室外雨篷顶面抹灰：面积＝(3.3＋0.5)×(10.8＋0.625×2)＋[(3.3－0.25)×2＋(10.8－0.25)]×0.85＝45.79＋14.15＝59.94m² 室外雨篷底面抹灰：面积＝(3.3＋0.2)×(10.8＋0.25＋0.2×2)＋0.4×15.55＋0.3×2.95×2×2＝40.075＋6.22＋3.54＝49.835m² 合计面积＝942.03m²
B.4		门窗工程			
					计算规则：按设计图示数量计算
1	020402005001	连窗门 M2126 框截面尺寸、单扇面积：2100×2650、5.565m²	樘	1	
2	020401005001	夹板门 M1221 框截面尺寸、单扇面积：1200×2100、2.52m²	樘	4	
3	020401005002	夹板门 M0821 框截面尺寸、单扇面积：800×2100、1.68m²	樘	5	
4	020401005003	夹板门 M0921 框截面尺寸、单扇面积：900×2100、1.89m²	樘	1	
5	020401005004	夹板门 M1021 框截面尺寸、单扇面积：1000×2100、2.1m²	樘	6	
6	020402002001	连窗门 M5729 框截面尺寸、单扇面积：5700×2950、13.29m²	樘	1	
7	020406007001	塑钢窗 C2821 框截面尺寸、单扇面积：2800×2100、5.88m²	樘	2	
8	020406007002	塑钢窗安装 C2421 框截面尺寸、单扇面积：2400×2100、5.04m²	樘	10	
9	020406007003	塑钢窗安装 C1824 框截面尺寸、单扇面积：1800×2400、4.32m²	樘	3	

第三章 工程量清单计价

序号	项目编码	项目名称	计算单位	工程数量	计 算 式
10	020406007004	塑钢窗安装 C2030 框截面尺寸、单扇面积： 2050×2950、6.05m²	樘	2	
11	020406007005	窗类型：塑钢窗 C1821 框外围尺寸：1800×2100、 3.78m²	樘	14	
12	020406007006	窗类型：塑钢窗 C1215 框外围尺寸：1200×1500、 1.8m²	樘	8	
13	020405003001	窗类型：百叶窗 BYC2412 框外围尺寸：2400×1200、 2.88m²	樘	3	
14	020406004001	金属百叶窗 厚 10φ50 银白色铝合金 百叶	m²	68	计算规则：按设计图示数量计算 面积＝(4.1＋7.7×3)×(0.65×2＋1.2) ＝68m²
15	020406010001	特殊五金 木门执手锁	把	16	
16	020407003001	石材门套 大理石	m²	13.12	计算规则：按设计图示尺寸以展开面积计算 面积＝(3.6＋2.3×2)×0.4×4＝13.12m²
17	020406010002	特殊五金 电子锁	把	2	

三、措施项目清单

（1）措施项目清单应根据拟建工程的实际情况列项。通用措施项目可按表3-3选择列项，专业工程的措施项目可按附录中规定的项目选择列项，若出现规范未列的项目，可根据实际情况补充。

表3-3　　　　　　　　　　措 施 项 目 一 览 表

序号	项 目 名 称	序号	项 目 名 称
1	安全文明施工（含环境保护、文明施工、安全施工、临时设施）	6	施工排水
2	夜间施工	7	施工降水
3	二次搬运	8	地上、地下设施，建筑物的临时保护设施
4	冬雨期施工	9	已完工程及设备保护
5	大型机械设备进出场及安拆		

（2）措施项目中可以计算工程量的项目，清单宜采用分部分项工程量清单的方式编制，列出项目编码、项目名称、项目特征、计量单位和工程量计算规则；不能计算工程量的项目清单，以"项"为计量单位。

四、其他项目清单

（1）其他项目清单应根据下列内容列项：

1）暂列金额。

2）暂估价：包括材料暂估价、专业工程暂估价。

3）计日工。

4）总承包服务费。

（2）其他未列项目，可根据工程实际情况补充。

五、规费项目清单

（1）规费项目清单应按照下列内容列项：

1）工程排污费。

2）工程定额测定费。

3）社会保障费：包括养老保险费、失业保险费、医疗保险费。

4）住房公积金。

5）危险作业意外伤害保险。

（2）其他未列的项目，应根据省级政府或省级有关权力部门的规定列项。

六、税金项目清单

（1）税金项目清单应包括下列内容：

1）营业税。

2）城市建设维护税。

3）教育费附加。

（2）其他未列的项目，应根据税务部门的规定列项。

七、编制清单文件

编制清单文件，主要是确定分部分项工程清单、措施项目清单、其他项目清单、规费项目清单及税金项目清单，以某会所单位工程为例，清单文件编制见表3-4～表3-9。

表3-4　　　　　　　　　　　　分部分项工程量清单计价表

工程名称：某会所　　　　　　　　标段：　　　　　　　　　　　　第　页　共　页

序号	项目编码	项目名称	项 目 特 征	计量单位	工程数量	金额（元）		
						综合单价	合价	其中：暂估价
	A	建筑工程						
	A.1	土石方工程						
1	010101001001	平整场地	1. 土壤类别：三类土	m²	371.82			
2	010101003001	挖基础土方（1-1）	1. 土壤类别：三类土 2. 基础类型：条形 3. 垫层底宽、底面积：1.4m、135.52m² 4. 挖土深度：1.3m	m³	176.17			

序号	项目编码	项目名称	项 目 特 征	计量单位	工程数量	金额（元）		
						综合单价	合价	其中：暂估价
3	010101003002	挖基础土方（2-2）	1. 土壤类别：三类土 2. 基础类型：条形 3. 垫层底宽、底面积：0.45m、11.88m² 4. 挖土深度：1.3m	m³	15.44			
4	010101003003	挖基础土方（3-3）	1. 土壤类别：三类土 2. 基础类型：条形 3. 垫层底宽、底面积：2m、26.4m²	m³	34.32			
5	010101003004	挖基础土方（4-4）	1. 土壤类别：三类土 2. 基础类型：条形 3. 垫层底宽、底面积：1.8m、35.64m²	m³	46.33			
6	010101003005	挖基础土方（5-5）	1. 土壤类别：三类土 2. 基础类型：条形 3. 垫层底宽、底面积：1.6m、10.56m²	m³	13.73			
7	010101003006	挖基础土方（6-6）	1. 土壤类别：三类土 2. 基础类型：条形 3. 垫层底宽、底面积：0.45m、1.8m²	m³	2.34			
8	010101003007	挖基础土方（7-7）	1. 土壤类别：三类土 2. 基础类型：条形 3. 垫层底宽、底面积：1.2m、19.2m²	m³	24.96			
9	010103001001	基础回填	土质要求：不得含有树根、草皮、腐殖物的土和淤泥质土 夯填：分层压实，压实系数不小于0.94	m³	183.73			
10	010103001002	室内回填	土质要求：不得含有树根、草皮、腐殖物的土和淤泥质土 夯填：分层压实，压实系数不小于0.94	m³	142.06			
		分部小计						
	A.3	砌筑工程						
11	010301001001	砖基础	厚度：250mm 砌块品质、强度等级：MU7.5加气混凝土砌块 砂浆强度等级：M5.0混合砂浆 20厚1：2防水水泥砂浆	m³	32.3			
12	010301001002	砖基础	厚度：200mm 砌块品质、强度等级：MU7.5加气混凝土砌块 砂浆强度等级：M5.0混合砂浆 20厚1：2防水水泥砂浆	m³	3.23			

序号	项目编码	项目名称	项 目 特 征	计量单位	工程数量	金额（元）		
						综合单价	合价	其中：暂估价
13	010304001001	空心砖墙、砌块墙（外墙）	墙体厚度：250mm 砌块品质、强度等级：MU7.5 加气混凝土砌块 砂浆强度等级：M5.0 混合砂浆	m³	92.46			
14	010304001002	空心砖墙、砌块墙（楼梯间内墙）	墙体厚度：250mm 砌块品质、强度等级：MU7.5 加气混凝土砌块 砂浆强度等级：M5.0 混合砂浆	m³	41.63			
15	010304001003	空心砖墙、砌块墙（内墙）	墙体厚度：200mm 砌块品质、强度等级：MU7.5 加气混凝土砌块 砂浆强度等级：M5.0 混合砂浆	m³	49.25			
		分部小计						
	A.4	混凝土及钢筋混凝土工程						
16	010401001001	带形基础	混凝土强度等级：C25	m³	77.96			
17	010401006001	垫层	混凝土强度等级：C10	m³	24.1			
18	010402001001	矩形柱（KZ1a）	柱高度：5.27m 柱截 面尺寸：400×400 混凝土强度等级：C25	m³	1.69			
19	010402001002	矩形柱（KZ9）	柱高度：5.27m 柱截面尺寸：300×300 混凝土强度等级：C25	m³	2.85			
20	010402001003	矩形柱（KZ6、KZ7、KZ11）	柱高度：12.17m 柱截面尺寸：400×400 混凝土强度等级：C25	m³	7.79			
21	010402001004	矩形柱（KZ2、KZ3、KZ4、KZ5、KZ8、KZ10）	柱高度：8.87m 柱截面尺寸：400×400 混凝土强度等级：C25	m³	11.35			
22	010402001005	矩形柱 KZ1	柱高度：8.87m 柱截面尺寸：400×400 混凝土强度等级：C25	m³	3.89			

序号	项目编码	项目名称	项 目 特 征	计量单位	工程数量	金额（元）		
						综合单价	合价	其中：暂估价
23	010402001006	矩形柱（TZ）	混凝土强度等级：C25 柱高度：5.94m 柱截面尺寸：250×250	m³	1.19			
24	010403001001	基础梁（JL2）	梁底高程：—1.800 梁截面：250×600 混凝土强度等级：C25	m³	4.65			
25	010403001002	基础梁（JL3）	梁底高程：—1.800 梁截面：250×400 混凝土强度等级：C25	m³	0.6			
26	010403001003	基础梁（TJL）	梁底高程：—0.33 梁截面：200×300 混凝土强度等级：C25	m³	0.38			
27	010403005001	过梁	梁截面：250（200）×300 混凝土强度等级：C25	m³	1.31			
28	010403005002	过梁	梁截面：200×200 混凝土强度等级：C25	m³	0.62			
29	010404001001	直形墙（屋面女儿墙）	板厚度：100mm 混凝土强度等级：C25	m³	14.82			
30	010405001001	有梁板	板底高程：3.770、7.370 板厚度：100mm 混凝土强度等级：C25	m³	104.78			
31	010405001002	有梁板	板底高程：10.800～14.925 板厚度：120mm 混凝土强度等级：C25	m³	18.86			
32	010405007001	空调板	板底高程：3.900～7.500 板厚度：100mm 混凝土强度等级：C25	m³	0.55			
33	010405007002	天沟、挑檐板	混凝土强度等级：C25	m³	9.66			
34	010405008001	雨篷、阳台板	混凝土强度等级：C25	m³	14.49			
35	010406001001	直形楼梯	混凝土强度等级：C25	m²	56.72			
36	010407001001	其他构件（台阶）	混凝土强度等级：C20	m³（m²、m）	42.25			
37	010407001002	其他构件（花池）	混凝土强度等级：C20	m³（m²、m）	1.81			

序号	项目编码	项目名称	项 目 特 征	计量单位	工程数量	金额（元）		
						综合单价	合价	其中：暂估价
38	010407002001	散水	垫层：150 厚三七灰土 面层厚度：60mm 混凝土强度等级：C15	m²	72.16			
39	010407002002	坡道	垫层：300 厚三七灰土 面层厚度：100mm 混凝土强度等级：C15	m²	30.7			
40	010416001001	现浇混凝土钢筋	现浇构件圆钢筋 φ6.5	t	0.609			
41	010416001002	现浇混凝土钢筋	现浇构件圆钢筋 φ8	t	8.627			
42	010416001003	现浇混凝土钢筋	现浇构件圆钢筋 φ10	t	1.786			
43	010416001004	现浇混凝土钢筋	现浇构件圆钢筋 φ12	t	2.373			
44	010416001005	现浇混凝土钢筋	现浇构件圆钢筋 φ14	t	1.297			
45	010416001006	现浇混凝土钢筋	现浇构件螺纹钢筋 φ10	t	1.24			
46	010416001007	现浇混凝土钢筋	现浇构件螺纹钢筋 φ12	t	0.493			
47	010416001008	现浇混凝土钢筋	现浇构件螺纹钢筋 φ14	t	0.186			
48	010416001009	现浇混凝土钢筋	现浇构件螺纹钢筋 φ16	t	2.459			
49	010416001010	现浇混凝土钢筋	现浇构件螺纹钢筋 φ18	t	0.938			
50	010416001011	现浇混凝土钢筋	现浇构件螺纹钢筋 φ20	t	1.576			
51	010416001012	现浇混凝土钢筋	现浇构件螺纹钢筋 φ22	t	3.842			
52	010416001013	现浇混凝土钢筋	现浇构件螺纹钢筋 φ25	t	5.411			
53	010416001014	现浇混凝土钢筋	现浇构件螺纹钢筋 φ28	t	0.194			
		分部小计						
	A.7	屋面及防水工程						
54	010701001001	瓦屋面	瓦品种：砂浆坐铺英式瓦（不可满浆） 20 厚 1：2.5 水泥砂浆找平 防水材料：SBC 或 APP 改性沥青防水卷材 基层材料：钢筋混凝土屋面板	m²	233.89			
55	010701002001	屋面卷材防水	卷材：4 厚 SBC 或 APP 改性沥青防水卷材 20 厚 1：2.5 水泥砂浆找平	m²	408.71			
56	010702004001	屋面排水管 PVC100		m	46.5			
57	010702005001	屋面天沟、沿沟	卷材：4 厚 SBS 或 APP 改性沥青防水卷材 20 厚 1：2.5 水泥砂浆找平	m²	96.56			

序号	项目编码	项目名称	项 目 特 征	计量单位	工程数量	金额（元）		
						综合单价	合价	其中：暂估价
	A.8	防腐、隔热、保温工程						
58	010803001001	保温隔热屋面	屋面外保温 35厚490×490mm的C20预制钢筋混凝土架空板	m²	228.59			
	B	装饰装修工程						
	B.1	楼地面工程						
59	020102002001	块料楼地面	垫层：100厚C10混凝土 找平层：25厚1：4干硬性水泥砂浆 结合层：素水泥浆一遍 面层：8～10厚陶瓷地砖	m²	315.41			
60	020102002002	块料楼地面	垫层：现浇钢筋混凝土楼面板 找平层：15厚1：3水泥砂浆 面层：10厚陶瓷地砖	m²	244.46			
61	020105003001	块料踢脚线	高度100mm 找平层：15厚1：3水泥砂浆 面层：10厚陶瓷地砖	m²	41.73			
62	020106002001	块料楼梯面层	垫层：现浇钢筋混凝土楼面板 找平层：15厚1：3水泥砂浆 面层：10厚陶瓷地砖	m²	56.72			
63	020107001001	硬木扶手带栏杆	栏杆：不锈钢方管	m	25.77			
	B.2	墙柱面工程						
64	020201001001	墙面一般抹灰（内墙）	墙体类型：加气混凝土砌块墙 底层：5厚1：0.5：3水泥石灰砂浆底 面层：15厚1：1：6水泥石灰砂浆	m²	1458.61			
65	020204003001	块料墙面（外墙墙裙）	墙体类型：加气混凝土砌块墙 底层：15厚1：3水泥砂浆 面层：8～10厚面砖	m²	53.04			
66	020207001001	墙面铝塑板（外墙）	墙体类型：加气混凝土砌块墙 面层：铝塑板	m²	5.76			
67	020210001001	带骨架幕墙MQC-1	铝合金型材950×1300镀膜玻璃面层硅酮密封胶	m²	26.39			
		分部小计						

序号	项目编码	项目名称	项 目 特 征	计量单位	工程数量	金额（元）		
						综合单价	合价	其中：暂估价
	B.3	天棚工程						
68	020301001001	天棚抹灰		m²	942.03			
	B.4	门窗工程						
69	020401005001	夹板门 M1221	框截面尺寸、单扇面积：1200×2100、2.52m²	樘	4			
70	020401005002	夹板门 M0821	框截面尺寸、单扇面积：800×2100、1.68m²	樘	5			
71	020401005003	夹板门 M0921	框截面尺寸、单扇面积：900×2100、1.89m²	樘	1			
72	020401005004	夹板门 M1021	框截面尺寸、单扇面积：1000×2100、2.1m²	樘	6			
73	020402002001	连窗门 M5729	框截面尺寸、单扇面积：5700×2950、13.29m²	樘	1			
74	020402005001	连窗门 M2126	框截面尺寸、单扇面积：2100×2650、5.565m²	樘	1			
75	020405003001	窗类型：百叶窗 BYC2412	框外围尺寸：2400×1200、2.88m²	樘	3			
76	020406004001	金属百叶窗	厚 10φ50 银白色铝合金百叶 0	m²	68			
77	020406007001	塑钢窗 C2821	框截面尺寸、单扇面积：2800×2100、5.88m²	樘	2			
78	020406007002	塑钢窗安装 C2421	框截面尺寸、单扇面积：2400×2100、5.04m²	樘	10			
79	020406007003	塑钢窗安装 C1824	框截面尺寸、单扇面积：1800×2400、4.32m²	樘	3			
80	020406007004	塑钢窗安装 C2030	框截面尺寸、单扇面积：2050×2950、6.05m²	樘	2			
81	020406007005	窗类型：塑钢窗 C1821	框外围尺寸：1800×2100、3.78m²	樘	14			
82	020406007006	窗类型：塑钢窗 C1215	框外围尺寸：1200×1500、1.8m²	樘	8			
83	020406010001	特殊五金	木门执手锁	个	16			
84	020406010002	特殊五金	电子锁	个	2			
85	020407003001	石材门窗套	大理石	m²	13.12			

序号	项目编码	项目名称	项 目 特 征	计量单位	工程数量	金额（元）		
						综合单价	合价	其中：暂估价
		分部小计						
	B.5	油漆、涂料、裱糊工程						
86	020507001001	刷喷涂料（外墙墙面）	墙体类型：加气混凝土砌块墙 底层：15厚1：3水泥砂浆 面层：涂料	m²	684.56			
	合 计							

注：根据建设部、财政部发布的《建筑安装工程费用组成》（建标〔2003〕206号）的规定，为记取规费等的使用，可以在表中增设其中："直接费"、"人工费"或"人工费＋机械费"。

表 3-5　　　　　　　　　措施项目清单计价表（一）

工程名称：某会所　　　　　标段：　　　　　　　　　　　第1页　共1页

序号	项目名称	基数说明	费率（%）	金额（元）
1.1	排水降水			
1.2	混凝土、钢筋混凝土模板及支架			
1.3	脚手架			
1.4	垂直运输费			
1.5	大型机械设备进出场及安拆费			
1.6	已完工程及设备保护费			
1.7	地上、地下设施、建筑物临时保护设施费			
2.1	其他			
2.1.1	安全防护费			
2.1.2	文明施工与环境保护费			
2.1.3	临时设施费			
2.2.1	夜间施工			
2.2.2	二次搬运费			
2.2.3	冬雨期施工增加费			
2.2.4	生产工具用具使用费			
2.2.5	工程定位、点交、场地清理			

序号	项目名称	基数说明	费率（%）	金额（元）
	合计			190 182.27

注：1. 本表适用于以"项"计价的措施项目。

2. 根据建设部、财政部发布的《建筑安装工程费用组成》（建标〔2003〕206 号）的规定，"计算基础"可为"直接费"、"人工费"或"人工费＋机械费"。

表 3-6　　　　　　　　　措施项目清单计价表（二）

工程名称：某会所　　　　标段：　　　　　　　　　　　第 1 页　共 1 页

序号	项目编码	项目名称	项目特征	计量单位	工程量	金额（元）	
						综合单价	合价
		本页小计					
		合　计					

注：本表适用于以综合单价形式计价的措施项目。

表 3 - 7　　　　　　　　　　　　　　　　　　其他项目清单与计价汇总表

工程名称：某会所　　　　　　　标段：　　　　　　　　　　　　　　第　页　共　页

序号	项目名称	计量单位	金额（元）	备注
1	暂列金额	项	30 000	明细详见表—暂列金额表
2	暂估价			
2.1	材料暂估价		—	明细详见表—材料暂估价表
2.2	专业工程暂估价	项		明细详见表—专业工程暂估价表
3	计日工			明细详见表—计日工表
4	总承包服务费			
	合　计		30 000	—

注：材料暂估单价进入清单项目综合单价，此处不汇总。

表 3 - 8　　　　　　　　　　　　　　　　　　暂列金额明细表

工程名称：某会所　　　　　　　标段：　　　　　　　　　　　　　　第　页　共　页

序号	名　称	计量单位	暂定金额	备注
1	暂列金额		30 000	
	合　计		30 000	—

注：此表由招标人填写，如不能详列，也可只列暂列金额总额，投标人应将上述暂列金额计入投标总价中。

表 3-9　　　　　　　　　　　规费、税金项目清单与计价表

工程名称：某会所　　　　　标段：　　　　　　　　　　　　第　页　共　页

序号	项目名称	计　算　基　础	费率（％）	金额（元）
1	规费	工程排污费＋社会保障金＋住房公积金＋危险作业意外伤害保险		
1.1	工程排污费	分部分项工程费＋施工措施费合计＋其他项目费		
1.2	社会保障金	养老保险金＋失业保险金＋医疗保险金＋工伤保险金＋生育保险金		
1.2.1	养老保险金	分部分项工程费＋施工措施费合计＋其他项目费		
1.2.2	失业保险金	分部分项工程费＋施工措施费合计＋其他项目费		
1.2.3	医疗保险金	分部分项工程费＋施工措施费合计＋其他项目费		
1.2.4	工伤保险金	分部分项工程费＋施工措施费合计＋其他项目费		
1.2.5	生育保险金	分部分项工程费＋施工措施费合计＋其他项目费		
1.3	住房公积金	分部分项工程费＋施工措施费合计＋其他项目费		
1.4	危险作业意外伤害保险	分部分项工程费＋施工措施费合计＋其他项目费		
2	税金	分部分项工程费＋施工措施费合计＋其他项目费＋规费＋安全技术服务费＋税前包干价		
		合　　　计		

注：根据建设部、财政部发布的《建筑安装工程费用组成》（建标［2003］206 号）的规定，"计算基础"可为"直接费"、"人工费"或"人工费＋机械费"。

第三节　工程量清单计价

一、工程量清单计价的方法和编制步骤

1. 投标人计算投标报价的方法

投标计算方法如图 3-1 所示。

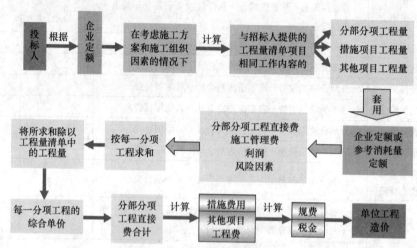

图 3-1　投标报价方法示意图

2. 投标人计算投标报价的步骤

（1）校对清单工程量。

（2）计算计价工程量。

以下两种情况需要计算计价工程量：一种是拟分析的分部分项工程清单项目按照 GB 50500—2008《建设工程工程量清单计价规范》中相应工程量计算规则，与套用的地区单位估价表（含消耗量定额）的工程量计算规则不同，需按照地区单位估价表（含消耗量定额）计算计价工程量；另一种是拟分析的分部分项工程清单项目要完成的工程内容按照地区单位估价表（含消耗量定额）划分，需套用两个或两个以上定额项目，因此需按照地区单位估价表（含消耗量定额）中的工程量计算规则计算计价工程量（计价工程量计算表详见光盘）。

（3）根据地区单位估价表（含消耗量定额）进行工料分析并确定工、料、机市场价。

（4）分析和计算分部分项工程清单项目的综合单价。

综合单价的组价是根据消耗量定额中人工、材料、机械的消耗量及其人、料、机的市场价计算而来，包括人工费、材料费、机械费、管理费及利润。

综合单价的计算，可按照"清单项目综合单价分析表"的格式来填写完成。

（5）计算分部分项工程费。根据分部分项工程量清单的工程数量和综合单价计算分部分项工程费。

$$分部分项工程费 = \sum（工程量 \times 综合单价）$$

按照"工程量清单分部分项工程费"填表计算完成。

（6）计算措施项目费。

措施项目费根据招标人提供的措施项目清单及现场实际情况计算。

措施项目费计算有两种方法：一种是技术措施费，可根据地区单位估价表计算，其计算方法同分部分项工程费计算，如模板、脚手架垂直运输费等；另一种是组织措施费，可根据各地区的费用定额进行计算，以直接费或人工费或人工费加机械费为基数乘以费率的方法计算而来，如安全文明施工费等。

（7）计算其他项目费。在招标人提供的其他项目清单中列出的费用必须计算，未列者不能计算。

（8）计算规费和税金：按费用定额规定计算。

（9）计算单位工程费。单位工程费包括：分部分项工程费、措施项目费、其他项目费、规费及税金。

（10）计算单项工程费。计算单项工程费只需将各单位工程费汇总即可。

（11）计算工程项目总价。计算工程项目总价只需将各单项工程费汇总即可。

（12）填写封面、签字盖章，最后装订成册。

从前面的计算过程知道，建设工程计价是一个综合过程，需要造价人员掌握包括施工技术、建筑材料、施工组织设计、工地现场的实际经验、各种法规等多方面的知识，熟悉施工图纸、招标文件、工程现场实际情况等，才能准确计算工程造价。

二、工程量清单计价的编制依据

（1）GB 50500—2008《建设工程工程量清单计价规范》。

（2）工程招标文件，其中包括工程量清单。

（3）工程设计文件及相关资料。

（4）国家或省级、行业建设主管部门颁发的计价定额或有关消耗量定额。

（5）相应的技术、经济条件和造价信息。

三、工程量清单计价的实例

以某会所工程为例编制单位工程报价文件，见表 3-10～表 3-15。

表 3-10   投 标 总 价

招标人：_____

工程名称：_____某会所_____

投标总价（小写）：_____1 036 701.55_____

（大写）：_____壹佰零叁万陆仟柒佰零壹元伍角伍分_____

投标人：_____

（单位盖章）

法定代表人

或其授权人：————————————————————

（签字或盖章）

编制人：————————————————————

（造价人员签字盖专用章）

编制时间：　　　年　　月　　日

表 3-11　　　　　　　　　　总　说　明

工程名称：某会所　　　　　　　　　　　　　　　　　　　　　　　第　页 共　页

1. 本工程为××会所工程，建筑面积 679.38m²，框架结构，建筑层数两层，建筑高度 11.4m。

2. 本工程造价编制范围：包括××会所土建工程，未包括入口组合门门框装饰结构部分和电动装置报价。

3. 本造价编制依据：《建设工程工程量清单计价规范》（GB 50500—2008）、《湖北省建筑工程消耗量定额及统一基价表》（2008）、《湖北省建筑安装工程费用定额》（2008）、××会所施工图纸及图纸引用相关图集规范等。

4. 本造价涉及相关条件和内容说明：

（1）土方工程按人工施工编制，土壤类别三类土，运土距离 50m。

（2）混凝土模板按木模板木支撑编制，垂直运输机械为卷扬机施工。

（3）塑钢窗报价中按 220 元/m² 计算（为运至施工现场单价）。

（4）人工和材料单价均按定额中单价计算，未做调整。

（5）室外雨篷底面抹灰脚手架工程量按底面水平投影面积计算，执行室内满堂脚手架定额项目。

（6）三层 M1021 上室外雨篷无尺寸，工程量未计算。

表 3-12　　　　　　　　　　单位工程投标报价汇总表

工程名称：某会所　　　　　　　标段：　　　　　　　　　　　　　第　页 共　页

序号	项 目 名 称	金额（元）	其中：暂估价（元）
一	分部分项工程费	718 789.79	
1.1	建筑工程	463 960.77	
1.2	装饰装修工程	254 829.02	
二	施工措施费合计	190 182.27	
2.1	施工技术措施费	156 905.83	
2.2	施工组织措施费	33 276.44	
2.2.1	安全文明施工费	28 897.95	

序号	项 目 名 称	金额（元）	其中：暂估价（元）
2.2.2	其他组织措施费	4378.49	
三	其他项目费	30 000	
四	规费	59 624.73	
五	安全技术服务费	1198.32	
六	税前包干项目		
七	税金	36 906.44	
八	税后包干项目		
九	含税工程造价	1 036 701.55	
招标控制价合计＝1＋2＋3＋4＋5		1 036 701.55	0.00

注：本表适用于单位工程招标控制价或投标报价的汇总，如无单位工程划分，单项工程也只用本表汇总。

第三章 工程量清单计价

表 3 - 13 分部分项工程量清单计价表

工程名称：某会所　　　　　　标段：　　　　　　　　　　　　　　　第　页 共　页

序号	项目编码	项目名称	项 目 特 征	计量单位	工程数量	综合单价	合价	其中：暂估价
						金额（元）		
	A	建筑工程						
	A.1	土石方工程						
1	010101001001	平整场地	1. 土壤类别：三类土	m²	371.82	2.29	851.47	
2	010101003001	挖基础土方（1-1）	1. 土壤类别：三类土 2. 基础类型：条形 3. 垫层底宽、底面积：1.4m、135.52m² 4. 挖土深度：1.3m	m³	176.17	58.51	10 307.71	
3	010101003002	挖基础土方（2-2）	1. 土壤类别：三类土 2. 基础类型：条形 3. 垫层底宽、底面积：0.45m、11.88m² 4. 挖土深度：1.3m	m³	15.44	95.61	1476.22	
4	010101003003	挖基础土方（3-3）	1. 土壤类别：三类土 2. 基础类型：条形 3. 垫层底宽、底面积：2m、26.4m²	m³	34.32	53.25	1827.54	
5	010101003004	挖基础土方（4-4）	1. 土壤类别：三类土 2. 基础类型：条形 3. 垫层底宽、底面积：1.8m、35.64m²	m³	46.33	54.62	2530.54	
6	010101003005	挖基础土方（5-5）	1. 土壤类别：三类土 2. 基础类型：条形 3. 垫层底宽、底面积：1.6m、10.56m²	m³	13.73	56.32	773.27	
7	010101003006	挖基础土方（6-6）	1. 土壤类别：三类土 2. 基础类型：条形 3. 垫层底宽、底面积：0.45m、1.8m²	m³	2.34	95.57	223.63	
8	010101003007	挖基础土方（7-7）	1. 土壤类别：三类土 2. 基础类型：条形 3. 垫层底宽、底面积：1.2m、19.2m²	m³	24.96	61.44	1533.54	
9	010103001001	基础回填	土质要求：不得含有树根、草皮、腐殖物的土和淤泥质土 夯填：分层压实，压实系数不小于0.94	m³	183.73	28.67	5267.54	
10	010103001002	室内回填	土质要求：不得含有树根、草皮、腐殖物的土和淤泥质土 夯填：分层压实，压实系数不小于0.94	m³	142.06	22.02	3128.16	
		分部小计					27 919.62	
	A.3	砌筑工程						
11	010301001001	砖基础	厚度：250mm 砌块品质、强度等级：MU7.5 加气混凝土砌块 砂浆强度等级：M5.0 混合砂浆，20厚1：2防水水泥砂浆	m³	32.3	259.49	8381.53	

序号	项目编码	项目名称	项目特征	计量单位	工程数量	金额（元）		
						综合单价	合价	其中：暂估价
12	010301001002	砖基础	厚度：200mm 砌块品质、强度等级：MU7.5加气混凝土砌块 砂浆强度等级：M5.0混合砂浆 20厚1:2防水水泥砂浆	m³	3.23	259.25	837.38	
13	010304001001	空心砖墙、砌块墙（外墙）	墙体厚度：250mm 砌块品质、强度等级：MU7.5加气混凝土砌块 砂浆强度等级：M5.0混合砂浆	m³	92.46	265.16	24 516.69	
14	010304001002	空心砖墙、砌块墙（楼梯间内墙）	墙体厚度：250mm 砌块品质、强度等级：MU7.5加气混凝土砌块 砂浆强度等级：M5.0混合砂浆	m³	41.63	265.16	11 038.61	
15	010304001003	空心砖墙、砌块墙（内墙）	墙体厚度：200mm 砌块品质、强度等级：MU7.5加气混凝土砌块 砂浆强度等级：M5.0混合砂浆	m³	49.25	265.16	13 059.13	
		分部小计					57 833.34	
	A.4	混凝土及钢筋混凝土工程						
16	010401001001	带形基础	混凝土强度等级：C25	m³	77.96	375.12	29 244.36	
17	010401006001	垫层	混凝土强度等级：C10	m³	24.1	337.25	8127.73	
18	010402001001	矩形柱（KZ1a）	柱高度：5.27m 柱截面尺寸：400×400 混凝土强度等级：C25	m³	1.69	433.15	732.02	
19	010402001002	矩形柱（KZ9）	柱高度：5.27m 柱截面尺寸：300×300 混凝土强度等级：C25	m³	2.85	433.15	1234.48	
20	010402001003	矩形柱（KZ6、KZ7、KZ11）	柱高度：12.17m 柱截面尺寸：400×400 混凝土强度等级：C25	m³	7.79	433.15	3374.24	
21	010402001004	矩形柱（KZ2、KZ3、KZ4、KZ5、KZ8、KZ10）	柱高度：8.87m 柱截面尺寸：400×400 混凝土强度等级：C25	m³	11.35	433.15	4916.25	
22	010402001005	矩形柱 KZ1	柱高度：8.87m 柱截面尺寸：400×400 混凝土强度等级：C25	m³	3.89	433.15	1684.95	

序号	项目编码	项目名称	项目特征	计量单位	工程数量	综合单价	合价	其中：暂估价
23	010402001006	矩形柱（TZ）	混凝土强度等级：C25 柱高度：5.94m 柱截面尺寸：250×250	m³	1.19	433.15	515.45	
24	010403001001	基础梁（JL2）	梁底高程：−1.800 梁截面：250×600 混凝土强度等级：C25	m³	4.65	389.05	1809.08	
25	010403001002	基础梁（JL3）	梁底高程：−1.800 梁截面：250×400 混凝土强度等级：C25	m³	0.6	389.05	233.43	
26	010403001003	基础梁（TJL）	梁底高程：−0.33 梁截面：200×300 混凝土强度等级：C25	m³	0.38	389.05	147.84	
27	010403005001	过梁	梁截面：250（200）×300 混凝土强度等级：C25	m³	1.31	466.9	611.64	
28	010403005002	过梁	梁截面：200×200 混凝土强度等级：C25	m³	0.62	466.9	289.48	
29	010404001001	直形墙（屋面女儿墙）	板厚度：100mm 混凝土强度等级：C25	m³	14.82	428.85	6355.56	
30	010405001001	有梁板	板底高程：3.770、7.370 板厚度：100mm 混凝土强度等级：C25	m³	104.78	419.43	43947.88	
31	010405001002	有梁板	板底高程：10.800～14.925 板厚度：120mm 混凝土强度等级：C25	m³	18.86	419.43	7910.45	
32	010405007001	空调板	板底高程：3.900～7.500 板厚度：100mm 混凝土强度等级：C25	m³	0.55	354.69	195.08	
33	010405007002	天沟、挑檐板	混凝土强度等级：C25	m³	9.66	473.42	4573.24	
34	010405008001	雨篷、阳台板	混凝土强度等级：C25	m³	14.49	115.28	1670.41	
35	010406001001	直形楼梯	混凝土强度等级：C25	m²	56.72	107.14	6076.98	
36	010407001001	其他构件（台阶）	混凝土强度等级：C20	m³（m²、m）	42.25	66.43	2806.67	
37	010407001002	其他构件（花池）	混凝土强度等级：C20	m³（m²、m）	1.81	466.36	844.11	
38	010407002001	散水	垫层：150厚三七灰土 面层厚度：60mm 混凝土强度等级：C15	m²	72.16	51.51	3716.96	

序号	项目编码	项目名称	项目特征	计量单位	工程数量	金额（元）		
						综合单价	合价	其中：暂估价
39	010407002002	坡道	垫层：300 厚三七灰土 面层厚度：100mm 混凝土强度等级：C15	m²	30.7	104.28	3201.4	
40	010416001001	现浇混凝土钢筋	现浇构件圆钢筋 φ6.5	t	0.609	6906.44	4206.02	
41	010416001002	现浇混凝土钢筋	现浇构件圆钢筋 φ8	t	8.627	6411.62	55 313.05	
42	010416001003	现浇混凝土钢筋	现浇构件圆钢筋 φ10	t	1.786	6030.37	10 770.24	
43	010416001004	现浇混凝土钢筋	现浇构件圆钢筋 φ12	t	2.373	6179.44	14 663.81	
44	010416001005	现浇混凝土钢筋	现浇构件圆钢筋 φ14	t	1.297	6080.39	7886.27	
45	010416001006	现浇混凝土钢筋	现浇构件螺纹钢筋 φ10	t	1.24	6557.8	8131.67	
46	010416001007	现浇混凝土钢筋	现浇构件螺纹钢筋 φ12	t	0.493	6545.19	3226.78	
47	010416001008	现浇混凝土钢筋	现浇构件螺纹钢筋 φ14	t	0.186	6318.82	1175.3	
48	010416001009	现浇混凝土钢筋	现浇构件螺纹钢筋 φ16	t	2.459	6149.08	15 120.59	
49	010416001010	现浇混凝土钢筋	现浇构件螺纹钢筋 φ18	t	0.938	6038.92	5664.51	
50	010416001011	现浇混凝土钢筋	现浇构件螺纹钢筋 φ20	t	1.576	6003.4	9461.36	
51	010416001012	现浇混凝土钢筋	现浇构件螺纹钢筋 φ22	t	3.842	5947.72	22 851.14	
52	010416001013	现浇混凝土钢筋	现浇构件螺纹钢筋 φ25	t	5.411	5911.56	31 987.45	
53	010416001014	现浇混凝土钢筋	现浇构件螺纹钢筋 φ28	t	0.194	6029.9	1169.8	
		分部小计					325 847.68	
	A.7	屋面及防水工程						
54	010701001001	瓦屋面	瓦品种：砂浆坐铺英式瓦（不可满浆） 20 厚 1:2.5 水泥砂浆找平 防水材料：SBC 或 APP 改性沥青防水卷材 基层材料：钢筋混凝土屋面板	m²	233.89	86.95	20 336.74	
55	010701002001	屋面卷材防水	卷材：4 厚 SBC 或 APP 改性沥青防水卷材 20 厚 1:2.5 水泥砂浆找平	m²	408.71	37.63	15 379.76	
56	010702004001	屋面排水管 PVC100		m	46.5	50.41	2344.07	
57	010702005001	屋面天沟、沿沟	卷材：4 厚 SBS 或 APP 改性沥青防水卷材 20 厚 1:2.5 水泥砂浆找平	m²	96.56	37.63	3633.55	
		分部小计					41 694.12	
	A.8	防腐、隔热、保温工程						
58	010803001001	保温隔热屋面	屋面外保温 35 厚 490×490 的 C20 预制钢筋混凝土架空板	m²	228.59	46.66	10 666.01	

序号	项目编码	项目名称	项目特征	计量单位	工程数量	金额（元）		
						综合单价	合价	其中：暂估价
		分部小计					10 666.01	
	B	装饰装修工程						
	B.1	楼地面工程						
59	020102002001	块料楼地面	垫层：100厚C10混凝土 找平层：25厚1:4干硬性水泥砂浆 结合层：素水泥浆一遍 面层：8～10厚陶瓷地砖	m²	315.41	175.38	55 316.61	
60	020102002002	块料楼地面	垫层：现浇钢筋混凝土楼面板 找平层：15厚1:3水泥砂浆 面层：10厚陶瓷地砖	m²	244.46	139.26	34 043.5	
61	020105003001	块料踢脚线	高度100mm 找平层：15厚1:3水泥砂浆 面层：10厚陶瓷地砖	m²	41.73	40.88	1705.92	
62	020106002001	块料楼梯面层	垫层：现浇钢筋混凝土楼面板 找平层：15厚1:3水泥砂浆 面层：10厚陶瓷地砖	m²	56.72	70.41	3993.66	
63	020107001001	硬木扶手带栏杆	栏杆：不锈钢方管	m	25.77	206.43	5319.7	
		分部小计					100 379.39	
	B.2	墙柱面工程						
64	020201001001	墙面一般抹灰（内墙）	墙体类型：加气混凝土砌块墙 底层：5厚1:0.5:3水泥石灰砂浆底 面层：15厚1:1:6水泥石灰砂浆	m²	1458.61	14.14	20 624.75	
65	020204003001	块料墙面（外墙墙裙）	墙体类型：加气混凝土砌块墙 底层：15厚1:3水泥砂浆 面层：8～10厚面砖	m²	53.04	90.87	4819.74	
66	020207001001	墙面铝塑板（外墙）	墙体类型：加气混凝土砌块墙 面层：铝塑板	m²	5.76	473.5	2727.36	
67	020210001001	带骨架幕墙MQC1	铝合金型材 950×1300 镀膜玻璃面层硅酮密封胶	m²	26.39	503.62	13 290.53	
		分部小计					41 462.38	
	B.3	天棚工程						
68	020301001001	天棚抹灰		m²	942.03	10.53	9919.58	
		分部小计					9919.58	
	B.4	门窗工程						
69	020401005001	夹板门 M1221	框截面尺寸、单扇面积：1200×2100、2.52m²	樘	4	434.41	1737.64	
70	020401005002	夹板门 M0821	框截面尺寸、单扇面积：800×2100、1.68m²	樘	5	289.61	1448.05	

序号	项目编码	项目名称	项目特征	计量单位	工程数量	金额（元）		其中：暂估价
						综合单价	合价	
71	020401005003	夹板门 M0921	框截面尺寸、单扇面积：900×2100、1.89m²	樘	1	325.81	325.81	
72	020401005004	夹板门 M1021	框截面尺寸、单扇面积：1000×2100、2.1m²	樘	6	362.01	2172.06	
73	020402002001	连窗门 M5729	框截面尺寸、单扇面积：5700×2950、13.29m²	樘	1	2946.75	2946.75	
74	020402005001	连窗门 M2126	框截面尺寸、单扇面积：2100×2650、5.565m²	樘	1	1688.08	1688.08	
75	020405003001	窗类型：百叶窗 BYC2412	框外围尺寸：2400×1200、2.88m²	樘	3	804.74	2414.22	
76	020406004001	金属百叶窗	厚10ф50 银白色铝合金百叶 0	m²	68	312.54	21 252.72	
77	020406007001	塑钢窗 C2821	框截面尺寸、单扇面积：2800×2100、5.88m²	樘	2	1984.44	3968.88	
78	020406007002	塑钢窗安装 C2421	框截面尺寸、单扇面积：2400×2100、5.04m²	樘	10	1700.95	17 009.5	
79	020406007003	塑钢窗安装 C1824	框截面尺寸、单扇面积：1800×2400、4.32m²	樘	3	1457.96	4373.88	
80	020406007004	塑钢窗安装 C2030	框截面尺寸、单扇面积：2050×2950、6.05m²	樘	2	1693.33	3386.66	
81	020406007005	窗类型：塑钢窗 C1821	框外围尺寸：1800×2100、3.78m²	樘	14	1275.71	17 859.94	
82	020406007006	窗类型：塑钢窗 C1215	框外围尺寸：1200×1500、1.8m²	樘	8	530.64	4245.12	
83	020406010001	特殊五金	木门执手锁	个	16	44.83	717.28	
84	020406010002	特殊五金	电子锁	个	2	244.75	489.5	
85	020407003001	石材门窗套	大理石	m²	13.12	250.95	3292.46	
		分部小计					89 328.55	
	B.5	油漆、涂料、裱糊工程						
86	020507001001	刷喷涂料（外墙墙面）	墙体类型：加气混凝土砌块墙 底层：15 厚1：3 水泥砂浆 面层：涂料	m²	684.56	20.07	13 739.12	
		合　　计					718 789.79	

注：根据建设部、财政部发布的《建筑安装工程费用组成》（建标〔2003〕206 号）的规定，为记取规费等的使用，可以在表中增设其中："直接费"、"人工费"或"人工费＋机械费"。

表 3 - 14

工程量清单综合单价分析表

工程名称：某会所　　标段：　　　　　　　　　　　　　　　　　　　　　　　　第 页 共 页

| 项目编码 | 010401006001 | 项目名称 | 垫层 | | 计量单位 | m³ |

清单综合单价组成明细

定额编号	定额名称	定额单位	数量	单价（元）				合价（元）			
				人工费	材料费	机械费	管理费和利润	人工费	材料费	机械费	管理费和利润
A3-11	现场搅拌混凝土构件 基础 基础垫层 C10	10m³	0.1	603.9	2386.14	67.51	314.93	60.39	238.61	6.75	31.49
人工单价		小计						60.39	238.61	6.75	31.49
技工 48 元/工日；普工 42 元/工日		未计价材料费							0		
		清单项目综合单价						337.25			

材料费明细	主要材料名称、规格、型号	单位	数量	单价（元）	合价（元）	暂估单价（元）	暂估合价（元）
				—	238.61	—	0
	其他材料费			—		—	
	材料费小计			—	238.61	—	0

注：其余项目的综合单价分析见光盘。

表 3 - 15

技术措施项目费综合单价计算表

工程名称：某会所　　　　　　　　　　　　　　　　　　　　　　　　　　　　　第 1 页　共 3 页

序号	名　称	单位	综合单价（元）					
			人工费	材料费	机械费	管理费	利润	小计
1.1	排水降水							
1.2	混凝土、钢筋混凝土模板及支架	项	47 357.91	72 150.75	2891.54	6058.8	6548.43	135 007.51
A9-30	混凝土基础垫层　木模板　木支撑	100m²	224.23	947.44	18.95	58.93	63.7	1313.26
A9-9	钢筋混凝土（有梁式）　木模板　木支撑	100m²	3451.06	5088.59	118.05	428.55	463.19	9549.43
A9-52	矩形柱　木模板　木支撑	100m²	262.37	518.26	14.46	39.36	42.54	876.97
A9-60	柱支撑高度超过 3.6m　每增加 1m　木支撑	100m²	3.01	3.86	0.09	0.34	0.37	7.69
A9-52	矩形柱　木模板　木支撑	100m²	571.77	1129.42	31.5	85.77	92.7	1911.16
A9-60	柱支撑高度超过 3.6m　每增加 1m　木支撑	100m²	6.61	8.47	0.21	0.76	0.82	16.86
A9-52	矩形柱　木模板　木支撑	100m²	1189.59	2349.8	65.54	178.44	192.86	3976.23
A9-60	柱支撑高度超过 3.6m　每增加 1m　木支撑	100m²	5.2	6.67	0.16	0.6	0.64	13.27
A9-52	矩形柱　木模板　木支撑	100m²	1712.69	3383.07	94.36	256.91	277.67	5724.7
A9-60	柱支撑高度超过 3.6m　每增加 1m　木支撑	100m²	11.57	14.83	0.36	1.32	1.43	29.52
A9-52	矩形柱　木模板　木支撑	100m²	613.56	1211.96	33.8	92.04	99.47	2050.84
A9-60	柱支撑高度超过 3.6m　每增加 1m　木支撑	100m²	3.01	3.86	0.09	0.34	0.37	7.69
A9-52	矩形柱　木模板　木支撑	100m²	304.16	600.8	16.76	45.62	49.31	1016.65
A9-60	柱支撑高度超过 3.6m　每增加 1m　木支撑	100m²	0.45	0.58	0.01	0.05	0.06	1.15
A9-63	基础梁　九夹板模板　木支撑	100m²	453.14	664.67	25.71	56.6	61.18	1261.29
A9-63	基础梁　九夹板模板　木支撑	100m²	63.65	93.37	3.61	7.95	8.59	177.18
A9-63	基础梁　九夹板模板　木支撑	100m²	51.79	75.96	2.94	6.47	6.99	144.15

编制人：　　　　　　　　　审核人：　　　　　　　　　编制日期：

工程名称：某会所

序号	名　　　称	单位	综合单价（元）					
			人工费	材料费	机械费	管理费	利润	小计
A9-72	过梁 木模板 木支撑	100m²	399.4	385.24	17.58	39.71	42.92	884.85
A9-72	过梁 木模板 木支撑	100m²	239.03	230.55	10.52	23.77	25.69	529.55
A9-102	有梁板 木模板 木支撑	100m²	17 467.21	27 655.79	1015.91	2283.86	2468.48	50 891.26
A9-117	板支撑高度超过3.6m 每增加1m 木支撑	100m²	1684.77	2210.99	124.66	199.02	215.08	4434.52
A9-102	有梁板 木模板 木支撑	100m²	2599.72	4116.13	151.2	339.92	367.39	7574.37
A9-117	板支撑高度超过3.6m 每增加1m 木支撑	100m²	491.42	644.9	36.36	58.05	62.73	1293.47
A9-125	阳台，雨篷 直形 木模板 木支撑	10m²	2084.31	3385.79	216.49	281.5	304.2	6272.29
A9-128	栏板、遮阳板 木模板 木支撑	100m²	461.66	863.61	37.06	67.44	72.89	1502.65
A9-86	直形墙 木模板 木支撑	100m²	3251.12	5504.84	241.33	445.36	481.36	9924.01
A9-96	墙支撑高度超过3.6m 每增加1m 木支撑	100m²	269.04	265.55	13.84	27.15	29.34	604.92
A9-128	栏板、遮阳板 木模板 木支撑	100m²	79.14	148.05	6.35	11.56	12.49	257.6
A9-131	挑檐天沟 木模板 木支撑	100m²	4633.5	4109.15	260.98	445.67	481.7	9931.01
A9-123	楼梯 直形 木模板 木支撑	10m²	2880.81	3460.32	205.1	324.04	350.25	7220.51
A9-127	台阶 木模板 木支撑	10m²	520.94	550.35	21.84	54.12	58.47	1205.73
A9-132	零星构件 木模板 木支撑	100m²	656.23	1225.8	52.4	95.75	103.49	2133.69
A9-135	混凝土散水 钢模板 木支撑	100m²	43.99	44.74		4.39	4.75	97.87
A9-132	零星构件 木模板 木支撑	100m²	667.76	1247.34	53.32	97.44	105.31	2171.17
1.3	脚手架	项	4999.45	9082.06	380.91	715.91	773.74	15 952.09
A10-1	综合脚手架 建筑面积	100m²	3077.64	7565.21	180.31	535.77	579.04	11 937.97
A10-24	里脚手架 钢管 3.6m以内	100m²	1082.34	283.24	21.38	68.65	74.19	1529.81
A10-26	满堂脚手架 基础 3.6m高	100m²	839.47	1233.61	179.22	111.49	120.51	2484.31

编制人：　　　　　　　审核人：　　　　　　　编制日期：

看实例快速学预算——建筑工程预算

工程名称：某会所

序号	名 称	单位	综合单价（元）					
			人工费	材料费	机械费	管理费	利润	小计
1.4	垂直运输费	项			5390.96	266.86	288.4	5946.23
A11-1	20m（且6层）以内建筑物垂直运输 20m（6层）以内 卷扬机施工	100m²			5390.96	266.86	288.4	5946.23
1.5	大型机械设备进出场及安拆费	项						
1.6	已完工程及设备保护费	项						
1.7	地上、地下设施、建筑物临时保护设施费	项						
1.8	其他	项						
	合　计		52 357.36	81 232.81	8663.41	7041.57	7610.57	156 905.83

编制人：　　　　　审核人：　　　　　编制日期：

表 3 - 16　　　　　　　　　措施项目清单计价表（一）

工程名称：某会所　　　　　　标段：　　　　　　　　　　　　　第　页　共　页

序号	项目名称	基数说明	费率（%）	金额（元）
1.1	排水降水			
1.2	混凝土、钢筋混凝土模板及支架			135 007.51
1.3	脚手架			15 952.09
1.4	垂直运输费			5946.23
1.5	大型机械设备进出场及安拆费			
1.6	已完工程及设备保护费			
1.7	地上、地下设施、建筑物临时保护设施费			
1.8	其他			
1.8.1	安全防护费	分部分项合计＋技术措施项目合计	1.8	15 762.52
1.8.2	文明施工与环境保护费	分部分项合计＋技术措施项目合计	0.9	7881.26
1.8.3	临时设施费	分部分项合计＋技术措施项目合计	0.6	5254.17
1.8.4	夜间施工	分部分项合计＋技术措施项目合计	0.05	437.85
1.8.5	二次搬运费	分部分项合计＋技术措施项目合计	0	
1.8.6	冬雨期施工增加费	分部分项合计＋技术措施项目合计	0.1	875.7
1.8.7	生产工具用具使用费	分部分项合计＋技术措施项目合计	0.3	2627.09
1.8.8	工程定位、点交、场地清理	分部分项合计＋技术措施项目合计	0.05	437.85
	合　　计			190 182.27

注：1. 本表适用于以"项"计价的措施项目。

　　2. 根据建设部、财政部发布的《建筑安装工程费用组成》（建标〔2003〕206 号）的规定，"计算基础"可为"直接费"、"人工费"或"人工费＋机械费"。

　　　　　　　　规费、税金项目清单与计价表

工程名称：某会所　　　　标段：　　　　　　　　　　第　页　共　页

序号	项目名称	计算基础	费率（%）	金额（元）
1	规费	工程排污费＋社会保障金＋住房公积金＋危险作业意外伤害保险		59 624.73
1.1	工程排污费	分部分项工程费＋施工措施费合计＋其他项目费	0.35	3286.4
1.2	社会保障金	养老保险金＋失业保险金＋医疗保险金＋工伤保险金＋生育保险金		44 131.69
1.2.1	养老保险金	分部分项工程费＋施工措施费合计＋其他项目费	3	28 169.16
1.2.2	失业保险金	分部分项工程费＋施工措施费合计＋其他项目费	0.3	2816.92
1.2.3	医疗保险金	分部分项工程费＋施工措施费合计＋其他项目费	0.95	8920.23
1.2.4	工伤保险金	分部分项工程费＋施工措施费合计＋其他项目费	0.3	2816.92
1.2.5	生育保险金	分部分项工程费＋施工措施费合计＋其他项目费	0.15	1408.46
1.3	住房公积金	分部分项工程费＋施工措施费合计＋其他项目费	1.25	11 737.15
1.4	危险作业意外伤害保险	分部分项工程费＋施工措施费合计＋其他项目费	0.05	469.49
2	税金	分部分项工程费＋施工措施费合计＋其他项目费＋规费＋安全技术服务费＋税前包干价	3.6914	36 906.44
	合　计			96 531.17

注：根据建设部、财政部发布的《建筑安装工程费用组成》（建标〔2003〕206 号）的规定，"计算基础"可为"直接费"、"人工费"或"人工费＋机械费"。

参 考 文 献

[1] 柳婷婷. 2011 全国造价工程师执业资格考试历年真题解析科目二 工程造价计价与控制. 北京：中国建筑工业出版社，2011.

[2] 全国造价工程师执业资格考试试题分析小组. 2011 全国造价工程师执业资格考试考点精析与题解—建设工程技术与计量（土建工程部分）. 北京：机械工业出版社，2011.

[3] 吴新华. 2011 全国造价工程师执业资格考试三阶段复习法应考指南科目 工程造价管理基础理论与相关法规. 北京：中国建筑工业出版社，2011.

[4] 梁玉成. 建筑识图. 北京：中国环境科学出版社，2006.

[5] 孙蓬鸥. 房屋构造. 北京：中国环境科学出版社，2007.

看实例快速学预算——建筑工程预算